二氧化钒场致相变薄膜材料
——制备、性能调控及应用

王庆国　曲兆明　孙肖宁　赵　敏　著
　　　　山世浩　何长安　冯婉琳

科学出版社
北　京

内 容 简 介

二氧化钒薄膜材料是一种在电场诱导下可以产生可逆"绝缘-类金属导体相变"的金属氧化物材料，对于电子信息设备的电磁脉冲防护，特别是对于具有电磁辐射信息收/发功能的电子系统的智能电磁脉冲防护具有重要应用前景。本书介绍电场诱导条件下二氧化钒薄膜材料的相变机理和建模仿真方法、相变性能测试方法，详细阐述基于溶胶-凝胶法和磁控溅射镀膜法的二氧化钒晶体薄膜材料制备技术、基于元素掺杂/多相复合掺杂和多物理场协同效应的场致相变性能调控方法以及材料在可重构极化转换超材料中的应用。

本书可供电磁兼容与电磁防护技术研究人员、凝聚态物理研究人员、金属氧化物薄膜材料开发人员和科研人员参考，也可作为高等院校材料科学与工程及电磁兼容等专业研究生的教材或参考书。

图书在版编目（CIP）数据

二氧化钒场致相变薄膜材料：制备、性能调控及应用 / 王庆国等著. —北京：科学出版社，2024.2
ISBN 978-7-03-073370-2

Ⅰ. ①二… Ⅱ. ①王… Ⅲ. ①氧化钒–薄膜技术–研究 Ⅳ. ①TB43

中国版本图书馆 CIP 数据核字（2022）第 188718 号

责任编辑：牛宇锋 罗 娟 / 责任校对：任苗苗
责任印制：赵 博 / 封面设计：蓝正设计

科 学 出 版 社 出版
北京东黄城根北街 16 号
邮政编码：100717
http://www.sciencep.com

北京厚诚则铭印刷科技有限公司印刷
科学出版社发行 各地新华书店经销
*
2024 年 2 月第 一 版 开本：720×1000 1/16
2024 年 11 月第二次印刷 印张：15 1/4
字数：302 000
定价：138.00 元
（如有印装质量问题，我社负责调换）

前　言

二氧化钒晶体薄膜材料因其独特的温度、电场、应力等物理量引起的快速变阻、变色等现象而广受关注，被列入欧盟"地平线 2020 计划"资助和热点研究方向之一，被业内人士称为"未来电子业的革命性材料"。20 世纪 50 年代末，墨林(Morin F J)最早发现二氧化钒晶体薄膜材料的热致相变现象，因此国际上对二氧化钒及掺杂薄膜材料的研究已有比较长的历史，但是，二氧化钒晶体薄膜材料获得广泛关注和快速发展稍晚。人们相继发现其他钒氧化物同样存在热致绝缘-类金属相变现象，例如，VO 的相变温度为 126K，V_2O_3 的相变温度是 165K，而 VO_2 的相变温度是 340K，最接近室温，其电阻率变化量可以达到 $10^2 \sim 10^5$ 数量级，并伴随着红外透过率发生巨大的转变，因而吸引了人们极大的兴趣。除此之外，二氧化钒晶体薄膜材料对外界环境的理论响应时间是飞秒(fs)数量级，这一性能使二氧化钒晶体薄膜材料在脉冲激光、太赫兹脉冲源、快上升沿强电磁脉冲防护、可重构智能电子技术等领域的应用成为可能，已经得到相关领域的广泛关注和研究。

通过对二氧化钒晶体薄膜材料性能分析发现，二氧化钒晶体薄膜材料的可逆场致绝缘-类金属相变性能可以作为一种新颖的环境自适应智能电磁脉冲场防护机制来使用，这对于具有电磁辐射信息收/发功能的电子信息设备或系统的电磁脉冲防护来说尤为重要。然而，目前国内外对二氧化钒晶体薄膜材料的场致相变问题研究不足，主要包括：①电场诱导的二氧化钒及其掺杂材料的绝缘-类金属相变机理、预测方法，特别是影响相变电场强度的关键因素等问题还不是很清楚；②已有的二氧化钒薄膜材料的相变临界电场强度过高，都在 0.6～2MV/m 以上，与电子信息设备实际需要防护的电磁辐射场 20～50kV/m 相比，相差 10～100 倍，需要的相变电场强度太高，很难用来为电子设备提供防护；③二氧化钒及其掺杂薄膜材料的静态场开关特性研究较多，而对材料的高频响应特性和纳秒(ns)级电磁脉冲快速响应性能方面的研究还很少见到；④对二氧化钒及其掺杂薄膜材料的电场诱导相变临界参数在掺杂、多物理场条件下调控效应的实验研究很缺乏。这些问题对材料在电磁脉冲防护技术中的应用造成障碍。

针对上述问题，对电场诱导条件下二氧化钒及其掺杂薄膜材料相变机理和建模预测方法、二氧化钒晶体薄膜材料制备技术、基于元素掺杂/多相复合掺杂和多物理场协同效应的场致相变性能调控方法以及材料的典型应用等问题开展了研究工作,获得了一些有价值的结果,本书就是对作者课题组前期研究工作的总结。

全书共 9 章,第 1 章介绍 VO_2 薄膜材料晶体结构、常用制备方法和理论研究进展;第 2 章、第 8 章介绍 VO_2 薄膜以及复合薄膜材料的相变机理、建模方法和仿真计算结果;第 3 章介绍 VO_2 薄膜脉冲相变性能测试方法;第 4~7 章介绍基于溶胶-凝胶法、磁控溅射法的 VO_2 薄膜材料制备方法,水热法 VO_2 纳米颗粒及其复合薄膜制备方法,以及相关的相变特性的调控方法;第 9 章介绍一种 VO_2 薄膜材料在可重构极化转换超材料中的应用。

本书由王庆国列出提纲并统稿,第 1 章、第 6~9 章由孙肖宁、曲兆明撰写,第 2 章由冯婉琳、王庆国撰写,第 3 章由赵敏、王庆国撰写,第 4、5 章由山世浩、何长安撰写。

由于作者学识水平有限,加之 VO_2 薄膜材料的研究还在不断深化当中,书中难免有疏漏和不妥之处,恳请读者批评指正。

作　者
2021 年 12 月

目　　录

前言
第1章　绪论 ·· 1
　1.1　引言 ·· 1
　1.2　VO₂薄膜的晶体结构与性质 ·· 4
　1.3　VO₂薄膜制备技术 ·· 6
　1.4　VO₂相变特性研究进展 ·· 8
　　1.4.1　测试方法 ·· 8
　　1.4.2　响应时间 ··· 10
　　1.4.3　临界场调控方法 ·· 11
　1.5　VO₂相变理论研究进展 ·· 12
　　1.5.1　焦耳热机制 ··· 12
　　1.5.2　电场机制 ··· 13
　1.6　复合材料导电机理 ·· 14
　　1.6.1　导电通道理论 ·· 14
　　1.6.2　量子隧穿理论 ·· 17
　　1.6.3　场致发射理论 ·· 18
　1.7　应用技术研究 ··· 18
　　1.7.1　微波调制器件 ·· 18
　　1.7.2　太赫兹器件 ··· 19
　　1.7.3　可重构插槽天线 ··· 20
　参考文献 ··· 20
第2章　VO₂薄膜相变理论建模与仿真计算 ··· 26
　2.1　固体多粒子体系计算模拟方法 ·· 26
　　2.1.1　计算物理基本研究方法选择 ··· 26
　　2.1.2　基于第一性原理方法分析固体体系结构 ······························· 28
　2.2　VO₂ MIT电场可调性计算研究 ·· 32
　　2.2.1　模型建立与收敛性讨论 ·· 32
　　2.2.2　VO₂纯相晶体的不同磁性态计算 ··· 37
　　2.2.3　VO₂纯相晶体的LDA+U不同U值计算 ··························· 41

2.2.4　VO$_2$ 体系电子结构与体系总能计算 ················ 44

2.2.5　电场下 VO$_2$ 体系相稳定性计算研究 ············· 49

参考文献 ·· 57

第3章　VO$_2$ 薄膜脉冲相变性能测试方法 ····················· 58

3.1　引言 ··· 58

3.2　薄膜材料场致相变测试概述 ······························· 59

3.2.1　强电场环境下薄膜材料电学相变性能测试的一般要求 ······· 59

3.2.2　现有测试方法 ·· 60

3.3　直流测试系统 ·· 62

3.3.1　测试电路结构设计 ······································ 62

3.3.2　测试系统搭建 ·· 68

3.3.3　测试系统验证实验 ······································ 73

3.4　脉冲测试系统 ·· 75

3.4.1　串联微带线法的原理分析 ······························ 75

3.4.2　测试系统等效电路模型理论分析 ····················· 76

3.4.3　材料性能测试与分析 ···································· 83

参考文献 ·· 84

第4章　溶胶-凝胶法 VO$_2$ 薄膜制备及性能调控 ············ 85

4.1　VO$_2$ 及其掺杂薄膜制备技术研究 ······················· 85

4.1.1　无机溶胶-凝胶法制备 VO$_2$ 薄膜工艺流程 ··········· 85

4.1.2　无机溶胶-凝胶法制备本征 VO$_2$ 薄膜 ················ 86

4.1.3　无机溶胶-凝胶法制备掺杂 VO$_2$ 薄膜 ················ 97

4.2　退火工艺参数对 VO$_2$ 薄膜物相的影响规律研究 ······· 99

4.2.1　直接退火工艺 ··· 100

4.2.2　预退火对薄膜材料的影响 ····························· 102

4.3　基于掺杂与多物理场的 VO$_2$ 薄膜相变临界电场强度调控

效应研究 ·· 109

4.3.1　掺杂 VO$_2$ 薄膜相变临界电场强度的调控 ············ 109

4.3.2　多物理场对 VO$_2$ 薄膜相变性能的协同调控效应 ····· 113

4.4　钒氧化物薄膜多相共存状态对相变临界电场强度影响规律

的研究 ·· 116

4.4.1　多相共存薄膜对 VO$_2$ 相变临界电场强度调控的理论分析 ··· 116

4.4.2　多相共存钒氧化物的制备 ····························· 118

4.4.3　多相共存钒氧化物薄膜的物相和含量分析 ··········· 119

4.4.4　多相共存钒氧化物薄膜的相变温度测试 ············· 121

　　　4.4.5　多相共存钒氧化物薄膜对相变临界电场强度的调控 ·················· 123
　　参考文献 ··· 125
第5章　磁控溅射法 VO₂ 薄膜制备及性能调控 ·· 127
　　5.1　VO₂ 薄膜制备与表征方法 ··· 127
　　　　5.1.1　实验材料与仪器 ··· 127
　　　　5.1.2　制备步骤 ··· 128
　　　　5.1.3　表征手段 ··· 132
　　5.2　磁控溅射工艺参数对薄膜的影响规律研究 ···································· 134
　　　　5.2.1　溅射气压对薄膜形貌的影响 ·· 134
　　　　5.2.2　溅射电压对晶体微观生长形貌的影响 ································· 137
　　　　5.2.3　O₂/Ar 比对钒价态的影响 ·· 140
　　　　5.2.4　溅射温度对晶粒生长的影响 ·· 141
　　5.3　退火处理对 VO₂ 薄膜的影响规律研究 ·· 142
　　　　5.3.1　氧化工艺对 V₂O₅ 薄膜的生成和表面形貌的影响规律 ··········· 142
　　　　5.3.2　退火温度对 VO₂ 薄膜的影响规律 ····································· 145
　　　　5.3.3　退火时间对 VO₂ 薄膜的影响规律 ····································· 147
　　5.4　电场激励下 VO₂ 相变性能及其调控技术研究 ······························· 149
　　　　5.4.1　多价态共存的钒氧化物相变性能测试 ································· 150
　　　　5.4.2　VO₂ 相变驱动机制的探讨分析 ··· 153
　　参考文献 ··· 155
第6章　水热法 VO₂ 复合薄膜制备及性能调控 ·· 156
　　6.1　引言 ··· 156
　　6.2　水热法制备 VO₂ 实验方案 ·· 157
　　　　6.2.1　主要化学试剂与设备 ··· 157
　　　　6.2.2　制备方法 ··· 158
　　　　6.2.3　表征与测试方法 ··· 158
　　6.3　纳米 VO₂ 微观形貌表征与分析 ··· 159
　　　　6.3.1　水热温度和时间对纳米 VO₂ (B)的影响 ····························· 159
　　　　6.3.2　水热温度和时间对纳米 VO₂ (M)的影响 ····························· 162
　　　　6.3.3　退火处理对纳米 VO₂ (M)的影响 ····································· 165
　　6.4　水热法制备纳米 VO₂ 相变特性调控方法研究 ································· 169
　　　　6.4.1　水热条件对 VO₂ 相变特性的调控规律 ······························ 169
　　　　6.4.2　退火条件对 VO₂ 相变特性的调控规律 ······························ 172
　　6.5　VO₂ 复合薄膜场致相变机理建模分析 ··· 176
　　参考文献 ··· 178

第 7 章　包覆改性 VO₂ 纳米颗粒的制备及其相变特性调控方法研究 ·········· 182

　7.1　引言 ·· 182

　7.2　VO₂ 包覆改性实验方案 ··· 183

　　7.2.1　主要化学试剂与设备 ··· 183

　　7.2.2　VO₂@SiO₂ 制备方法 ··· 184

　　7.2.3　表征方法 ··· 184

　7.3　VO₂@SiO₂ 纳米颗粒表征与分析 ·· 185

　　7.3.1　微观结构分析 ··· 185

　　7.3.2　晶型结构分析 ··· 187

　7.4　包覆改性对 VO₂ 纳米颗粒抗氧化性能的影响 ·························· 189

　7.5　包覆改性对 VO₂ 复合薄膜相变特性的调控规律研究 ················· 191

　　7.5.1　温致相变性能 ··· 191

　　7.5.2　场致相变性能 ··· 192

　7.6　VO₂@SiO₂ 复合薄膜相变机理建模分析 ·································· 195

　参考文献 ·· 196

第 8 章　VO₂ 复合薄膜场致相变机理的仿真模拟和数学建模研究 ·········· 198

　8.1　引言 ·· 198

　8.2　VO₂ 复合薄膜场致相变仿真模型 ·· 199

　　8.2.1　VO₂ 复合薄膜实验制备与测试 ····································· 199

　　8.2.2　复合薄膜仿真模型 ··· 201

　8.3　基于有限元法的 VO₂ 复合薄膜场致相变机理仿真研究 ·············· 203

　　8.3.1　电极间距对相变电压的影响 ··· 203

　　8.3.2　场致相变过程中导电通道形成过程 ································· 204

　　8.3.3　真实传热模型下场致相变机理 ······································· 205

　　8.3.4　理想绝热条件下场致相变机理 ······································· 206

　8.4　基于热平衡方程的 VO₂ 复合薄膜场致相变机理数学计算研究 ······· 207

　　8.4.1　数学计算模型 ··· 207

　　8.4.2　理想绝热条件下场致相变阈值预测 ································· 208

　　8.4.3　真实传热模式下场致相变阈值预测 ································· 209

　参考文献 ·· 210

第 9 章　基于 VO₂ 的可重构极化转换超材料研究 ······························· 212

　9.1　引言 ·· 212

　9.2　VO₂ 相变油墨制备与优化 ··· 213

　9.3　温控可重构极化转换超材料 ··· 215

　　9.3.1　单元结构设计与优化 ··· 215

9.3.2　VO_2 对超材料极化性能的影响 ……………………………… 216

9.3.3　超材料工作机理分析 ……………………………………… 217

9.3.4　VO_2 对超材料能量损耗的影响 …………………………… 220

9.3.5　实验验证 …………………………………………………… 222

9.4　电控可重构极化转换超材料 ………………………………… 224

9.4.1　单元结构设计与优化 ……………………………………… 224

9.4.2　VO_2 对超材料工作性能的影响 …………………………… 226

9.4.3　可重构超材料能量损耗分析 ……………………………… 227

9.4.4　实验验证 …………………………………………………… 229

参考文献 …………………………………………………………… 230

第1章 绪 论

1.1 引 言

随着大规模集成电路在电子信息装备中的广泛应用[1]，以及电子系统的小型化、低功耗发展，电子信息装备对电磁场越来越敏感[2]，其抗干扰和抗电磁毁伤的能力越来越差；与此同时，大量高功率雷达等用频装备运用，特别是高功率微波(high-power microwave，HPM)、超宽带(ultrawideband，UWB)等电磁脉冲武器的运用(图 1-1)以及核电磁脉冲(nuclear electromagnetic pulse，NEMP)的潜在威胁越来越大，致使战场电磁环境日益恶劣。高功率电磁脉冲具有强电场、大电流、宽频谱等特征(表 1-1)，给信息化武器装备带来严重威胁，可以造成电子信息装备电子器件或集成电路的干扰、损伤甚至烧毁(图 1-2)，使整个装备乃至区域内电子装备瘫痪。因此，武器装备的电磁防护问题已经成为影响战争胜负的关键因素之一。

弹载高功率微波武器的运用

天基电磁脉冲武器

美国机载"反电子设备高功率微波先进导弹"(CHAMP)

电磁脉冲炸弹

美国的地面"拒止"系统高功率微波武器

图 1-1　高功率电磁脉冲武器

表 1-1　常用高功率电磁脉冲武器的典型电磁参数

类别	HPM	UWB	NEMP
天线处峰值功率	100MW~20GW	GW*~20GW	50000TW
脉冲半高宽	10ns~1μs	<10ns	~20ns

类别		HPM	UWB	NEMP
上升时间		10～20ns	<1ns	1～5ns
脉冲能量		100J～20kJ	5～500J	～GJ*
频谱带宽		500MHz～10GHz	100MHz～50GHz	0～200MHz
不同距离功率密度	100m	1W/m²～200MW/m²		600W/m²
	1km	10mW/m²～2MW/m²	2～100W/m²	600W/m²
	10km	0.1mW/m²～200kW/m²		600W/m²
不同距离峰值电场	100m	20～300kV/m		50kV/m
	1km	2～30kV/m	4～20kV/m	50kV/m
	10km	0.2～3kV/m		50kV/m
作用距离		几千米到几十千米	<100m	10²～10³km
辐射方法		天线	天线或爆炸	核爆炸

*表示量级。

图 1-2　强电磁脉冲的毁伤效应

传统的电磁防护材料包括金属壳体、聚合物基的导电复合材料、电磁防护涂料、织物等，是利用其对电磁波的宽带、高效屏蔽作用将电磁干扰或电磁攻击信号与被保护的电子设备物理隔离开，进而起到对敏感电子设备的电磁防护作用，这类材料对有用的电磁信息和恶意的电磁信息都不允许通过，可以称为被动电磁防护材料。然而，在实际装备中，对于预警、火控、通信、识别、数据链、全球导航卫星系统定位等用频装备都存在电子信息的双向收/发过程，既要发射出有用的电磁信号，又要能够接收有用的电磁信息，此时传统的被动电磁防护方法会造成上述用频装备由于不能与外界进行信息互通而无法正常工作，在实际工程技术中这些问题只能利用开窗口或外接天线等办法通过牺牲电磁防护能力来解决。因此，如何处理正常环境下用频装备电子信息的正常收/发与强电磁脉冲攻击下防护之间的矛盾是电磁防护技术中的关键和难点。

这些年来，频率选择表面得到广泛关注和应用[3,4]，它是通过导电金属贴片单元或金属表面的缝隙单元的结构和空间排列设计的，使它只允许雷达波工作的频段或者希望通过的频率的电磁波正常通过，而其他频率的电磁波显著衰减或被阻挡，可以在一定程度上起到抗干扰抗毁伤的作用，既保证在平时正常电磁环境下的信息收/发，也可以在一定程度上满足带外强电磁干扰的防护。但是，频选表面材料也存在一些严重问题：一是不能抵抗带内强电磁干扰或者高功率微波、超宽带以及核电磁脉冲场等宽带强电磁脉冲的干扰和毁伤攻击，因为频选表面对于同频带电磁波以及电磁脉冲场中带内频率成分是透明的。二是由于频选表面的窄带选频特性，会限制通信或雷达的工作频段和一些安全技术的应用，如有些跳频抗干扰措施将无法实现和运用。三是频选表面的引入只允许一小部分电磁波传输，会在很大程度上衰减正常信号的强度和信噪比，进而影响通信或预警的距离和灵敏度等。

由以上分析可见，传统的电磁防护材料一直没有很好地解决被防护对象的正常工作和强场防护这个矛盾，对武器装备在恶劣战场电磁环境下技战术性能的正常发挥和电磁脉冲攻击安全带来严重威胁，迫切需要提出和建立全新的电磁防护概念和手段，为武器装备，特别是电子信息装备的战场生存能力和作战效能发挥提供强有力支撑。

二氧化钒(VO_2)是电子强关联体系典型代表，是一种具有绝缘-类金属相变(metal-insulator transition，MIT)特性的金属氧化物[5]，在一定外界条件下(如升温[6]、加压[7]、光照[8]等)，可在极短时间内完成由单斜金红石结构的绝缘态向四方金红石结构金属态的转变[9]，外界激励条件消失后，VO_2能够自动完成逆向转变，且在转变过程中伴随着电导率[10]、透光率[11]等物理性能的突变，在变色玻璃[12]、可重构天线[13]、太赫兹辐射[14]、智能电磁防护材料等领域表现出巨大的应用潜力。

1949 年，Mott[15]通过能带理论预测了金属氧化物的 MIT 现象。1959 年，Morin[5]在贝尔实验室首次发现单晶 VO_2 的相变现象，自此 VO_2 相变特性成为凝聚态物理领域一个重要的研究课题。得益于磁控溅射[16]、分子束外延[17]、溶胶-凝胶法[18]以及脉冲激光沉积(pulsed laser deposition，PLD)[19]等多种制备工艺不断成熟，特别是原子力显微镜、黑体光谱显微镜等先进表征技术快速发展，国内外科研人员从原子水平和纳米尺度认识了 VO_2 的相变过程，取得了丰硕成果，并在诸多领域得到了初步应用。但早期针对 VO_2 的研究主要集中在温度诱导相变机理和建模方面[20,21]，2000 年，Stefanovich 等[22]首次报道了电场或电子注入触发 VO_2 的 MIT 现象。2011 年，哈佛大学 Yang 等[9]对金属氧化物超快相变应用进行了报道，描述了相变材料在场效应开关、光学检测器、非线性电路元件和固态传感器等不同领域的应用，相比温度激励和光照激励，电场诱导 VO_2 绝缘-类金属相变具有反应速度快、加载成本低、便于集成化、小型化和寿命长等优点，在可重构天线技术[23]、太赫兹辐射技术[24]、毫米波相位调制器[25]、记忆和神经元计算机技术[26]以及智能电磁防护材料等方面具有广阔的应用前景。2014 年，欧盟将 VO_2 作为"地平线 2020 计划"(Horizon 2020)项目之一进行重点资助，并取得了积极进展。

1.2　VO_2 薄膜的晶体结构与性质

钒在元素周期表中属于过渡族金属元素[19,20]，在自然界中金属钒与氧作用，可以形成十分复杂的金属氧化物体系，有多种不同的氧化态，这些氧化态可以单一价态存在于钒的氧化物中，如 V_2O_3、VO_2、V_2O_5 等，也可以不同价态混合存在，如 V_3O_5、V_4O_7、V_6O_{13}、V_6O_{11} 等。

研究发现，钒的二氧化物、三氧化物等多种氧化物都具有相变的功能，在钒的氧化物制备过程中，氧分压、基片温度和溅射气压等条件的不同，会使 V 生成不同 V-O 化合物的混合相，有多个主系列，如 VO_2、V_2O_3、V_2O_5 等系列，还有两个副系列，如 $V_nO_{2n-1}(3{\leqslant}n{\leqslant}9)$、$V_nO_{2n+1}(3{\leqslant}n{\leqslant}6)$。因此，需要进行大量的重复实验来得到钒氧化物各种相的具体结构。V 元素的常见化合物有 MIT 可逆的相变特性，表 1-2 枚举出了钒氧化物各相发生改变时的温度。

表 1-2　常见钒氧化物的相变温度

钒氧化物	相变温度/℃
VO	−153
V_2O_3	−118
V_3O_5	150
V_4O_7	−23
V_5O_9	−138
V_8O_{15}	−203
VO_2	68
V_6O_{13}	−123
V_2O_5	260

从表 1-2 中不难看出，绝大多数价态低于+4 价的钒氧化物常温下已经发生相变，并且相变温度远比室温低[21]，一般价态在+4 价之上的钒的氧化产物在通常实

验条件下都是不导电的。因为 VO₂ 的相变温度为 68℃，相对来说与正常环境气温相差不大，比较容易应用，VO₂ 开发的意义就更加明显[22]，故当下国内外对钒氧化物研究最多的便是 VO₂。

虽然目前 VO₂ MIT 机理尚无定论，但对其相变前后晶体结构和能带结构变化的认识是统一的，这对于 VO₂ 相变特性调控具有一定的指导意义。钒的大部分氧化物都具有 MIT 特性[27,28]，源于其特殊的晶体结构。图 1-3 展示了 VO₂ 相变前后两种晶体结构。相变前后 VO₂ 晶体具有单斜金红石相(M 相，图 1-3(a))和四方金红石相(R 相，图 1-3(b))两种不同晶体构型，单斜金红石结构对称性属于 P2₁/c 空间群，而四方金红石结构对称性属于 P4₂/mnm 空间群。在 R 相晶体结构中，钒原子接近其中一个氧原子，而同其余原子较远，故具有一个接近 V—O 的键，当 VO₂ 发生 MIT 时，R 相中 a 轴上 V—V 键两两成对出现，导致晶格扭曲，使晶体从正八面体结构变为偏八面体，两个 V—O 键之间的夹角从 90° 变为 78°～79°，VO₂ 由金属态变为绝缘态，晶格参数也随之变化，$a_{mono} = 2c_{tetra}$，$b_{mono} = a_{tetra}$，$c_{mono} = a_{tetra} - c_{tetra}$，M 相晶胞大小为 R 相的两倍，导致块体材料易因膨胀而出现破裂，所以通常人们将这种材料制备成一维或二维结构。

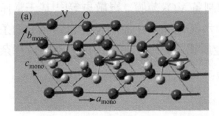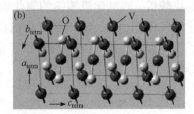

图 1-3 VO₂ 晶体结构图
(a)M 相；(b)R 相

在 VO₂ 从绝缘相到金属相转变时，其能带结构同时发生变化。金属态 VO₂ 费米能级落在 π*能带与 d∥能带之间的重叠部分，受到外界刺激时，d∥能带分裂成两个能带(d∥能带和 d*能带)，在 d∥能带和 π*能带之间形成一个禁带，带宽为 $E_g \approx 0.6 \sim 0.7\text{eV}$，费米能级恰好落在禁带之间，从而使得 VO₂ 表现出绝缘性[29]。而根据 Morin 理论[5]，材料是否发生相变与材料中临界载流子密度 n_c 有关($n_c^{1/3} a_H \approx 0.2$，其中 a_H 为材料玻尔半径)，一旦材料中载流子密度大于 n_c，材料内部电子-电子相互作用效应就会凸显，此时材料即发生相变。根据以上分析，从微观角度出发，MIT 调控手段可分为三类：温度控制、带宽控制和带填充控制。温度控制是最直接的情况，只需通过加热或冷却来控制温度；带宽控制可以通过外部或内部压力实现，外部压力包括机械作用力、电场力等，内部压力可通过离子掺杂实现调控；带填充控制由供体或受体浓度实现。

1.3　VO_2薄膜制备技术

人们对于VO_2的晶体结构、相变原理和制备方法的研究从一发现其相变性能就开始了。钒元素是一个价态非常多的过渡族金属元素，VO_2中V的价态处于钒的氧化物中元素价态的中间位置。退火过程中，VO_2薄膜可能会呈多种混合价态[30]。正因为钒的氧化物价态众多，所以要制备出特定价态的钒氧化物就变得比较困难；另外，制备出巨大相变特性的VO_2薄膜也是VO_2研究制备的一个亟待解决的技术问题。在现有研究中，VO_2薄膜的制备工艺有多种，主要有化学材料制备法和物理溅射法两种。化学材料制备法包括使用溶胶和V_2O_5的溶胶-凝胶法、分子束外延法和化学气相沉积法；物理溅射法包括脉冲激光沉积法和磁控溅射法。

1. 化学气相沉积法

化学气相沉积法(chemical vapor deposition, CVD)与其他制备方法相比拥有很多优越特性，在薄膜的制备方法中属于一种低成本的制备方法。化学气相沉积法采用次氯酸钒、四氯化钒等钒的氯化物制备VO_2薄膜。崔敬忠等[31]基于常压环境下的化学气相沉积法，利用四氯化钒和六氯化钨，在加热温度为 500℃的条件下制备了VO_2薄膜，此VO_2薄膜掺杂了金属钨，研究发现掺钨比例不同或掺杂其他物质都使得VO_2的特性发生改变。

2. 分子束外延法

分子束外延法是一种处于极高真空环境下的薄膜制备方法，该技术的原理是使用高温产生大颗粒分子团或原子束，再将产物分配到具有一定方向性和极高热力学温度的底层。在实验中发现，使用的电子束来源、气体和接纳材料的分子数种类等各种条件均给VO_2薄膜的性能造成不同程度的影响。利用上述方法可制备非常薄的薄膜，在薄膜的制备过程中，极高的真空环境以及非常低的热力学温度，避免了分子互相自由扩散产生的分子交流污染，但是因为实验对仪器设备的要求非常苛刻，国内目前进行此类研究的课题组非常少，并不适用于大批量VO_2薄膜制备。

3. 溶胶-凝胶法

溶胶-凝胶法是一种应用于生产的薄膜制备方法，通过把材料溶质溶于事先准备好的溶剂，采用搅拌、研磨等方式制备溶液，利用溶质与溶剂的各种化学反应产物生成溶胶，然后对溶胶进行干燥、蒸发处理，形成凝胶[32]。溶胶-凝胶法制备VO_2薄膜根据制备溶胶工艺的不同组分，分别为有机溶胶-凝胶法和无机溶胶-凝胶法。有机溶胶-凝胶法，是使用的溶剂为有机材料的金属化合物加催化剂制备搅拌成新的溶胶溶液。而无机溶胶-凝胶法则不同，使用这种技术制备薄膜主要有四个实验步骤：高温熔融、溶胶聚合、基片涂膜、干燥成膜。

4. 脉冲激光沉积法

脉冲激光沉积法是一种采用高能的激光，聚集激光能量使得能量直接侵蚀靶材的沉积方法。激光对靶材进行高能注入，在低气压腔体中会形成大量的等离子和离子体，在被侵蚀的靶材微粒团中会出现喷涌现象，冷却时接触衬底材料会出现冷凝态的膜。脉冲激光沉积法采用的一般都是含有金属钒氧化物的衬底，如利用 V_2O_5 或 VO_2 靶通过烧蚀制备 VO_2 薄膜，实验过程中可以通过调节衬底溅射温度、反应气中氧气或反应气的比例、激光室的总气体数目和真空环境等工艺参数来制备性能良好的 VO_2 薄膜。在低气压的真空室，将 O_2/Ar 体积比调控在 $1:40\sim1:20$ 进行实验，可制备出 VO_2 品相非常好的薄膜。

5. 磁控溅射法

溅射法镀膜工艺本质上是一种物理制备方法，也可以辅助添加化学法进行工艺参数调控。该方法利用气体与气相的沉积这一种特殊制备形式，利用电场加速荷能粒子来碰撞金属衬底的表面，被溅射出的衬底粒子会因为带电在磁力作用下做定向移动，在事先加热好的衬底上出现积累的现象，这里所说的荷能粒子大多是惰性气体。在磁控溅射产物中薄膜与基片的结合性很强，在溅射过程中，由于带电粒子较强的能量以及腔体较高的温度、基片温度等影响，在成膜时溅射离子会在衬底表面形成致密的晶体膜，在合适的温度下晶体会按照特定的方向生长；在薄膜的生长过程中，会出现高能颗粒高密度成核，故可以制备厚度在 10nm 以下的超薄镀膜。在沉积多组分薄膜时，可以使用多靶共溅射的方法，调节多个靶材的溅射功率、溅射面积等工艺参数，结合反应气体进行反应溅射，可获得多价态共存的晶体结构或者合金。反应溅射一般是在腔体气体氛围内加入反应气体，使用多靶共溅射和反应溅射可以自由调配工艺参数，调节靶材大小、溅射功率等溅射条件以及反应气体氛围，沉积出不同组分、不同晶相的薄膜产物。溅射法的优越性在于需要掺加其他元素时很容易，并且由于制备属于原子级别的喷射，衬底均匀，薄膜与衬底的连接也会属于原子级别，其限制在于设备昂贵，并且靶的材质必须非常纯净。

综上所述，历经半个世纪的实验与研究，单晶和多晶钒氧化物薄膜的制备有多种多样的方法，且上述方法都有各自的优缺点，可根据对材料性能的要求等实际情况选择合适的制备方法。

1.4　VO₂相变特性研究进展

到目前为止，VO$_2$多种晶相已经制备出来，包括四方金红石结构VO$_2$(R)[33]、单斜金红石结构VO$_2$(M)[34]、VO$_2$(B)[35]、VO$_2$(D)[36]和四方结构VO$_2$(A)[37]。其中，VO$_2$(M)最有吸引力。作为典型的强关联型金属氧化物，VO$_2$(M)可在68℃左右发生可逆MIT，因其相变温度(68℃)更接近室温，得到了更加广泛的关注和研究。而在电场作用下，VO$_2$(M)可在亚皮秒时间内完成相变[9]，电导率可实现3~5个数量级的变化，具有响应速度极快(小于1ns)[38]、相变特性可重复(20亿次性能不降)等特点，在高性能逻辑器件和存储设备领域具有广阔的应用前景。

1.4.1　测试方法

在现阶段室温下，VO$_2$相变电场强度较高[39]，但得益于制膜工艺不断进步，VO$_2$相变研究得到迅猛发展，已经可以实现小电压(电流)作用的相变驱动。而在电激励下，VO$_2$薄膜相变阈值与电极之间的长度和薄膜厚度有关，为便于测试，通常将VO$_2$制备成平面结构、三端场效应管结构和三明治结构来开展研究工作。平面结构是指VO$_2$薄膜的测试或工作电极处在水平方向，通过控制电极间距来控制VO$_2$厚度。韩国基础研究实验室Chae等[19]利用脉冲激光技术，在α-Al$_2$O$_3$衬底上制备了VO$_2$薄膜，如图1-4所示，在65℃时相变电阻变化幅度高达10^{4}倍，且在电场作用下同样测得相变发生，而Leroy等[40]使用阴影蒸发技术制备了VO$_2$薄膜器件(图1-5)，电极间隙为125nm，明显降低了制备成本和技术要求，有效控制了器件间隙，产品在68℃及1~2V条件下均可发生MIT过程。近年来，本书作者及团队成员也分别通过溶胶-凝胶法和磁控溅射工艺提出了形貌可控、临界温度和场强可调、成功率高的VO$_2$薄膜制备技术，对平面型薄膜场致相变规律及调控方法开展了深入研究。

与双端VO$_2$器件相比，三端场效应管结构[41]可明显降低由电流引起热效应的可能，有助于阐明电场诱导VO$_2$ MIT过程中电场或焦耳热作用，并对开关元器件实际应用有很好的推动作用。Youn等[42]利用脉冲激光沉积法，在无定形SiO$_2$/Si结构衬底上，得到了VO$_2$薄膜，并将其制备成三端场效应管结构(图1-5(b))，讨论了由结构和相位变化引起的电学特性变化，在最佳生长条件下的VO$_2$薄膜，电阻变化率约为10^{2}倍，当在三端子器件上施加电场时，源极-漏极电流发生突变，其两端电压随着栅极电场的变化而改变。

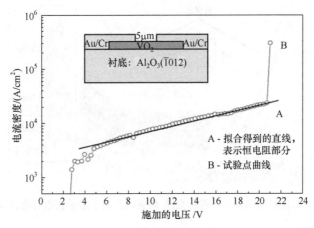

图 1-4 VO₂薄膜器件及其在电场作用下的电流变化曲线

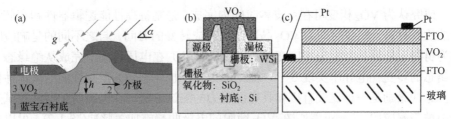

图 1-5 VO₂器件结构示意图
(a)平面结构；(b)三端场效应管结构；(c)三明治结构

三明治结构是使 VO₂ 薄膜处于上下电极层之间[26]，以厚度取代长度。这种方法的优点是可以在垂直方向上进行测试[43]，可将测试厚度降至纳米级别，同时可改变 VO₂ 薄膜面积，实现对相变电压阈值的调控，技术上易实现，精度上易控制。哈佛大学 Ruzmetov 等[44]基于磁控溅射镀膜技术在导电基板上制备了 100nm 厚的 VO₂薄膜，并利用电子束光刻技术在薄膜上成功制造了 200nm 直径的金触点，使用导电端原子力显微镜观察到了垂直方向的电流突变。国内上海科技大学 Hao 等[45]，在掺杂氟的氧化锡(fluorine doped tin oxide, FTO)导电玻璃上制备了 VO₂ 薄膜(图 1-5(c))，并利用光刻和化学蚀刻技术制备了 FTO/VO₂/FTO 三明治结构薄膜，对其在不同温度和电压条件下的电阻和透光率进行了研究。结果表明，在电压作用下，薄膜具有明显的相变特性，20℃时相变电压为 9.2V，相变前后透光率变化率为 31.4%。东华大学 He 等[46]设计制作了能带隙调制量子阱负电容夹层 VO₂ 结构(图 1-6)，通过测量电容变化观测 VO₂ 相变现象，并通过理论计算和实验研究均得出，器件负电容变化来自 VO₂ 场致相变，说明 VO₂ 仅在电场作用下发生了 MIT 过程，为相变提供了一个新的研究方法。

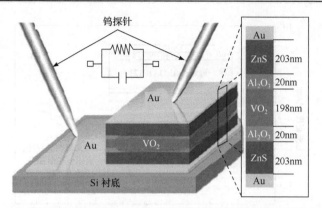

图 1-6　量子阱结构型器件示意图(内嵌图为量子阱结构电容器件模型)

1.4.2　响应时间

　　研究认为 VO₂ 相变可在亚皮秒时间内完成，是制备高性能逻辑器件和存储设备的优秀材料，相变时间为 VO₂ 晶体结构完成转变的时间，与之不同的是响应时间为材料对外界刺激做出相应变化的时间，即 VO₂ 在电压作用下完成从绝缘态到金属态的转变，电导率实现 3～5 个数量级的变化，是 VO₂ 产品性能的决定性因素。脉冲激励是一种比较直接和具有说服力的测试方法，在电磁防护器件测试过程中被普遍应用。Leroy 等[40]在 VO₂ 薄膜的电极两端施加短脉冲(图 1-7)。可以看出，VO₂ 器件开关时间(VO₂ 两端电压由最大值的 10%到 90%的时间)处于 4.5～5ns。Zhou 等[26]研究认为，室温下 VO₂ 在脉冲作用下的响应时间小于 2ns，恢复时间也处于纳秒级，并可获得大于 2 个数量级的变化率，经 2000 次重复测试后性能不下降，具有非常好的耐用性。

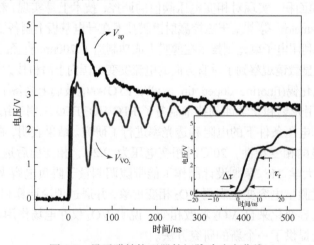

图 1-7　量子阱结构型器件短脉冲响应曲线

V_{ap} 为外加电脉冲的波形；V_{VO_2} 为器件两端的响应电压波形；$\Delta\tau$ 为响应时间；τ_r 为电压由最大值的 10%到 90%的时间

Chae 等[47]使用方波脉冲进行了相变响应时间测试研究，更具有说服力，其使用 Sawyer-Tower 电路(图 1-8(a))，在器件两端施加方波脉冲电压(图 1-8(b))，在 VO$_2$ 薄膜中观察到脉冲电压高于 7.1V 时，材料发生 MIT。通过大量实验观察，当开关脉冲电压超过阈值电压时，材料即发生相变。由于在薄膜材料中金属和绝缘状态的不均匀性，观察 MIT 本征开关时间是不可能的，故其通过线性拟合法，考虑电流响应的延迟时间和上升时间，经理论推导得出结论为：随着外部负载电阻降至零，其开关时间应处于纳秒级。

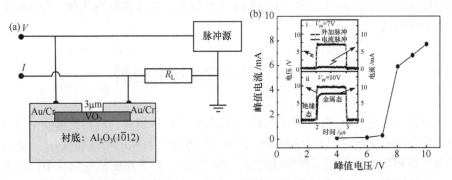

图 1-8　VO$_2$ 薄膜脉冲响应测试电路图(a)和峰值电压与峰值电流的关系图(b)

图(b)中插图为加载 7V 和 10V 开关电压时电压和电流曲线

1.4.3　临界场调控方法

VO$_2$ 在电场(电压)激励下发生 MIT，具有响应速度极快(小于 1ns)[38]、相变特性可重复(20 亿次性能不降)等特点，均符合快速响应材料、智能电磁屏蔽材料等实际应用要求[48]，但在应用过程中仍然面临相变临界电场强度过高(约 2MV/m)[26]的问题，所以降低 VO$_2$ 薄膜相变电场强度是 VO$_2$ 研究的一个重点。目前，对场致相变调控方法的研究还相对较少，而从晶型角度出发，温度相变和场致相变均是由低温单斜金红石相(M 相)向高温四方金红石相(R 相)转变。根据作者课题组研究成果，当 Mo^{6+}掺杂浓度从 1%到 3%时，相变电压由 1.05MV/m 下降为 0.45MV/m，与 Mo^{6+}掺杂对相变温度的调控效应相类似。因此，温度相变调控方法对场致相变调控研究具有一定的参考价值。大量研究表明，元素掺杂、多价态钒氧化物混合掺杂、多物理场协同调控等多种手段均可对温度相变进行调控，甚至可将相变温度降至室温，具有巨大的实际应用价值。

元素掺杂法是一种能有效改变 VO$_2$ 相变温度的方法，是目前研究最为深入、效果最好的方法。元素掺杂方式有两种：一是报道较多的阳离子掺杂，如 Mo^{6+}、Nb^{5+}；二是阴离子掺杂，即氧位掺杂，目前研究较少，仅有 F-掺杂的报道[49]。Lu 等[50]用溶胶-凝胶法，向 VO$_2$ 薄膜中分别掺入了 Li$^+$、Al^{3+}和 P^{5+}，发现 Li$^+$可以使薄膜相变温度变低，相反，Al^{3+}却使其相变温度升高，而P^{5+}对薄膜相变温度几乎没有影响。Jin 等[51]用反应溅射法制备了W^{6+}掺杂VO_2多晶薄膜，每掺 1%的W^{6+}可使薄膜相变温度降低 24℃。综合文献可知，选择掺杂离子时，如果是阳离子，则选择离子半径比V^{4+}大、价态比V^{4+}高的，如Mo^{6+}；相反，如果引入的是半径小、价态低、外层没有 d 轨道的离子，如Al^{3+}、Cr^{3+}、Ga^{3+}、Ge^{4+}，则会使相变温度升高。通常在VO_2薄膜中掺杂的元素或离子有W^{6+}、Mo^{6+}、Nb^{5+}、F^-、Cr^{3+}等，而掺杂W^{6+}对降低VO_2薄膜相变温度效果最佳[52]。在不掺杂其他元素的情况下，可以通过改变VO_2制备工艺，如控制退火时间等，实现多价态共存，来调控薄膜临界电场阈值。

1.5　VO_2 相变理论研究进展

目前，针对VO_2电场诱导 MIT 已经得到了初步研究，对相变过程中晶体结构变化已经有了统一认识(单斜金红石相与四方金红石相的可逆转变)，且通过不同方法得到了电场作用下相变响应时间(纳秒级)，对于相变机制也从不同角度进行了积极探索。2016 年，罗明海等[29]对VO_2相变物理机理进行了总结，概述了VO_2发生相变的三种理论体系，但仍没有统一认识。场致相变反应时间短，影响因素多，对测试方法和测试仪器要求较高，且研究时间短，其触发机制同样处于探索研究阶段，主流观点包括焦耳热机制和电场机制。

1.5.1　焦耳热机制

焦耳热机制是指材料相变由电流产生的焦耳热触发，导致电阻发生突变。在微观尺度，Kumar 等[53]采用空间分辨技术、黑体光谱显微镜及有限元仿真等多种先进技术手段，观察到在相变前，VO_2薄膜中局部产生了桥接电极的金属相导电丝，并随着电流增大逐步加宽，最终实现 MIT，并在导通瞬间出现局部温度跳跃。Freeman 等[54]利用纳米级高透力 X 射线同样观测到了导电丝的出现。Singh 等[55]利用逐步水热法制备了单晶VO_2纳米纤维，并将单个VO_2纳米纤维喷射在衬底上(图 1-9)，通过对器件两端电压和电流信号的测量，发现在相变过程中，VO_2纤维中同样首先形成随机电阻网络，然后才出现"雪崩"，即相变，随后对电流信号进行了谐波分析，发现在相变过程中也不存在类似于 Poole-Frenkel-Like 的纯电场诱导相变现象，证明了焦耳热的重要作用。

在宏观尺度上，Mun 等[56]通过实验计算得出VO_2相变起始电压的平方与环境温度具有相关性，并发现VO_2在发生相变之后，仍有部分绝缘状态VO_2存在，其认为是焦耳热的不均匀性造成的。2016 年，Li 等[57]利用计算机仿真技术进一步证实了焦耳热作用，其研究了不同温度阶段下直流和脉冲电压的相变特性，认为导致 VO₂ 发生相变的电功率随温度升高而线性减小，模拟结果与实验结果完全相同，因此认为 VO₂ 材料场致相变完全是由热效应引发的，并指出其他文献中的数据差异是衬底加热较慢造成的。

图 1-9　VO₂ 纳米纤维 SEM 图(a)、VO₂ 纳米纤维场致相变测试图(b)和 VO₂ 纳米纤维温度响应
曲线(c)

1.5.2　电场机制

电场机制也称为莫特(Mott)绝缘体的齐纳击穿现象[58]，认为 VO₂ 薄膜相变过程是其包含的所有颗粒在电场作用下发生相变的共同作用结果，不同晶粒的相变电压具有微小差异，随着电压的升高，VO₂ 薄膜颗粒逐步转变为金属相，当足够数量的晶粒转变为金属相时，孤立金属颗粒相互连接，完成相变[59]。天津大学梁继然等[60]根据这一理论，通过实验进行了验证。三明治结构可通过隔离电流来研究相变过程中的电场作用，是研究电场作用的最佳选择。Matsunami 等[61]通过电容结构对 VO₂ 薄膜加载 0～3V 电压实现了 VO₂ 相变，并通过热平衡方程计算出在相变过程中温度变化仅为 3.8K，不足以引起晶粒温致相变发生。He 等[46]利用这一结构，并严格控制 VO₂ 薄膜中电流产生，因此相变过程中产生的焦耳热完全可忽略不计，同样观察到了相变发生。这些结果都有力证明了电场诱导 MIT 可完全仅由外部电场引起。Leroy 等[40]利用反证法验证了电热模型与实验结果的矛盾所在，基于电热模型计算出相变过程理论时间高出实际相变时间(小于 5ns)数十倍，Zhou 等[26]通过对比文献[62]和[39]发现了同样的结果。Gopalakrishnan 等[63]利用 Comsol 仿真软件对文献报道的实验进行了计算机仿真。模拟结果表明，由

VO$_2$器件"关闭"状态下漏电流引起的焦耳热，引发的温度上升小于 10K，不足以触发电场诱导 MIT。Sakai 等[64]则利用了德拜特征温度与压力之间的线性关系实验证明了焦耳热机制的缺陷，其在室温、2GPa 静水压力下研究了电场引起的电阻突变(electric field induced resistance state，E-IRS)，但实验结果发现不同于热引起的低电阻状态(temperature-low resistance state，T-LRS)，电场引起低电阻状态(electric field induced low resistance state，E-LRS)的电阻对静水压力不敏感，且随着压力增加，E-LRS 的临界电流增加，但临界电压不变，这些实验研究都表明利用电热模型在解释电场诱导相变现象中仍存在不足，进而说明 VO$_2$ 电场诱导相变为电场机制。而 Joushaghani 等[65]则认为相变电路的开启是因为电压作用，但导电通路打开后金属相的维持是依靠焦耳热作用，且在由金属向绝缘相转变过程中焦耳热起主导作用。目前，关于 VO$_2$ MIT 物理机制的争论仍然没有结束，不同相变机制之间存在何种内在联系尚无统一认识。

1.6　复合材料导电机理

目前，磁控溅射法、分子束外延法、溶胶-凝胶法及脉冲激光沉积等技术均可在特定衬底上直接形成 VO$_2$ 薄膜[66,67]，但对设备和工艺条件要求较高。将纳米结构 VO$_2$ 掺入有机体中形成复合材料，具有成型灵活、应用方便等优点，目前已经在智能窗等领域得到应用。但对于纳米 VO$_2$ 填充型复合材料场致相变行为研究不多，复合材料相变的影响因素及内在机理讨论不深，缺乏对复合材料相变机理的准确分析。目前，此类复合材料的非线性导电机理主要有导电通道理论、量子隧穿理论和场致发射理论。

1.6.1　导电通道理论

导电通道理论是聚合物基复合材料非线性导电机理中研究最多的一种，该理论认为导电通道的形成是聚合物基复合材料在电压作用下发生导电的先决条件，且导电通道的形成与填充颗粒性质、浓度、微观形貌及聚合物基体都有关系，当前主要有统计逾渗模型、热力学渗滤模型和有效介质模型。

1. 统计逾渗模型

统计逾渗模型是一种基于统计学理论形成的分析模型，1957 年，由 Polley 和 Boonstra 首次提出[68]，也称为渗滤模型。聚合物基导电粒子填充型复合材料电导率在填充粒子达到某一特定浓度时发生急剧变化[69]，而此时导电粒子填充浓度称为逾渗阈值 f_c。材料电导率与填充浓度的关系为

$$\sigma \propto (f - f_{\mathrm{c}})^{r} \tag{1-1}$$

式中，σ 为复合材料电导率；f 为导电填料填充浓度；r 为与导电填料相关的系数因子，在二维体系和三维体系中，一般选择 1.3 和 1.9。

1983 年，Zallen[70]基于蒙特卡罗统计方法，预测了导电粒子在复合材料中形成连续网络的概率。其中，临界接触数 C_{P} 可用式(1-2)表示：

$$C_{\mathrm{P}} = P_{\mathrm{C}} Z \tag{1-2}$$

式中，Z 为配位数；P_{C} 为临界概率。Zallen 推导出了逾渗阈值 f_{c} 的表达式：

$$f_{\mathrm{c}} = \frac{C_{\mathrm{P}} f_{\mathrm{m}}}{C_{\mathrm{P}} f_{\mathrm{m}} + Z(1 - f_{\mathrm{m}})} \tag{1-3}$$

式中，f_{m} 为复合材料中导电填料能够达到的最大堆砌体积分数。

2. **热力学渗滤模型**

统计逾渗模型从填充粒子体积和形貌的角度建立了复合材料电导率突变模型，但忽视了基体材料内部微观结构的作用，仅适用于基体材料电导率为零或填充颗粒电阻率为零的理想结构体系，导致其很难与实验结果相一致。

基于非平衡热力学，Wessling[71]提出了动态界面模型，并且从微观角度描述了导电粒子填充型复合材料中导电网络的形成过程。在复合材料形成导电网络逾渗过程中，导体和基体界面间相互作用为主要驱动力，并给出了逾渗阈值表达式：

$$f_{\mathrm{c}} = \frac{0.64(1-c)\phi_0}{\phi_{\mathrm{n}}} \left[\frac{m}{\left(\sqrt{\gamma_{\mathrm{c}}} + \sqrt{\gamma_{\mathrm{p}}}\right)^2} + n \right] \tag{1-4}$$

式中，c 为体系中晶体体积分数；m、n 为参数值；ϕ_0、ϕ_{n} 分别为基体和导电填料体积因子；γ_{p}、γ_{c} 分别为基体和导电填料表面张力。

3. **有效介质模型**

有效介质模型认为，导电复合材料中导电粒子是随机非均匀分布的，每个导电粒子周围有效介质相同，主要分为均一有效介质理论和非均一有效介质理论。前一种理论认为体系中的导电粒子可以完全填充基体中的孔隙，有效电导率为

$$\frac{(1-f)(\sigma_1 - \sigma_{\mathrm{m}})}{\sigma_1 + \left(\dfrac{1-L}{L}\right)\sigma_{\mathrm{m}}} + \frac{f(\sigma_2 - \sigma_{\mathrm{m}})}{\sigma_2 + \left(\dfrac{1-L}{L}\right)\sigma_{\mathrm{m}}} = 0 \tag{1-5}$$

式中，f 为导电填料填充浓度；σ_{m} 为材料有效电导率；σ_1、σ_2 分别为基体和导电填料电导率；L 为复合体系退磁系数。

非均一有效介质理论基于二元体系中一相总会被另外一相全部包覆的假设，得到了如下方程：

$$\frac{(\sigma_{\mathrm{m}} - \sigma_1)^{1/L}}{\sigma_{\mathrm{m}}} = f^{1/L}\frac{(\sigma_{\mathrm{m}} - \sigma_2)^{1/L}}{\sigma_2} \tag{1-6}$$

有效介质理论假设导电填料为椭圆形导电粒子，且被基体完全均匀包覆，导致理论计算结果往往高于实际数值。McLachlan[72]在此基础上，考虑导电填料的形状、分布、取向等，得到了有效介质理论普适(general effective media)方程：

$$\frac{(1-f)(\sigma_1^{1/t} - \sigma_{\mathrm{m}}^{1/t})}{(\sigma_1^{1/t} + A\sigma_{\mathrm{m}}^{1/t})} + \frac{f(\sigma_2^{1/t} - \sigma_{\mathrm{m}}^{1/t})}{(\sigma_2^{1/t} + A\sigma_{\mathrm{m}}^{1/t})} = 0 \tag{1-7}$$

式中，$A = (1-f_{\mathrm{c}})/f_{\mathrm{c}}$；$t = df/(d-1) = d/D$，$d$ 为空间维度，D 为形态学参数。若体系中导电填料取向与电场方向一致，则

$$\begin{cases} f_{\mathrm{c}} = \dfrac{L_2}{1 - L_1 + L_2} \\[3mm] t = \dfrac{1}{1 - L_1 + L_2} \end{cases} \tag{1-8}$$

式中，L_1、L_2 分别为基体和导电填料的退磁系数。若填料随机取向，则

$$\begin{cases} f_{\mathrm{c}} = \dfrac{m_1}{m_1 + m_2} \\[3mm] t = \dfrac{m_1 m_2}{m_1 + m_2} \end{cases} \tag{1-9}$$

式中，m_1、m_2 分别为与基体和导电填料有关的参数。有效介质理论普适方程扩大了有效介质理论应用范围，不仅适用于拟合逾渗曲线，对于二元体系介电常数、导热系数等参数计算也非常有效。

1.6.2 量子隧穿理论

导电通道理论根据统计学原理来计算复合材料电导率与填充浓度的关系，导电通道形成的关键是体系中导电粒子相互接触形成网络，但不能解释逾渗阈值附近的电压非线性响应。而量子隧穿理论则认为，虽然在接近逾渗阈值时，复合材料内部尚未形成导电网络，但复合材料可以依靠电子在粒子之间的跃迁形成隧穿电流[73]。

低温低压下的隧穿电流密度 $J(\varepsilon)$ 为[74]

$$J(\varepsilon) = J_0 \exp\left[\frac{-\pi\chi\omega}{2}\left(\frac{|\varepsilon|}{\varepsilon_0}-1\right)^2\right], \quad |\varepsilon| < \varepsilon_0 \tag{1-10}$$

式中，ε 为体系中导电粒子之间的电场强度；J_0 为间隙当量电流密度；ω 为粒子间距；$\chi = (2mV_0/h^2)^{0.5}$，其中 h 为普朗克常数，m 为电子质量，V_0 为粒子间势垒。可以看出，隧穿电流密度与粒子间距呈指数关系，只有当间距很小时才会有隧穿电流产生。能够产生隧穿电流的粒子平均距离为

$$S = 2\left(\frac{3N}{4\pi}\right)^{1/3} \tag{1-11}$$

式中，N 为导电粒子单位体积数量。

根据量子隧穿理论，Sheng[74]得到了复合材料电导率公式：

$$\sigma = \sigma_2 \exp\left(-\frac{T_1}{T+T_0}\right) \tag{1-12}$$

式中，σ_2 为导电填料电导率；T 为环境温度；T_1 和 T_0 为温度相关参数。可以看出，复合材料电导率与环境温度有关，而 Kaiser 等[75]推导出了复合材料宏观电导率 G 的表达式：

$$G = \frac{I}{V} = \frac{G_0 \exp(V/V_0)}{1+(G_0/G_h)\left[\exp(V/V_0-1)\right]} \tag{1-13}$$

式中，G_0 和 G_h 分别为与温度有关的低电场强度电导率和高电场强度电导率；V 为宏观电压；V_0 为由势垒高度决定的比例因子。式(1-13)在多种填充型复合材料非线性导电行为中得到了验证。

Simmons[76]根据量子隧穿理论推导出了具有普适性的隧穿电流密度：

$$J = J_0\left\{\varphi_0\exp\left(-A\varphi_0^{1/2}\right) - (\varphi_0+eV)\exp\left[-A(\varphi_0+eV)^{1/2}\right]\right\} \tag{1-14}$$

式中，$J_0 = (e/2\pi h)(\beta \Delta s)^2$；$A = (4\pi \beta \Delta s/h)(2m)^{1/2}$，$\beta$ 为校正因子，Δs 为费米能级势垒极限差；V 为相邻导电粒子间电势差；φ_0 为平均势垒高度；e 为电荷量。从式(1-14)可以看出，隧穿电流密度随外界场强(由电势差 V 决定)呈指数增加，随势垒高度呈指数减小。

1.6.3　场致发射理论

van Beek 等[77]通过研究具有不同炭黑含量的橡胶体系，认为导电体系中电场强度的局部差异使得导电粒子之间出现很高的电场强度，引发了内部场发射造成的体系非欧姆行为。当填充粒子间距小于 10nm 时，粒子之间高场强能够诱导电子贯穿势垒而跃迁到相邻导电粒子上，从而形成隧穿电流。隧穿电流密度为

$$J = AV^n \exp(-B/V) \tag{1-15}$$

式中，A、B 和 n 为常数，n 通常取为 1～3，A 为隧穿频率函数，即电子穿透势垒的频率；表达式 $\exp(-B/V)$ 表示电子穿过概率；V 为相邻粒子之间的电压(电势差)。由式(1-15)可以看出，电压升高，电子隧穿概率提高，隧穿电流加大。

上述理论模型分别从不同角度分析了导电粒子填充型复合材料非线性导电行为的形成原因，但由于复合体系中影响因素较多，目前仍不能非常准确地预测复合材料的导电行为；且目前研究中的导电填料均为固定电阻材料，而在 VO_2 复合材料中，VO_2 纳米颗粒 MIT 作用至关重要，但关于这方面的研究较少，所以有必要对以相变粒子为填料的复合材料的制备及其相变特性进行研究。

1.7　应用技术研究

当相变的激励环境不同时，VO_2 薄膜相变前后的性质差异使得 VO_2 在许多方面都有很广阔的应用空间，下面将介绍 VO_2 的几个应用领域。

1.7.1　微波调制器件

VO_2 薄膜在相变过程中是可逆的 MIT 过程。该过程具有滞后和延时特性，Yuan 等正是利用这一点，发明了 VO_2 电子级别的毫米波调制元器件[78]。这种调制元器件可以采用改变升温电偶的控制电压来间接调控 VO_2，对升温电偶采用不同的加热激励，利用 VO_2 的相变特性改变其导电能力，从而调节仪器元件中的谐振特性。他们将升温电偶的加热电压从 0V 一直升高到 14V，发现在 75～110GHz 毫米波可以产生 60°～20°的显著相位移动。图 1-10 为使用 VO_2 薄膜作为检测材料干涉测量装置的原理图。

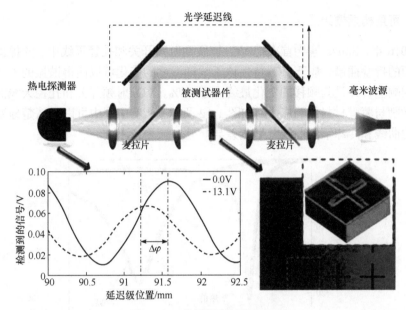

图 1-10 干涉测量装置原理图

1.7.2 太赫兹器件

2015 年 Hiroi[79]使用飞秒级的激光照射 VO_2 薄膜产生相变，实验主要研究的技术背景是 VO_2 的 R 相和 M 相在太赫兹激励下的照射响应，实验结果如图 1-11 所示。实验发现，VO_2 发生相变后，VO_2 材料的太赫兹振幅前后出现幅度为 30 倍的变化，但其发射光的能谱并未发生改变。

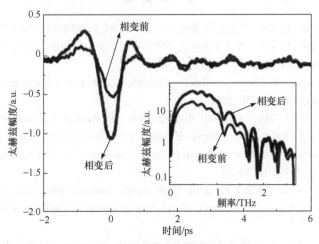

图 1-11 VO_2 薄膜太赫兹测试波形图

1.7.3　可重构插槽天线

2016 年，Skuza 等[80]首次把 VO_2 扩展到射频开关和孔径天线中，并提出可重构共面的折叠插槽。基于 VO_2 特性该天线随温度的变化可以使得谐振的天线出现不同的响应，并且其频移的变化最终大于 25%。VO_2 射频开关和孔径天线面上的信号激励与薄膜材料的响应(S_{11})如图 1-12 所示，从响应图中可以很清楚地看到加热下的曲线和冷却下的曲线之间的差异。

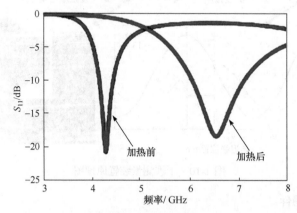

图 1-12　VO_2 相变前后缝隙天线共面响应(S_{11})曲线

现阶段国外的研究主要集中在半导体材料器件中，特别是太赫兹器件。一般研究微波调制器件和智能窗等较多，而国内在 VO_2 薄膜的研究与应用方面起步较晚。

参 考 文 献

[1] 刘尚合, 武占成, 张希军. 电磁环境效应及其发展趋势[J]. 国防科技, 2008, 29(1):1-6.

[2] 孙国至, 刘尚合, 陈京平, 等. 战场电磁环境效应对信息化战争的影响[J]. 军事运筹与系统工程, 2006, 20(3):43-47.

[3] Xu W R, Sonkusale S. Microwave diode switchable metamaterial reflector/absorber[J]. Applied Physics Letters, 2013, 103(3):31902.

[4] Zhu B, Feng Y J, Zhao J M, et al. Polarization modulation by tunable electromagnetic metamaterial reflector/absorber[J]. Optics Express, 2010, 18(22):23196-23203.

[5] Morin F J. Oxides which show a metal-to-insulator transition at the Neel temperature[J]. Physical Review Letters, 1959, 3(1):34-36.

[6] Chia H C, Chen L Y, Chen K, et al. High quality thermochromic VO_2 films prepared by magnetron sputtering using V_2O_5 target with in situ annealing[J]. Applied Surface Science, 2019, 495:143436.

[7] Bai L G, Li Q, Corr S A, et al. Pressure-induced phase transitions and metallization in VO_2[J]. Physical Review B, 2015, 91(10):104110.

[8] Verleur H W, Barker A S, Berglund C N. Optical Properties of VO_2 between 0.25 and 5 eV[J].

Physical Review, 1968, 172(3):788-798.

[9] Yang Z, Ko C, Ramanathan S. Oxide electronics utilizing ultrafast metal-insulator transitions[J]. Annual Review of Materials Research, 2011, 41(1):337-367.

[10] Okimura K, Ezreena N, Sasakawa Y, et al. Electric-field-induced multistep resistance switching in planar VO_2/c-Al_2O_3 structure[J]. Japanese Journal of Applied Physics, 2009, 48(6): 065003.

[11] Won S, Lee S, Hwang J, et al. Electric field-triggered metal-insulator transition resistive switching of bilayered multiphasic VO_x[J]. Electronic Materials Letters, 2017, 14(1):14-22.

[12] Kim H J, Roh D K, Yoo J W, et al. Designable phase transition temperature of VO_2 co-doped with Nb and W elements for smart window application[J]. Journal of Nanoscience and Nanotechnology, 2019, 19(11):7185-7191.

[13] Li H Y, Peng H, Ji C H, et al. Electrically tunable mid-infrared antennas based on VO_2[J]. Journal of Modern Optics, 2018, 65(15):1809-1816.

[14] Liu M K, Hwang H Y, Tao H, et al. Terahertz-field-induced insulator-to-metal transition in vanadium dioxide metamaterial[J]. Nature, 2012, 487(7407):345-348.

[15] Mott N F. The basis of the electron theory of metals, with special reference to the transition metals[J]. Proceedings of the Physical Society. Section A, 1949, 62(7):416-422.

[16] Fuls E N, Hensler D H, Ross A R. Reactively sputtered vanadium dioxide thin films[J]. Applied Physics Letters, 1967, 10(7):199-201.

[17] Tashman J W, Lee J H, Paik H, et al. Epitaxial growth of VO_2 by periodic annealing[J]. Applied Physics Letters, 2014, 104(6): 063104.

[18] Chae B G, Kim H T, Yun S J. Characteristics of W and Ti-doped VO_2 thin films prepared by sol-gel method[J]. Electrochemical and Solid-State Letters, 2008, 11(6):53-55.

[19] Chae B G, Youn D H, Kim H T, et al. Fabrication and electrical properties of pure VO_2 phase films [J]. Materials Science, 2003, (1):1-5.

[20] Golan G, Axelevitch A, Sigalov B, et al. Metal-insulator phase transition in vanadium oxides films [J]. Microelectronics Journal, 2003, 34(4):255-258.

[21] Chen S H, Ma H, Dai J, et al. Nanostructured vanadium dioxide thin films with low phase transition temperature[J]. Applied Physics Letters, 2007, 90(10): 101117.

[22] Stefanovich G, Pergament A, Stefanovich D. Electrical switching and Mott transition in VO_2[J]. Journal of Physics: Condensed Matter, 2000, 12(2000):8837-8845.

[23] Anagnostou D E, Teeslink T S, Torres D, et al. Vanadium dioxide reconfigurable slot antenna[C]//2016 IEEE International Symposium on Antennas and Propagation (APSURSI), Fajardo, 2016.

[24] Solyankin P M, Esaulkov M N, Sidorov A Y, et al. Generation of terahertz radiation in thin vanadium dioxide films undergoing metal-insulator phase transition[C]//2015 40th International Conference on Infrared, Millimeter, and Terahertz Waves (IRMMW-THz), Hong Kong, 2015.

[25] Hashemi M R, Yang S H, Jarrahi M, et al. Millimeter-wave phase modulator based on vanadium dioxide meta-surfaces[C]//2015 IEEE International Symposium on Antennas and Propagation & USNC/URSI National Radio Science Meeting, Vancouver, 2015.

[26] Zhou Y, Chen X, Ko C, et al. Voltage-triggered ultrafast phase transition in vanadium dioxide switches[J]. IEEE Electron Device Letters, 2013, 34(2):220-222.

[27] Karakotsou C, Kalomiros J A, Hanias M P, et al. Nonlinear electrical conductivity of V_2O_5 single crystals[J]. Physical Review B: Condensed Matter and Materials Physics, 1992, 45(20):11627-11631.

[28] Stefanovich G B, Pergament A L, Kazakova E L. Electrical switching in metal-insulator-metal structures based on hydrated vanadium pentoxide[J]. Technical Physics Letters, 2000, 26(6):478-480.

[29] 罗明海, 徐马记, 黄其伟, 等. VO_2 金属-绝缘体相变机理的研究进展[J]. 物理学报, 2016, 65(4): 047201.

[30] 杨绍利. VO_2 薄膜制备及其应用性能基础研究[D]. 重庆: 重庆大学, 2003.

[31] 崔敬忠, 达道安, 姜万顺. VO_2 热致变色薄膜的结构和光电特性研究[J]. 物理学报, 1998, 47(3):454-460.

[32] 李晓峰. 无机溶胶-凝胶法制备 VO_2 薄膜及其性能研究[D]. 淮南:安徽理工大学, 2014.

[33] Lv W Z, Huang D Z, Chen Y M, et al. Synthesis and characterization of Mo-W co-doped VO_2 (R) nano-powders by the microwave-assisted hydrothermal method[J]. Ceramics International, 2014, 8(B): 12661-12668.

[34] Li Y B, Liu J C, Wang D P, et al. Effects of the annealing process on the structure and valence state of vanadium oxide thin films[J]. Materials Research Bulletin, 2018, 100: 220-225.

[35] Meenu K P, Dehiya B S. Effect of surfactant on hydrothermal synthesis of VO_2 (B) nanostructures for energy saving applications[C]//International Conference on Advances in Basic Science, Bahal, 2019.

[36] Song Z D, Zhang L M, Xia F, et al. Controllable synthesis of VO_2 (D) and their conversion to VO_2 (M) nanostructures with thermochromic phase transition properties[J]. Inorganic Chemistry Frontiers, 2016, 3(8):1035-1042.

[37] Ji S D, Zhang F, Jin P. Selective formation of VO_2 (A) or VO_2 (R) polymorph by controlling the hydrothermal pressure[J]. Journal of Solid State Chemistry, 2011, 184(8):2285-2292.

[38] Becker M F, Buckman A B, Walser R M, et al. Femtosecond laser excitation dynamics of the semiconductor-metal phase transition in VO_2[J]. Journal of Applied Physics, 1996, 79(5):2404-2408.

[39] Wu B, Zimmers A, Aubin H, et al. Electric-field-driven phase transition in vanadium dioxide[J]. Physical Review B: Condensed Matter and Materials Physics, 2011, 84(24):241410.

[40] Leroy J, Crunteanu A, Bessaudou A, et al. High-speed metal-insulator transition in vanadium dioxide films induced by an electrical pulsed voltage over nano-gap electrodes[J]. Applied Physics Letters, 2012, 100(21):213507.

[41] Nakano M, Shibuya K, Okuyama D, et al. Collective bulk carrier delocalization driven by electrostatic surface charge accumulation [J]. Nature, 2012, 487(7408):459-462.

[42] Youn D H, Lee J W, Chae B G, et al. Growth optimization and electrical characteristics of VO_2 films on amorphous SiO_2/Si substrates [J]. Journal of Applied Physics, 2004, 95(3):1407-1411.

[43] Cho C R, Cho S, Vadim S, et al. Current-induced metal-insulator transition in VO_x thin film

prepared by rapid-thermal-annealing [J]. Thin Solid Films, 2006, 495(1-2):375-379.

[44] Ruzmetov D, Gopalakrishnan G, Deng J, et al. Electrical triggering of metal-insulator transition in nanoscale vanadium oxide junctions [J]. Journal of Applied Physics, 2009, 106(8):083702.

[45] Hao R, Li Y, Liu F, et al. Electric field induced metal-insulator transition in VO$_2$ thin film based on FTO/VO$_2$/FTO structure[J]. Infrared Physics & Technology, 2016, 75:82-86.

[46] He X F, Xu J, Xu X F, et al. Negative capacitance switching via VO$_2$ band gap engineering driven by electric field[J]. Applied Physics Letters, 2015, 106(9): 093106.

[47] Chae B G, Kim H T, Youn D H, et al. Abrupt metal-insulator transition observed in VO$_2$ thin films induced by a switching voltage pulse[J]. Physica Review B: Condensed Matter and Materials Physics, 2005, 369(1-4):76-80.

[48] 雷忆三, 孙丽君. 智能电磁防护材料及技术研究进展[J]. 现代工业经济和信息化, 2012, (18):74-77.

[49] 范蕾蕾, 耿浩然, 丁留伟. 掺杂二氧化钒薄膜研究进展[J]. 现代制造工程, 2009, (5): 126-128.

[50] Lu S W, Hou L S, Gan F X. Surface analysis and phase transition of gel-derived VO$_2$ thin films[J]. Thin Solid Films, 1999, (1-2):40-44.

[51] Jin P, Nakao S, Tanemura S. Tungsten doping into vanadium dioxide thermochromic films by high-energy ion implantation and thermal annealing[J]. Thin Solid Films, 1998, 324(1-2): 151-158.

[52] 葛振华, 赵昆渝, 李智东, 等. VO$_2$ 薄膜制备及掺杂研究进展[J]. 电工材料, 2008, (4):38-41.

[53] Kumar S, Pickett M D, Strachan J P, et al. Local temperature redistribution and structural transition during joule-heating-driven conductance switching in VO$_2$[J]. Advanced Materials, 2013, 25(42):6128-6132.

[54] Freeman E, Stone G, Shukla N, et al. Nanoscale structural evolution of electrically driven insulator to metal transition in vanadium dioxide[J]. Applied Physics Letters, 2013, 103(26):263109.

[55] Singh S, Horrocks G, Marley P M, et al. Proliferation of metallic domains caused by inhomogeneous heating near the electrically driven transition in VO$_2$ nanobeams[J]. Physical Review B: Condensed Matter and Materials Physics, 2015, 92(15):155121.

[56] Mun B S, Yoon J, Mo S K, et al. Role of joule heating effect and bulk-surface phases in voltage-driven metal-insulator transition in VO$_2$ crystal[J]. Applied Physics Letters, 2013, 103(6):061902.

[57] Li D S, Sharma A A, Gala D K, et al. Joule heating-induced metal-insulator transition in epitaxial VO$_2$/TiO$_2$ devices[J]. ACS Applied Materials & Interfaces, 2016, (20):12908-12914.

[58] Stoliar P, Rozenberg M, Janod E, et al. Nonthermal and purely electronic resistive switching in a Mott memory [J]. Physical Review B: Condensed Matter and Materials Physics, 2014, 90(4):045146.

[59] Rozen J, Lopez R, Haglund R F, et al. Two-dimensional current percolation in nanocrystalline vanadium dioxide films [J]. Applied Physics Letters, 2006, 88(8):081902.

[60] 梁继然, 胡明, 阚强, 等. 射频磁控溅射纳米二氧化钒薄膜的电致相变特性[J]. 纳米技术与精密工程, 2012, 10(2):160-164.

[61] Matsunami D, Fujita A. Electrocaloric effect of metal-insulator transition in VO$_2$[J]. Applied Physics Letters, 2015, 106(4):42901.

[62] Zhang Y, Ramanathan S. Analysis of "on" and "off" times for thermally driven VO$_2$ metal-insulator transition nanoscale switching devices[J]. Solid-State Electronics, 2011, 62(1):161-164.

[63] Gopalakrishnan G, Ruzmetov D, Ramanathan S. On the triggering mechanism for the metal-insulator transition in thin film VO$_2$ devices: Electric field versus thermal effects[J]. Journal of Materials Science, 2009, 44(19):5345-5353.

[64] Sakai J, Kurisu M. Effect of pressure on the electric-field-induced resistance switching of VO$_2$ planar-type junctions[J]. Physical Review B: Condensed Matter and Materials Physics, 2008, 78(3): 033106.

[65] Joushaghani A, Jeong J, Paradis S, et al. Voltage-controlled switching and thermal effects in VO$_2$ nano-gap junctions[J]. Applied Physics Letters, 2014, 104(22):221904.

[66] Joushaghani A, Jeong J, Paradis S, et al. Electronic and thermal effects in the insulator-metal phase transition in VO$_2$ nano-gap junctions[J]. Applied Physics Letters, 2014, 105(23):231904.

[67] Ko C, Ramanathan S. Observation of electric field-assisted phase transition in thin film vanadium oxide in a metal-oxide-semiconductor device geometry[J]. Applied Physics Letters, 2008, 93(25):252101.

[68] Polley M H, Boonstra B B S T. Carbon blacks for highly conductive rubber[J]. Rubber Chemistry and Technology, 1957, 30(1):170-179.

[69] Gelves G A, Lin B, Sundararaj U, et al. Low electrical percolation threshold of silver and copper nanowires in polystyrene composites[J]. Advanced Functional Materials, 2006, 16(18): 2423-2430.

[70] Zallen R. The Physics of Amorphous Solids[M]. New York: John Wiley & Sons, 1983.

[71] Wessling B. Electrical conductivity in heterogenous polymer systems (Ⅳ) [1] a new dynamic interfacial percolation model[J]. Synthetic Metals, 1988, 27(1-2):A83-A88.

[72] McLachlan D S. An equation for the conductivity of binary mixtures with anisotropic grain structures [J]. Journal of Physics C: Solid State Physics, 1987, 20(7):865-877.

[73] 梁基照, 杨铨铨. 高分子基导电复合材料非线性导电行为及其机理(Ⅱ)量子力学隧道效应理论[J]. 上海塑料, 2010, (1): 1-5.

[74] Sheng P. Fluctuation-induced tunneling conduction in disordered materials[J]. Physical Review B: Condensed Matter and Materials Physics, 1980, 21(6):2180-2195.

[75] Kaiser A B, Park Y W. Current-voltage characteristics of conducting polymers and carbon nanotubes[J]. Synthetic Metals, 2005, 152(1-3):181-184.

[76] Simmons J G. Generalized formula for the electric tunnel effect between similar electrodes separated by a thin insulating film[J]. Journal of Applied Physics, 1963, 34(6): 1793-1803.

[77] van Beek L K H, van Pul B I C F. Internal field emission in carbon black-loaded natural rubber vulcanizates[J]. Journal of Applied Polymer Science, 1962, 6(24):651-655.

[78] Yuan X, Zhang Y B, Abtew T A, et al. VO$_2$: Orbital competition, magnetism, and phase stability[J]. Material Sciences, 2012, 86(23): 235103.

[79] Hiroi Z. Structural instability of the rutile compounds and its relevance to the metal-insulator

transition of VO$_2$[J]. Progress in Solid State Chemistry, 2015, 43: 47-69.

[80] Skuza J R, Scott D W, Mundle R M, et al. Electro-thermal control of aluminum-doped zinc oxide/vanadium dioxide multilayered thin films for smart-device applications[J]. Scientific Reports, 2016, 6: 21040.

第 2 章 VO₂ 薄膜相变理论建模与仿真计算

2.1 固体多粒子体系计算模拟方法

2.1.1 计算物理基本研究方法选择

任意一种材料都是由大量原子构成的，而对应于原子分子尺度的物理规律则是受量子力学支配的，所以从理论上来讲，材料的性质都可以通过求解体系对应的薛定谔方程计算得到。但是一种材料往往具有多个原子核与核外电子，这就涉及求解对多粒子体系的薛定谔方程，而这一类方程通常很难直接求解，所以人们不得不对原体系的薛定谔方程采取一系列必要的简化，从而能够计算出对应体系的性质。

此外，随着计算机技术的发展以及人们对物理规律的深入理解，可用计算机进行模拟计算的体系也日益增多。通过计算机模拟计算材料研究中涉及的许多复杂物理化学过程，可以代替部分复杂的实验过程，减少耗资耗时。特别是在本书中，希望在材料温度恒定的条件下(排除温度致相变影响因素)探讨电场对 VO₂ 材料 MIT 的影响，这在现有的可用实验资源下难以实施。

因此，在前期研究中选择凝聚态物理基本理论与现代计算方法相结合的计算凝聚态物理方法，以深入到微观层次了解材料物性，表征材料性能。

一般情况下，可以将计算凝聚态物理学的研究方法分为三大类，分别是经典分子动力学(molecular dynamics)方法、蒙特卡罗(Monte Carlo)方法、第一性原理(first principle)方法。这三类研究方法在研究纳米材料的结构、生长特性、物理性能等问题上各有优势，并且在纳米结构材料设计的工作领域中扮演着重要角色[1]。下面将概述这三类方法的适用范围，并针对 VO₂ 纯相晶体体系选定本书适用的基本研究方法。

1. 分子动力学方法

分子动力学的研究方法是基于统计物理学的思想，先个体再整体，核心内容是从单个分子在相空间中的轨迹导出一个体系在一段时间内的运动情况。具体过程为：首先建立对应体系的动力学方程，再将其初始状态代入，就能数值模拟该体系中每一个原子的坐标和动量随着时间的演化，然后基于统计物理学的理论方法就能得到整个体系的静态或动态性质。

基于经典分子动力学的理论基础，可以认为微观体系中的每个粒子(原子与分子)均服从牛顿力学的运动规律，对应的动力学方程一般是以哈密顿方程、拉格朗日方程或牛顿运动方程来描述的。通过求解相应的微分方程，就能计算出该体系在任意时刻内的状态。很明显，该方法不存在任何随机因素。原则上来说，对于所有的微观体系，分子动力学的方法基本都能适用，尤其是对一些非平衡态体系的模拟计算。当然，其缺点也是显而易见的，尤其是对于一些多粒子体系的问题。随着粒子数的增加，计算的复杂度将呈几何级数的规律增长，相应的计算量也会跟着增加，对应的内存占有率也会成倍地增长。

当然，在部分情况下，分子动力学的方法也面临模拟时间有限、模拟体系本身有限带来的局限性。在很多情况下，体系所具有的粒子数是趋于无穷多的，但是由于计算资源的限制，人们只能模拟有限的体系，此时便会造成一定的尺寸效应。为了尽可能地削弱尺寸效应带来的误差，人们往往引入一定的边界条件，但是，这在一定程度上会改变体系的原有性质。

将分子动力学应用在对气体或液体的状态方程、相变问题、吸附问题、扩散问题以及非平衡过程等问题的研究。结果表明，该方法在研究上述问题时是一个不错的选择。但是在本书中，考虑到计算成本因素，基于分子动力学的计算凝聚态物理方法并不是首选的仿真方法。

2. 蒙特卡罗方法

蒙特卡罗方法又称统计模拟法、随机抽样技术法，它所求解的问题往往与概率模型相联系，通过计算机实现大量的数据抽样及综合统计，进而得到该问题的近似解。它以概率论和数理统计为基础，使用随机数或更常见的伪随机数来解决数学问题。与通常的确定性数值计算方法不同，蒙特卡罗方法是一种非确定性的、以概率统计为基础的数值计算方法。该方法在薄膜沉积、生长及新型纳米材料性能模拟设计等方面获得了成功应用。在凝聚态计算和材料设计中存在大量的优化问题，例如，寻找团簇基态结构时，第一性原理方法的计算量较大、应用受到一定的限制。而蒙特卡罗方法受几何条件的限制较小，结果的收敛速度与问题维数也没有关联，使其在这类问题上占据优势。

但是，蒙特卡罗方法和分子动力学方法在研究团簇的热力学性质和基态性质时，在优化基态结构方面容易陷入局部最优的亚稳态，无法获得全局最优解，仍存在缺陷。为了解决这些问题，还是需要将它和全局智能优化方法结合使用。

本书中，对 VO₂ MIT 电场可调性的计算仿真研究内容主要是基于纯相晶体的，并没有涉及 VO₂ 沉积于何种衬底的研究内容，因而现阶段的研究任务中暂且不需要使用蒙特卡罗方法。

3. 第一性原理方法

第一性原理方法，广义上是指基于最基本的物理规律去演算物质的各种性质。在凝聚态物理的研究领域里，所有的研究对象都是由分子和原子构成的，而它们间的相互作用都服从量子力学的基本规律，因此人们能够基于量子力学的基本原理，经过一些必要的近似化简，计算出任意一个体系的各种性质。

第一性原理计算是指不通过经验参数、关注原始状态方程和边界条件，只使用几个最基本的实验数据去计算体系的性质。这种算法的计算量较大，对计算资源有较高的要求，但是可信度高、通用性好、适用范围较广。如果引入一些经验参数(如原子核的势函数)，可以大大加快计算速度，但这不利于该算法的可移植性。因为原子核的势函数往往只能针对某个特定的体系，而且计算结果往往需要相关实验的佐证。若该原子处于另外一个体系，原有的势函数可能不再适用，计算的结果是不可信的。广义的第一性原理主要有两大类，一类以哈特里-福克(Hartree-Fock)自洽场为基础，另一类以密度泛函理论(density function theory, DFT)为基础。

客观来说，第一性原理计算和基于经验参数的计算是两个极端。第一性原理是根据最基本的物理规律推演得出的结论，而经验参数本身是基于大量实例得出的一个唯象的参数，其通用性受到一定的质疑。但是就某个特定的问题而言，两者之间往往没有明显的界线。如果某些原理或数据来源于第一性原理，但推演过程中加入了一些有说服力和数据的假设，那么这些原理或数据就称为"半经验的"。

考虑到研究多电子系统的电子结构和各种物理特性(如基态能量、偶极矩、极化、振动频率和核四极矩)时，第一性原理计算的应用已经越来越普遍，同时结合前文所述内容，本书基于第一性原理方法对 VO_2 材料展开模拟计算仿真研究。

2.1.2 基于第一性原理方法分析固体体系结构

第一性原理方法从基本物理量和物理原理出发，通过自洽计算确定多粒子体系基态性质，近似过程在自洽计算中不可避免。

基于第一性原理方法分析多粒子体系结构的基础是玻恩-奥本海默(Born-Oppenheimer)近似，通过这一理论可以将固体的离子实和电子的运动过程分开进行研究处理。

之后为了将多电子问题简化为单电子问题，会通过 Hartree-Fock 自洽法近似。

Hartree-Fock 自洽法是基于单电子近似的，其中各电子在所有其他电子的有效场中运动，运动方程由单粒子薛定谔方程给出。在这种近似下，具有 N 个电子

的多电子系统的 Hartree-Fock 能可以写为[2]

$$E^{(0)} + E^{(1)} = E^{HF} \tag{2-1}$$

式中,

$$E^{(0)} = \left\langle \psi^{(0)} \middle| \hat{H}_0 \middle| \psi^{(0)} \right\rangle = \sum_i \varepsilon_i \tag{2-2}$$

是单电子 Fock 算子和的期望值, 称为无扰动系统的最低能量特征值; ε_i 为单个电子能量。类似地, 无扰动系统 $\psi^{(0)}$ 的一阶扰动哈密顿量 $\hat{H}'$ 的期望值写作

$$E^{(1)} = \left\langle \psi^{(0)} \middle| \hat{H}' \middle| \psi^{(0)} \right\rangle \tag{2-3}$$

式(2-3)也是对无扰动系统最低能量特征值 $E^{(0)}$ 做一阶扰动的能量修正。

Hartree-Fock 波函数满足了反对称的要求, 它包含由相同自旋方向电子对所产生的关联效应。然而, 相反自旋方向电子的运动在这一近似中并未被关联进去。

为了更加准确地描述多电子体系物理性质, 引入 Hartree-Fock 近似下的电子关联方法来处理多电子系统相关现象。其中的一项原则方法是 Moller-Plesset(MP) 摄动法, 作为一种利用多体摄动理论的非迭代校正方法[3], 它主要通过增加 Hartree-Fock 近似的高激发性来实现关联。

而另一项在计算多电子系统电子结构研究中使用频率更高的原则方法是包含了电子关联作用的 DFT 方法。在 DFT 中, 交换关联能(exchange-correlation energy)被表达为电子密度分布的功能函数、电子态通过 Hartree-Fock 近似解决自洽问题[4]。在 Hartree-Fock 近似中交换相互作用得到了精确处理, 但电子间库仑斥力引起的动态相关效应并未被准确量化考虑。因此, 密度泛函理论从原则上是精确的, 但从实际情况来看, 交换相互作用和动态相关效应的处理都存在近似过程[5]。

在此基础上, 固体的物理性质主要由体系的电子运动所决定, 此时对固体性质的研究也就顺理转化为处理相应多电子体系的问题。下面将依序概述这一过程中涉及的重要物理方法。

1. Kohn-Sham 方程与交换关联泛函

DFT 起始于 20 世纪 20 年代的托马斯-费米(Thomas-Fermi)方法, 其基本思想是通过粒子密度函数来描述原子、分子和固体的基态物理性质。1964 年, Hohenberg 应用薛定谔方程证明了一个多电子系统的基态能量 E 是关于电子密度

的函数 $E[\rho(r,\theta,\varphi)]^{[6]}$。其后，通过引入轨道上 N 个单电子的波函数 ϕ_i，Kohn 和 Sham(沈昌九)制定了 Kohn-Sham 方程[7]：

$$\left[-\frac{h^2}{2m}\nabla^2 - \sum_A Z_A \frac{e^2}{|r-R_A|} + e^2 \int \frac{\rho(r')}{|r-r'|}\mathrm{d}r' + U_{xc}(r) \right]\phi_i = \varepsilon_i\phi_i \qquad (2-4)$$

式中，h 为普朗克常量；m 为电子质量；Z_A 为原子核电荷数；R_A 为原子核半径；e 为电子电荷量；$\rho(r')$ 为电子密度；r 和 r' 为电子的坐标；∇ 为拉普拉斯算符。等式左边的第一项表征作用在轨道上的动能 E_k；第二项对应核吸引力作用在轨道上的势 V_{nuc}；第三项是由系统内所有电子对 Kohn-Sham 方程所描述的电子(轨道波函数 ϕ_i 上的 N 个单电子)作用而引起的库仑相互作用能 $V_H[\rho]$ (Hartree 势)；第四项则是电子间交换关联能 $U_{xc}(r)$。

与薛定谔方程不同的是，Kohn-Sham 方程并不依赖多电子系统中 N 个电子的 $3N$ 个坐标值，它依赖于电子密度 $\rho(r,\theta,\varphi)$，而电子密度又依赖于轨道波函数 ϕ_i，关系如式(2-5)所示。

$$\rho(r,\theta,\varphi) = \sum_i |\phi_i|^2 \qquad (2-5)$$

从表达式看，Kohn-Sham 方程的 Hartree 势包括电子与其自身之间的自相互作用能，而电子之间的自相互作用能是不应该包括进去的。Kohn-Sham 方程的核心是用无相互作用的粒子模型代替有相互作用的粒子系统，得到由 DFT 导出的描述多粒子系统基态性质的严格方程式。

因此，需要再建立正确的交换关联能表达式，把自相互作用能从库仑能中消去，把相互作用的全部复杂性归到本就未知的交换关联能 $U_{xc}(r)$ 的泛函中。这样，通过轨道的概念，Kohn-Sham 方程已经可以准确描述动能的 99%，即如果不考虑交换关联能的影响，Kohn-Sham 方程已经能够准确描述电子密度。那么，问题的焦点也就集中到如何解决交换关联能的不确定性。

在 DFT 中对交换关联能 $U_{xc}(r)$ 取近似时，最广泛使用的方法是局域密度近似(local density approximation，LDA)和广义梯度近似(generalized gradient approximation，GGA)。

LDA 是 Kohn 和沈昌九在 1965 年基于托马斯-费米-狄拉克理论提出的[7]。LDA 的主要思想是假设电子密度是随空间位置缓慢变化的函数，认为一般不均匀的电子系统在微小区域内有均匀分布的电子密度，即对局部区域进行均质处理。这个泛函是确切已知的，但使用这样的均匀电子气近似实际上是不可能完全准确表征分子系统电子密度的。在处理材料激发态下的相关性质时，局域密度近似方法给出的结果与实验结果的误差偏大，究其原因就在于这样一种简单的均匀电子气模型没有考虑电子密度较快速变化时电子密度梯度对结果的影响，进而造成对系统结合能的高估。

为了解决这个问题，需要构造非均匀的电子气模型。

GGA 恰是较常用的一种构造非均匀电子气模型的方法。GGA 不仅考虑了电子密度对体系交换关联能的影响，还考虑了电荷分布不均匀性即电子密度的局域梯度产生的影响。

综上所述，在研究 VO₂ 的电子性质时，优先考虑使用 GGA 方法对 DFT 的交换关联能取近似。求解 Kohn-Sham 方程的迭代自洽流程如图 2-1 所示。

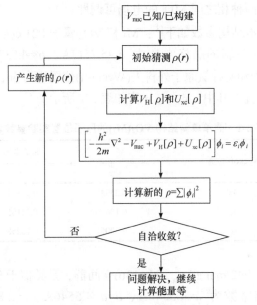

图 2-1　求解 Kohn-Sham 方程的迭代自洽流程图

2. 晶体周期势场处理方法

不同能带计算方法的区别有两个方面：一是采用不同的函数集来展开晶体波函数，二是根据研究对象物理性质对晶体势做合理有效的近似处理。这样，固体的能带计算也就主要包括两部分：一是建立一个合理的单电子哈密顿量，即寻求一个合理的周期势场；二是求解薛定谔方程或 Kohn-Sham 方程，包括将晶体波函数按合理的基函数展开。

第一性原理的能带计算方法根据对晶体周期势场的处理情况可以分为赝势方法和全电势方法两种，也因此衍生了不同底层代码计算原理的计算软件。

2.2　VO$_2$MIT 电场可调性计算研究

2.2.1　模型建立与收敛性讨论

1. VO$_2$ 纯相晶体单胞结构建立

在低于相变条件(如相变温度 T_c)时，VO$_2$ 有两种可能的形态，即稳态的 VO$_2$(M$_1$)和亚稳态的 VO$_2$(M$_2$)，亚稳态的 VO$_2$(M$_2$)通常由掺杂或应力引起。本书主要探讨电场对 VO$_2$ 纯相晶体相变的可调性，因此暂时不考虑 VO$_2$(M$_2$)，仅研究 VO$_2$(M$_1$)和 VO$_2$(R)两种相之间 MIT 的电场可调性。

这两种相的基本结构参数如下[8]：M$_1$ 相 VO$_2$ 属于 P21/c(C_{2h}^5 , No.14)空间群，是简单单斜结构，原胞的晶格常数为 a =5.7517Å、b =4.5378Å、c =5.3825Å、β =122.646°，钒原子和两种氧原子外科夫(Wyckoff)位置均为 4e，分别占据±(x, y, z)、±$(x, 0.5–y, 0.5+z)$ 位置。其中，x、y、z 值如表 2-1 所示。

表 2-1　简单单斜结构 VO$_2$(M$_1$)的原子位置实验参数表

原子	Wyckoff 位置	原子坐标		
		x	y	z
V	4e	0.23947	0.97894	0.02646
O$_1$	4e	0.10616	0.21185	0.20859
O$_2$	4e	0.40051	0.70258	0.29884

R 相 VO$_2$ 属于 P42/mnm(D_{4h}^{14} , No.136)空间群，是类似于 TiO$_2$ 的四方金红石结构，原胞的晶格常数为 a=4.5546Å、b=a=4.5546Å、c=2.8514Å，钒原子的 Wyckoff 位置为 2a，分别占据(0, 0, 0)、(0.5, 0.5, 0.5)位置，氧原子 Wyckoff 位置为 4f，分别占据$(x, x, 0)$、$(-x, -x, 0)$、$(-x+0.5, x+0.5, 0.5)$、$(x+0.5, -x+0.5, 0.5)$ 位置。其中，x 值为 0.3001。四方金红石结构 R 相 VO$_2$ 的原子位置实验参数如表 2-2 所示。

表 2-2　四方金红石结构 VO$_2$(R)的原子位置实验参数表

原子	Wyckoff 位置	原子坐标		
		x	y	z
V	2a	0	0	0
O	4f	0.3001	0.3001	0

参照上述实验结构参数，在材料计算软件中分别建立两种相的初始结构，并导出 cif 文件，通过工具软件转化为 VASP 下适用的 Linux 脚本和表征结构参数。单斜结构的 M_1 相 VO₂ 单胞中 VO₂ 分子式单元数目恰为金红石结构的两倍，且两种相结构的晶格常数满足关系转化矩阵如下：

$$\begin{pmatrix} a \\ b \\ c \end{pmatrix}_{M_1} = \begin{pmatrix} 0 & 0 & 2 \\ 1 & 0 & 0 \\ 1 & 0 & -1 \end{pmatrix} \begin{pmatrix} a \\ b \\ c \end{pmatrix}_{R} \tag{2-6}$$

因此，在建模时为了提高计算结果的可比性、减小系统误差，将 VO₂(R) 的晶胞沿 c 轴方向成两倍关系扩胞转化成与 VO₂(M_1) 具备相同原子数的超胞。图 2-2 为转化后两种相的结构图，为了更清楚地表现 VO₂(M_1) 中钒原子间呈锯齿形 (zig-zag) 交替成键，图示中包含两个晶胞单元。

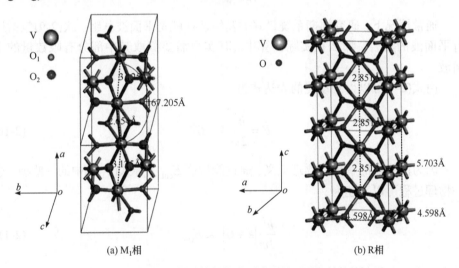

(a) M_1相　　　　　　　　(b) R相

图 2-2　通过材料计算软件分别建立的两种相结构图

2. 计算模型收敛性讨论

孤立系统(如原子、分子、簇)是不与外界交互的，因此也不需要定义其边界条件。如果物质以其原胞的各个方向做无限延伸重复，就可以形成宏观的材料。在计算模拟仿真中，沿一系列边界条件构建的晶胞可以近似成上述的周期循环系统。对于这样的周期循环系统，Kohn-Sham 方程的解必须满足 Bloch 定理；Kohn-Sham 的轨道电荷密度 $\phi_i(\boldsymbol{r})$ 可以用两个因子的乘积表示[9]，如式(2-7)所示：

$$\phi_i(\boldsymbol{r}) = e^{i\boldsymbol{k}\cdot\boldsymbol{r}}u_i(\boldsymbol{r}) \qquad (2\text{-}7)$$

式中，$e^{i\boldsymbol{k}\cdot\boldsymbol{r}}$ 称作平面波；$\boldsymbol{k}$ 为第一布里渊区中的电子波数矢量；函数 $u_i(\boldsymbol{r})$ 和系统中晶胞在空间上有相同的周期性；$\boldsymbol{r}$ 为位移矢量。因为 $u_i(\boldsymbol{r})$ 具有周期性，可以将其写成一系列平面波函数的傅里叶方程展开形式：

$$u_i(\boldsymbol{r}) = \frac{1}{\sqrt{\Omega}}\sum_{\boldsymbol{G}} C_{i,\boldsymbol{G}} e^{i\boldsymbol{G}\cdot\boldsymbol{r}}$$

$$\qquad (2\text{-}8)$$

式中，Ω 为原胞的晶格体积；$\boldsymbol{G}$ 为倒格矢。将式(2-8)代入式(2-7)中，得到某一轨道的 $\phi_i(\boldsymbol{r})$ 可以写成

$$\phi_i(\boldsymbol{r}) = \frac{1}{\sqrt{\Omega}}\sum_{\boldsymbol{G}} C_{i,\boldsymbol{G}} e^{i(\boldsymbol{k}+\boldsymbol{G})\cdot\boldsymbol{r}} \qquad (2\text{-}9)$$

通常情况下，研究周期系统最好的基组选择就是平面波基组。式(2-9)包括所有平面波的集合，那么在实际计算中，其实只需要截取其中部分有限数量的平面波。

由式(2-9)可以得到动能的表达式为

$$E = \frac{h^2}{2m}|\boldsymbol{k}+\boldsymbol{G}|^2 \qquad (2\text{-}10)$$

因为低能量的解更有物理意义，通过能量值 E_{cut} 去掉式(2-10)中的一些项，这一物理过程可以表述为

$$\frac{h^2}{2m}|\boldsymbol{k}+\boldsymbol{G}|^2 \leqslant E_{\text{cut}} \qquad (2\text{-}11)$$

式中，E_{cut} 为截断能。

由上述分析可见，在计算中，平面波截断能的选取可能会影响基态能量计算结果的收敛性，因此在计算中需要对截断能进行讨论。与此同时，另一个直接影响基态能量收敛的因素是第一布里渊区(Brillouin zone, BZ)的 k 点网格密度。

通过函数 $f_i(\boldsymbol{k})$ 表示在第 i 个能带上对第一布里渊区所有可能 $\boldsymbol{k}$ 值的积分，可以写成

$$\bar{f}_1 = \frac{1}{\Omega_{\text{BZ}}}\int_{\text{BZ}} \mathrm{d}\boldsymbol{k}f_i(\boldsymbol{k}) \qquad (2\text{-}12)$$

　　然而，计算机仿真过程中，原则上需要的无限个 k 点在其积分过程中会被有限个 k 点替代，也就是实际处理过程中会对第一布里渊区采样，将式(2-12)的积分转化为近似求和，如式(2-13)所示。

$$\bar{f}_1 = \frac{1}{N_k}\sum_k f_i(\boldsymbol{k}) \tag{2-13}$$

　　通过对单个 k 点做基于布拉维(Bravais)格子的对称操作，可以将布里渊区 k 点的总和减少为不可约布里渊区(irreducible part of the Brillouin zone, IBZ)的总和以减少计算量和缩短计算时间。可以计算出 IBZ 内每个 k 点的"质量" w_k：

$$w_k = \frac{N_{\text{IBZ-}k}}{N_{\text{BZ-}k}} \tag{2-14}$$

式中，$N_{\text{IBZ-}k}$ 为不可约布里渊区 k 点的数量；$N_{\text{BZ-}k}$ 为布里渊区 k 点的数量 k 因此，在第一布里渊区上的求和可以变成在 IBZ 的求和，如式(2-15)所示。

$$\bar{f}_1 = \sum_k^{\text{IBZ}} w_k f_i(\boldsymbol{k}) \tag{2-15}$$

　　对于第一布里渊区上的不可约的项主要有两种方式来近似：(线性)四面体方法和特殊 k 点逼近的方法。目前，特殊 k 点逼近的方法广泛应用于计算中，有 Chadi-Cohen k 点逼近法、Cunningham k 点逼近法和 Monkhorst-Pack(MP)网格法等，本节将使用 Monkhorst-Pack 网格法[10]。该方法是一个函数一般形态下的积分未知时最直接的逼近方法，即建立等距网格。这些点在 k 空间上可以写成晶格向量的线性组合：$\boldsymbol{k} = n_1\boldsymbol{b}_1 + n_2\boldsymbol{b}_2 + n_3\boldsymbol{b}_3$。其中，$q_1 \times q_2 \times q_3$ 网格有以下坐标：

$$n_i = \frac{2p_i - q_i - 1}{2q_i}, \quad p_i = 1, \cdots, q_i; \quad i = 1, 2, 3 \tag{2-16}$$

　　综上所述，对截断能 E_{cut} 和 k 点网格同时做收敛性实验，先将 k 点密度分别取 Gamma 和 $9 \times 9 \times 9$ 讨论截断能，再以确定可以收敛的截断能 E_{cut} 大小为基本参数讨论 k 点数，这样的计算过程可以防止 k 点网格不合适影响截断能计算中的收敛。实验过程中使用 GGA-PBE(Perdew-Burke-Ernzerh)赝势，暂不考虑自旋和磁性。

　　取截断能范围为 300～700eV，实验计算收敛性，结果如图 2-3 和图 2-4 所示。

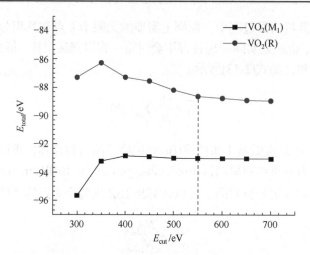

图 2-3　截断能对基态能量计算的影响关系图(k 点取 Gamma)

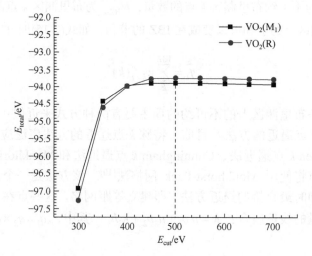

图 2-4　截断能对基态能量计算的影响关系图(k 点取 $9 \times 9 \times 9$)

　　图 2-3 和图 2-4 分别表征 k 点密度取 Gamma 和 $9 \times 9 \times 9$ 时，图 2-2 中 VO_2 两种相结构单胞分子的基态能量大小随截断能改变而变化的情况。可见，截断能 E_{cut} 取值高于 550eV 时，两种结构的系统基态能量计算基本趋于稳定、系统收敛。

　　接下来固定截断能取值为 600eV(略高于收敛测试结果显示的基本需求值)，分别使用 $1 \times 1 \times 1$、$3 \times 3 \times 3$、$5 \times 5 \times 5$、$7 \times 7 \times 7$ 和 $9 \times 9 \times 9$ 这五种具有不同 k 点密度的 Monkhorst-Pack 网格进行基态能量计算，实验 k 点数对收敛性的影响，得到两种相结构单胞分子的基态能量大小随 k 点数改变而变化的情况如图 2-5 所示。

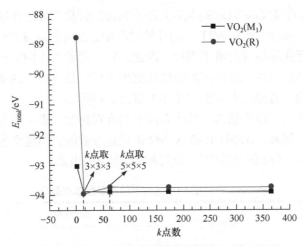

图 2-5　k 点数与基态能量的关系(E_{cut}=600eV)

由图 2-5 可知，k 点数目取决于系统是哪种相结构，同时还取决于计算的精度。VO₂(M₁)在 k 点数取 3×3×3 时计算结果已经能够收敛，而 VO₂(R)在 k 点网格取到 5×5×5 时才能够使计算结果趋于收敛，这与金属系统通常需要比绝缘/半导体系统更多 k 点的计算经验是一致的。

以上实验结果表明，5×5×5 的 k 点网格已经能够同时满足两种相结构的收敛需求。因此，在后面的计算中，对截断能和 Monkhorst-Pack 网格的基本设置分别设定为 600eV 和 7×7×7 Monkhorst-Pack 网格，两者取值均略高于收敛测试的基本需求值以获得更稳定的收敛性。

2.2.2　VO₂ 纯相晶体的不同磁性态计算

作为物质的基本属性之一，电子的磁矩将决定宏观物质所表现出的磁性。在目前的实验成果中可以观测到 VO₂(M₁)表现出宏观非磁特性(none-magnetic, NM)，VO₂(R)表现出宏观顺磁特性[11]。

对材料本身而言，宏观磁性形式包括弱磁性质的抗磁性(anti-magnetic, AM)、顺磁性(para magnetic, PM)、反铁磁性(anti-ferromagnetic, AFM)和强磁性质的铁磁性(ferro magnectic, FM)、亚铁磁性(ferrous ferromagnetic, FFM)。其中，反铁磁性物质在实验观测中也表现出总磁矩为零的现象，与非磁性物质相类似。而顺磁性物质存在从宏观非磁性转化为宏观铁磁性或宏观反铁磁性转化为宏观铁磁性两种可能。过渡族金属的氧化物，如 MnO(氧化锰)、FeO(氧化亚铁)、CoO(氧化钴)、NiO(氧化镍)、Cr₂O₃(氧化铬)等，均属于反铁磁性物质，同为典型过渡族金属元素的钒，其氧化物也不能排除这种可能性。

目前，从实验水平并不能直接说明 VO₂(M₁)本质上是非磁性材料还是反铁磁性材料,也不能直接反映 $VO_2(R)$ 本质上是从非磁性转化为铁磁性还是从反铁磁性转化为铁磁性。探讨电场对 MIT 可调性的过程中,这对正确设置模型磁性态、尽可能真实地贴近实际情况造成了困扰。因此,首先需要对不同的磁性构型进行计算,并通过基态能量评估最稳定的磁性构型作为后续仿真内容的基本模型。分别考察两种相结构下各磁性态构型如表 2-3 和表 2-4 所示。

需要说明的是,由于结构在某些方向上具有对称性,表中部分 AFM 构型实际上是等效的。例如,AFM1 R 和 AFM2 R 就是等效的,但这里为了表述方便,还是选择直接将 AFM 的全部构型通过排列组合罗列出来。

表 2-3　单斜相 VO_2 结构下的各磁性态构型表

磁性	标识名	初始磁矩(μ_B)/(A·m²)			
		V_1	V_2	V_3	V_4
NM $VO_2(M_1)$	NM M_1	默认	默认	默认	默认
FM $VO_2(M_1)$	FM M_1	2	2	2	2
AFM $VO_2(M_1)$	AFM1 M_1	2	2	−2	−2
	AFM2 M_1	2	−2	2	−2
	AFM3 M_1	2	−2	−2	2
	AFM4 M_1	−2	2	2	−2
	AFM5 M_1	−2	2	−2	2
	AFM6 M_1	−2	−2	2	2

表 2-4　金红石相二氧化钒结构下的各磁性态构型表(V_3、V_4 实际上是 V_1、V_2 的重复单元)

磁性	标识名	初始磁矩(μ_B)/(A·m²)			
		V_1	V_2	V_3	V_4
NM $VO_2(R)$	NM R	默认	默认	默认	默认
FM $VO_2(R)$	FM R	2	2	2	2
AFM $VO_2(R)$	AFM1 R	2	−2	2	−2
	AFM2 R	−2	2	−2	2

用 GGA-PBE(PBE)、GGA-PBE(PBE)+U 两种能量泛函近似方法,分别计算上述表 2-3、表 2-4 所列出的各种磁性态基态能量。其中,有效关联能 U_{eff} 暂取 2.0eV。通过计算,得到两种相结构下 VO_2 不同磁性设置所对应的基态能量 E_{total},如表 2-5 第二列和第三列内容所示。

同时,分别以 PBE、PBE+U 两种能量泛函近似方法下得到的非磁性 $VO_2(R)$(样本标识名 NM R)对应总能值为基准能量点，即相对能量零点。为比较不同磁性态构型的相稳定性，计算各个样本相对于 NM R 的单个 VO₂分子上平均总能量差值 ΔE_{total}，如表 2-5 第四列和第五列内容所示。以 ΔE_{total} 为纵坐标，抽象得到各个计算结果之间的关系，如图 2-6 所示。

表 2-5　PBE、PBE+U(U_{eff}=2eV)分别计算两种相结构不同磁性态基态能量表

标识名	E_{total}/eV		ΔE_{total}/meV	
	PBE	PBE+U	PBE	PBE+U
NM M₁	−102.659826	−93.556575	149.8850	158.7378
FM M₁	−103.043343	−94.723401	54.0058	−132.9688
AFM1 M₁	−102.764568	−95.169775	123.6995	−244.5623
AFM2 M₁	−102.615789	−95.221514	160.8942	−257.4970
AFM3 M₁	−102.615921	−95.216550	160.8613	−256.2560
AFM4 M₁	−102.615836	−95.216551	160.8825	−256.2563
AFM5 M₁	−102.615695	−95.221550	160.9177	−257.5060
AFM6 M₁	−102.765616	−95.169813	123.4375	−244.5718
NM R	−103.259366	−94.191526	0	0
FM R	−103.330608	−95.027168	−17.8105	−208.9105
AFM1 R	−103.084630	−95.249704	43.6840	−264.5445
AFM2 R	−103.073030	−95.249670	46.5840	−264.5360

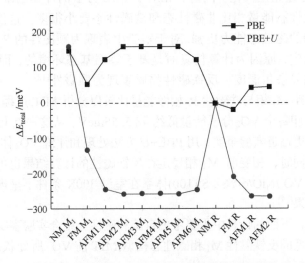

图 2-6　两种能量泛函近似方法计算两种相结构基态能量对比图

从表 2-5 所示各磁性态对应的基态能量直观分析可知，PBE 方法得到的 $VO_2(M_1)$ 和 $VO_2(R)$ 均为铁磁性，对应基态能量最低；PBE+U 方法得到的最低基态能量点则均在反铁磁性构型上，分别是 AFM5 M_1、AFM1 R。

综合分析以上计算结果可知，用 PBE 近似时，铁磁性 R 相与非磁性 R 相相比较，平均到每个 VO_2 分子的基态能量低约 17.8105meV，这一能量差值与发生 MIT 的相变温度 340K 所对应的能量尺度大小 29.29772meV 相差 11.48722meV。从钒原子上的局域磁矩考虑，铁磁性 R 相的钒原子上磁矩值为 1.091 μ_B，表征其已经完全自旋极化。而反铁磁性 R 相在计算中，钒原子上有约 0.4 μ_B 的平均局域磁矩，表征反铁磁性 R 相并未完全自旋极化，这与实验上 R 相表现为顺磁性也是不相违背的。此外，分析 M_1 相各磁性态的计算结果，易知六种反铁磁性 M_1 相的构型在计算过程中四种都弛豫到了非磁性态，剩下的两种钒原子上平均局域磁矩约为 0.54 μ_B，这说明 PBE 方法中可以得到非磁性 M_1 相比反铁磁性 M_1 相稳定。同时，尽管计算结果显示铁磁性 M_1 相是所有磁性态中基态能量最低的，但显然这不完全符合实验客观事实。

基于实验中 M_1 相宏观表现为非磁性，这里仍将非磁性 M_1 相与铁磁性 R 相做能量比较以分析 MIT 过程。非磁性 M_1 相基态能量反而比铁磁性 R 相每个 VO_2 分子高约 167.6955meV，这一点也显然与实验事实不符，因为实验上 $VO_2(M_1)$ 为低温相，故 $VO_2(M_1)$ 基态能量应当低于 $VO_2(R)$。

PBE+U 方法得到的 $VO_2(M_1)$ 和 $VO_2(R)$ 均为反铁磁性对应基态能量最低。两种相结构 VO_2 中，无论铁磁性还是反铁磁性构型，钒原子上局域磁矩均在 1.0μ_B 左右，已经完全极化。同时，相对于 PBE 方法的计算结果，PBE+U 方法得到的反铁磁性态能量相比非磁性态和铁磁性态要小很多，这说明 PBE+U 方法稳定所有相的磁性态能力更强。对于实验中表现为顺磁性的 R 相在计算中反铁磁性更为稳定，原因为计算仿真时是基于零温基态环境的，而实际实验环境下温度高于临界奈尔温度、反铁磁性物质表现为顺磁性[12]。

将反铁磁性 M_1 相与铁磁性 R 相做能量比较以分析 MIT 过程，反铁磁性 M_1 相比铁磁性 R 相每个 VO_2 分子能量低约 48.5955meV。从这一点上看，PBE+U 方法得到的结果更贴近实验事实，用 PBE+U 方法处理和评价 VO_2 体系比 PBE 方法更切合实际。同时，相变前 M_1 相稳定在反铁磁性的计算结果也可以帮助合理解释 Bai 等有关 VO_2/NiO/c-YSZ/Si(100)体系在室温 300K 条件下呈现出反铁磁特性的实验研究成果[13]。

综上所述，下面的计算中需要考虑自旋和磁性。结合实验事实，将以本小节中基态总能最低的反铁磁性 M_1 相磁性态构型(MIT 前 VO_2 所处状态)和铁磁性 R

相(MIT 后 VO₂ 所处状态)为依据设置软件的 INCAR 文件中的相关初始磁矩项。两种相结构下自旋情况为：VO₂(M₁)的 V₁、V₃ 原子自旋向下，V₂、V₄ 原子自旋向上；VO₂(R)的全部 V 原子自旋向上。

2.2.3　VO₂ 纯相晶体的 LDA+U 不同 U 值计算

对于强关联体系，体系中局域电子间的有效库仑相互作用是模型计算仿真中需要考量的重要参数。过渡族金属化合物中的 3d 电子就是典型的强关联体系局域电子，因此在讨论 VO₂ 纯相晶体体系时，需要引入 LDA+U 修正项。

为了使两种相结构的能带图计算结果更有可比性，在能带计算时选择大多数六面体结构都适用的积分路径：$\Gamma(0, 0, 0)$，$Y(0, 0.5, 0)$，$C(0, 0.5, 0.5)$，$Z(0, 0, 0.5)$，$\Gamma(0, 0, 0)$，$A(-0.5, 0.5, 0)$，$E(-0.5, 0.5, 0.5)$，$Z(0, 0, 0.5)$，$D(-0.5, 0, 0.5)$，$B(-0.5, 0, 0)$，$\Gamma(0, 0, 0)$。因为选取了同样的积分路径，两种相结构下的布里渊区及其高对称积分路径相类似，如图 2-7 所示。

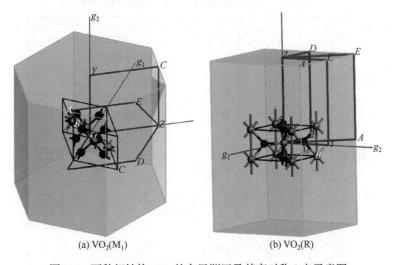

(a) VO₂(M₁)　　　　　　　(b) VO₂(R)

图 2-7　两种相结构 VO₂ 的布里渊区及其高对称 k 点示意图

如图 2-8 和图 2-9 所示，分别为用 PBE 和 PBE+U(U_{eff}=2eV)的方法弛豫 AFM VO₂(M₁)电子结构时得到的能带图。由图可见，不加 U 值修正时，AFM VO₂(M₁)能带图在费米能级附近带隙接近 0，与实验明显不符；加 U_{eff}=2eV 修正时，AFM VO₂(M₁)表现出 0.60393eV 的带隙。由此可知，对于 VO₂ 纯相晶体体系必须引入 LDA+U 修正项，而且 U 值的大小选择应以实验中测量出的已知带隙值范围 0.6~0.8eV 为基准，通过对 VO₂(M₁)进行 U 值实验确定。

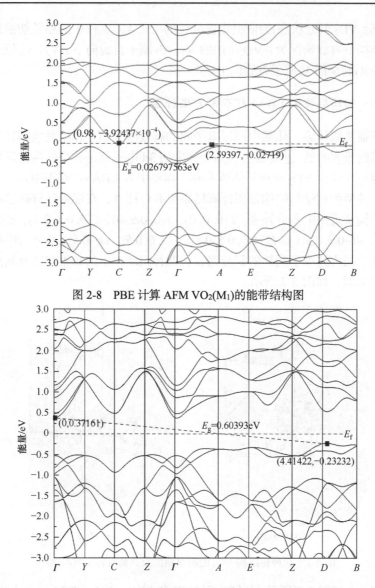

图 2-8　PBE 计算 AFM VO$_2$(M$_1$)的能带结构图

图 2-9　PBE 加 U_{eff}=2eV 修正时 AFM VO$_2$(M$_1$)的能带结构图

　　为了进一步考察合适的电子关联效应修正值,采取 PBE 方法加不同的 U_{eff} 值弛豫 VO$_2$(M$_1$)晶格并计算能带。在设置 INCAR 脚本文件时,因脚本代码默认 $U+J$ 的修正形式,设置 $J=0$,则 U 即为 U_{eff}。计算结果如图 2-10 所示。

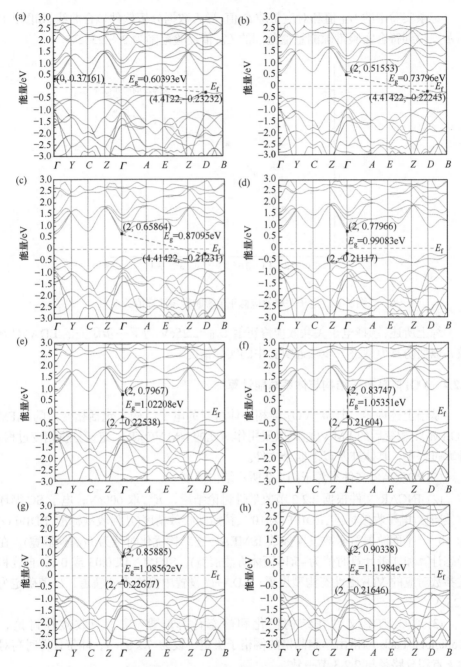

图 2-10　PBE 方法加不同 U_{eff} 值弛豫 VO₂(M₁)的能带结构图

从(a)到(h)，U 值从 2eV 到 3.75eV，依次递增 0.25eV

记录实验中的 U_{eff} 值和对应带隙 E_g 值，导入数据分析软件拟合曲线。如图 2-11 所示，得到符合实验带隙测量值范围的 U_{eff} 值经验范围为 2～2.35eV。

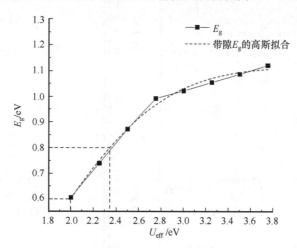

图 2-11　电子关联效应修正值影响带隙计算值关系图

综上所述，选择电子关联效应修正值 U_{eff}=2.25eV 为下一步研究的 LDA+U 参数，以使仿真模型进一步贴近实验中的实际情况。

2.2.4　VO₂ 体系电子结构与体系总能计算

基于上述内容，计算 VO₂ 纯相块体材料的电子结构，包括相变前的 AFM VO₂(M₁)、相变后的 FM VO₂(R)以及用作对比的 NM VO₂(R)，定量分析相变过程。计算过程中，具体涉及以下四个文件。

(1) POSCAR 文件来源于图 2-2 所示结构模型。

(2) INCAR 文件根据 2.2.2 节收敛性讨论结论，E_{cut} 取 600eV；电子 SC 循环收敛精度(电子收敛标准，EDIFF)为 10^{-6}、核运动收敛精度(几何收敛标准，EDIFFG)为 10^{-5}；平面波展宽函数设置参数 ISMEAR 在结构优化时值为 0(高斯展宽)，在静态计算和能带计算时值为–5(四面体方法展宽)，SIGMA 取 0.05 或 0.1；自旋相关参数对应的 VO₂ 磁性态构型设置；LDA+U 设置中仅修正 d 轨道，U 值确定为 2.25eV。

(3) KPOINTS 文件在结构优化和静态计算时据 2.2.1 节收敛性讨论，Monkhorst-Pack 网格由单胞晶格的倒格子决定、设为 7×9×7；能带计算时高对称 k 点积分路径与 2.2.3 节一致。

(4) POTCAR 文件来源于软件源文件的 PBE 赝势包组。

基于以上参数，通过 PBE+U 方法计算的非磁性 R 相、铁磁性 R 相、反铁磁性 M₁ 相中钒的 t₂g 轨道和氧的 p 轨道投影能带结构如图 2-12 和图 2-13 所示。

Goodenough 对 VO₂ 的 MIT 过程进行基本定性解释[14]，d 轨道的三个低能 t_{2g} 轨道近似简并，即 d_{xz}、d_{yz}、$d_{x^2-y^2}$ 轨道近似简并；两个高能 e_g 轨道近似简并，即 d_{xy}、d_{z^2} 轨道近似简并。其中，$d_{x^2-y^2}$ 轨道空间取向主要在钒原子链内平面方向，对应了 V-V 原子链内成键，d_{xz} 和 d_{yz} 轨道则对应了 V-V 原子链间成键的部分。这里主要研究费米面附近电子态的轨道分布，关心 d 轨道的三个低能 t_{2g} 轨道占据情况。

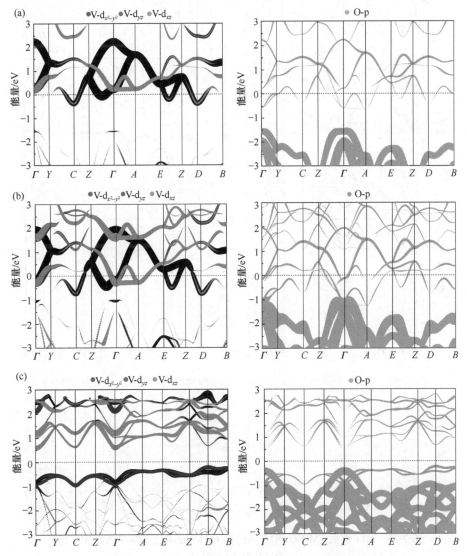

图 2-12　VO₂ 中 V 的 t_{2g} 轨道和 O 的 p 轨道投影能带结构图
(a)NM R；(b)FM R；(c)AFM M₁

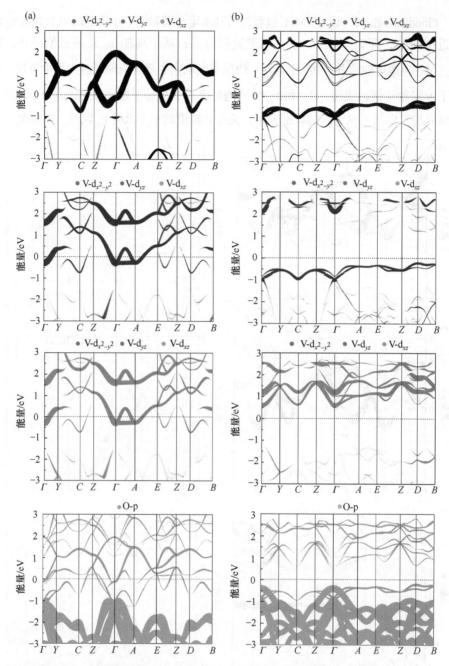

图 2-13　MIT 前后 FM VO$_2$(R) 与 AFM VO$_2$(M$_1$) 的轨道投影能带结构对比图

(a) FM R；(b) AFM M$_1$

由图 2-12(b)、图 2-13 (a)所示的轨道投影能带图可知，在铁磁性 R 相结构中，d 轨道的三个低能轨道都有可观占据，且费米能级分别穿过 d_{xz}、d_{yz}、$d_{x^2-y^2}$ 轨道上所形成的能带，即相变后的铁磁性 R 相构型宏观上表现为金属性。d_{xz} 和 d_{yz} 轨道上占据情况的高度相似说明大量电子中同时包含了 d_{xz} 和 d_{yz} 轨道成分，d_{xz} 和 d_{yz} 轨道之间表现出较强的杂化作用。对比之下，$d_{x^2-y^2}$ 轨道空间上的投影能带图与 d_{xz} 和 d_{yz} 轨道的相似性明显降低，说明 $d_{x^2-y^2}$ 轨道与 d_{xz} 和 d_{yz} 轨道之间的杂化作用较弱。这是因为 $d_{x^2-y^2}$ 轨道形成 σ 电子占据态，而 d_{xz} 和 d_{yz} 轨道形成 π^* 电子占据态，这两者之间的杂化作用受对称性限制，轨道间杂化作用小。

类似地，由图 2-12(c)、图 2-13(b)所示的轨道投影能带图可知，在反铁磁性 M_1 相结构中，$d_{x^2-y^2}$ 轨道形成的 σ 电子态劈裂成费米能级下和费米能级上两个部分，反映了钒原子二聚化导致的能带劈裂过程。d_{xz} 轨道形成的电子态主要占据导带部分，价带部分的电子态占据量很少。d_{yz} 轨道形成的电子态则以占据价带为主。这表明，反铁磁性 M_1 相结构中 d 轨道的三个低能轨道不再呈现类似铁磁性 R 相结构下较均匀的占据情况，M_1 相中 $d_{x^2-y^2}$ 轨道极化占据。综上所述，通过计算得到的量化结果与 Goodenough 提出的定性物理解释基本一致，可以帮助正确理解相变过程。

另外，考虑到不同相变机制在于不同的能量竞争机制。详细分析 VO₂ 体系总能的各分解项，可以明确各个相之间的竞争诱导因素，辅助分析和证明相变过程的驱动机制。基于这一基本思想，以非磁性 R 相的各项能量值为参考零点，分析上述计算中得到的平均每个 VO₂ 分子上的体系基态能量，如表 2-6 所示。

表 2-6　VO₂体系基态能量详表

E/eV	NM VO₂(R)	FM VO₂(R)	AFM VO₂(M₁)
$E_{Kinetic}$	0	0.415770	40.170673
$E_{Hartree}$	0	0.657147	43.336247
E_{xc}	0	−0.640401	−14.272609
E_{Ewald}	0	0	20.314726
$E_{PspCore}$	0	0	0.169748
$E_{Loc.Psp}$	0	−1.303323	−100.582668
E_{Spher}	0	0.623655	10.533562
E_{total}	0	−0.247152	−0.330321

$E_{Kinetic}$ 表征电子动能。每个 VO₂ 分子反铁磁性 M_1 相的电子动能比铁磁性 R 相的动能大概要高出 40.17eV。R 相和 M_1 相 VO₂ 体系有结构上的本质区别，主要表现在钒原子链在 R 相中没有配对，但是在 M_1 相中每一个钒原子链都能配对。

由此可以推测得到，V-V 配对提高了增加电子动能的概率。在 V-V 对更多的 M_1 相中，电子动能对应能量分量值更高的事实并不难理解，因为整个体系的轨道极化被 V-V 对占据，t_{2g} 轨道在 R 相中均匀分布(包括 d_{xz}、d_{yz}、$d_{x^2-y^2}$ 轨道)，而在 M_1 相中主要分布在 $d_{x^2-y^2}$ 轨道上。上述内容与本小节前文对轨道投影能带结构图的分析是一致的。分析每个 VO_2 分子反铁磁性 M_1 相的电子动能比铁磁性 R 相的动能大概要高的成因，由于轨道形成能带过程中，被电子占据的低能部分可以造成整个体系动能的降级，可以估计 VO_2 体系中的钒原子主要是 d^1 结构，所以如果 $d_{x^2-y^2}$ 轨道极化占据，那么电子需要占据 $d_{x^2-y^2}$ 轨道以形成能带的一半内容。然而，如果 $d_{x^2-y^2}$ 轨道均匀地占据能带，那么 t_{2g} 轨道下每个分轨道形成的电子态所占据的能带将只包括能量最低的部分，这就说明轨道均匀占据时将具备更低的电子动能。

$E_{Hartree}$ 表征电子的 Hartree 能。铁磁性 R 相的电子的 Hartree 能相对较低，反铁磁性 M_1 相高很多，非磁性 R 相在它们的中间。这是因为 Hartree 能为电子之间的库仑力的相互作用提供能量，所以在空间分布越均匀的相中，Hartree 能会越低。因为 R 相在空间中有较高的对称性，并且其轨道均匀分布在 t_{2g} 轨道中，所以 Hartree 能在 R 相中的能量更低。但是在铁磁性 R 相中，电子的局域化导致空间分布比非磁性 R 相更加不均匀，所以其 Hartree 能会比在非磁性 R 相中要略高一些。

E_{xc} 是电子交换关联能。就交换关联能而言，R 相整体比 M_1 相高。其中，非磁性 R 相又比铁磁性 R 相高。这是因为电子的占据方式在不同的相中不同。电子在 M_1 相中，主要极化占据了 $d_{x^2-y^2}$ 轨道，所以其相互作用在不同轨道之间就比较小，但是在 R 相中，t_{2g} 轨道上电子均匀占据，所以不同轨道上的电子有更大的概率相互靠近彼此，这说明电子的关联效应也随之增大。虽然这个结果表明电子关联作用的降低是形成 M_1 相的主要原因之一，但是因为 R 相 Hartree 能要比 M_1 相低得多，所以 M_1 相并不是靠降低电子之间的相互作用来达到稳定的。进一步说明 VO_2 的相变也很有可能不是电子关联效应驱动的。

E_{Ewald} 为离子实之间的相互作用能，或称为晶格能。因为非磁性和铁磁性 R 相的计算使用了同样的晶体结构，所以离子实之间的相互作用能也是一样的；由于结构的畸变，在 R 相中的 V-V 对键长比 M_1 相短，所以 R 相中的 Ewald 能比 M_1 相小。

$E_{Loc.Psp}$ 是电子的势能。在这一项的比较中，M_1 相低于 R 相。M_1 相中的这部分能量的减小弥补了其他能量的增长，所以导致其总能量与 R 相的总能 E_{total} 相比并没有太大差距。从这个结果可以看出，晶格畸变大大增加了体系的晶格能 E_{Ewald}，同时降低了离子实势场中电子的势能 $E_{Loc.Psp}$，进一步说明晶格畸变是由降低离子势场的电子能量导致的。这与 Peierls 机制和 Jahn-Teller 效应比较类似。但是 Peierls 和 Jahn-Teller 这两种机制还是不尽相同，Peierls 机制表现在周期性的系统中，和轨道的简并度没有直接联系，而且一般出现在具有一维电子气特性的系统中；但对于对立分子系统，Jahn-Teller 效应并不和轨道的多重简并度直接相关。由于 VO₂ 轨道的简并性，VO₂ 体系中的相变可能是 Jahn-Teller 效应，可是因为是研究 VO₂ 周期性系统问题，所以用 Peierls 机制来描述可能更为合适。因为这两种效应都是二级相变，所以很难用其中的某一种效应或机制来描述整个 VO₂ 体系中的相变。因此，MIT 发生的机理解释方法可能要采用结构驱动下的轨道选择相变才更为合适，这支持了部分学者的研究成果。

E_{Spher} 和 E_{Ewald} 定义了补偿电子气体中离子的静电相互作用，E_{Spher} 处理发散部分，即 E_{Spher} 体现了静电相互作用的发散部分。

综上所述，可得出以下结论。

(1) 电子之间相互作用在 M₁ 相 VO₂ 中反而更大，表明 VO₂ 体系的相变并非完全由电子强关联效应驱动，应该将结构驱动相变的作用列入考虑范围。

(2) 在 R 相 VO₂ 中，t_{2g} 轨道选择均匀占据以降低体系的动能，在 M₁ 相 VO₂ 中，结构相变导致轨道极化占据以降低电子离子之间的相互作用能。VO₂ 体系的相变与钒原子 d 轨道的多重简并度有关，可解释为轨道占据竞争的结果。VO₂ 相变描述成结构驱动下的轨道选择相变。

2.2.5　电场下 VO₂ 体系相稳定性计算研究

1. 计算方案设计

研究电场对 VO₂ 的 MIT 可调控性，即研究电场作用下 VO₂ 两种相结构的相对相稳定性，需要注意的是研究方案必须排除热致相变的影响。预设了三种可能的研究方案，分别从系统基态能量、弹性模量、声子谱的角度分析 VO₂ 纯相晶体结构体系在电场单独作用下能否发生 MIT 行为。

1) 预设计算方案一

方案一是基于相变前后两种相结构可能的基态能量势差设计的。

前文中，在讨论 VO₂ 纯相晶体各不同磁性态构型的稳定性时已经使用过基态能量更低的相相对稳定这一思想。如图 2-14 所示，如果 A、B 表征某物质在其自身两种稳定相结构下基态能量的对应位置点，那么从状态 A 变化到状态 B 需要越过能量势垒 ΔE_1，反过来从状态 B 变化到状态 A 需要越过较低的能量势垒 ΔE_2。从概率统计学分析，当系统达到平衡时，越过较低能量势垒 ΔE_2 从 B 状态跃迁到 A 状态的概率事件电子统计学数目将高于从 A 到 B 的总数目。也就是说，虽然由于能量势垒的存在不能直接定义两种稳定相的转化关系，但当系统受到外界因素扰动时，基态能量较低的相宏观上表现为相对稳定的相，即物质更容易以基态能量较低的相结构出现。

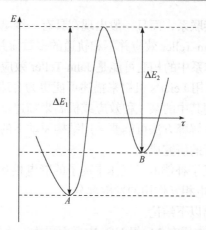

图 2-14　物质两种稳定相结构间能量势垒示意图

对应到本节中，如果能验证 VO_2 在电场单独作用下，$VO_2(M_1)$ 和 $VO_2(R)$ 之间的基态能量势垒关系由初始条件时低温相 $VO_2(M_1)$ 基态能量更低转变为外电场作用下高温相 $VO_2(R)$ 基态能量更低，或两者间能量势垒差值随外电场作用明显减小，都可以说明电场对 VO_2 纯相晶体结构体系的 MIT 行为能起到一定的调制作用，即过渡族金属氧化物 VO_2 的 MIT 过程具备电场可调性。

在这一计算方案中，需要试探的外场电压值从 50kV/m 开始。同时，计算软件中电场以偶极场形式加载在系统两端，因此可以简化模型，在计算中沿电场方向加载真空层、以薄膜形式构建 VO_2 纯相晶体模型，使电场垂直作用于薄膜。

另外，以薄膜形式建模展开计算时，材料切面方向也需要列入考虑，不同切面方向可能带来不同的性质。这里参考其他学者基于 VO_2 材料的可存储器件方面的实验研究成果，以 $VO_2(M_1)(010)$ 和 (001) 方向为研究切入点。

最后，VO_2 材料薄膜层数方面可以基于以上条件，尝试单层、双层、四层、六层结构的正交实验。

2) 预设计算方案二

方案二是基于弹性模量的原理来设计的。

依照两种相的晶系类型，分别有单斜晶系和四方晶系(422，4MM，$\overline{4}$2M，4/MMM)，对应的弹性模量矩阵元表达式分别为式(2-17)和式(2-18)。

$$\begin{pmatrix} C_{11} & C_{12} & C_{13} & 0 & 0 & C_{16} \\ C_{12} & C_{22} & C_{23} & 0 & 0 & C_{26} \\ C_{13} & C_{23} & C_{33} & 0 & 0 & C_{36} \\ 0 & 0 & 0 & C_{44} & C_{45} & 0 \\ 0 & 0 & 0 & C_{45} & C_{55} & 0 \\ C_{16} & C_{26} & C_{36} & 0 & 0 & C_{66} \end{pmatrix} \tag{2-17}$$

$$\begin{pmatrix} C_{11} & C_{12} & C_{13} & 0 & 0 & 0 \\ C_{12} & C_{11} & C_{13} & 0 & 0 & 0 \\ C_{13} & C_{13} & C_{33} & 0 & 0 & 0 \\ 0 & 0 & 0 & C_{44} & 0 & 0 \\ 0 & 0 & 0 & 0 & C_{44} & 0 \\ 0 & 0 & 0 & 0 & 0 & C_{66} \end{pmatrix} \tag{2-18}$$

单斜晶系相稳定需满足如下力学条件：

$$C_{11} > 0, \quad C_{33} > 0, \quad C_{44} > 0, \quad C_{66} > 0, \quad C_{11} - C_{12} > 0, \quad C_{11} + C_{33} - 2C_{13} > 0 \tag{2-19}$$

$$2(C_{11} + C_{12}) + C_{33} + 4C_{13} > 0 \tag{2-20}$$

四方晶系相稳定需满足如下力学条件方程组：

$$\begin{cases} C_{11} > 0, \quad C_{22} > 0, \quad C_{33} > 0 \\ C_{44} > 0, \quad C_{55} > 0, \quad C_{66} > 0 \\ C_{11} + C_{22} + C_{33} + 2C_{12} + 2C_{13} + 2C_{23} > 0 \\ C_{33}C_{55} - C_{35}^2 > 0, \quad C_{44}C_{66} - C_{46}^2 > 0 \\ C_{22} + C_{33} - 2C_{23} > 0 \\ C_{22}\left(C_{33}C_{55} - C_{35}^2\right) + 2C_{23}C_{25}C_{35} - C_{23}^2C_{55} - C_{25}^2C_{33} > 0 \\ 2\left[C_{15}C_{25}\left(C_{33}C_{12} - C_{13}C_{23}\right) + C_{15}C_{35}\left(C_{22}C_{13} - C_{12}C_{23}\right)\right. \\ \left. + C_{25}C_{35}\left(C_{11}C_{23} - C_{12}C_{13}\right)\right] - \left[C_{15}^2\left(C_{22}C_{33} - C_{23}^2\right)\right. \\ \left. + C_{25}^2\left(C_{11}C_{33} - C_{13}^2\right) + C_{35}^2\left(C_{11}C_{22} - C_{12}^2\right)\right] \\ + C_{55}\left(C_{11}C_{22}C_{33} - C_{11}C_{23}^2 - C_{22}C_{13}^2 - C_{33}C_{12}^2 + 2C_{12}C_{13}C_{23}\right) > 0 \end{cases} \tag{2-21}$$

因此，通过计算在相应电场强度下 R 相、M 相的力学性能稳定性条件是否被打破可知相转变发生的可能性。

对应到本研究中，如果能验证 VO₂ 在电场单独作用下初始条件时低温相 VO₂(M₁)的力学性能不稳定，则其会转变成其他相。在此基础上，若外电场作用下高温相 VO₂(R)的力学性能稳定，则可以说明电场对 VO₂ 纯相晶体结构体系的 MIT 行为能起到一定的调制作用，即过渡族金属氧化物 VO₂ 的 MIT 具备电场可调性。

3) 预设计算方案三

方案三是通过计算电场作用下 VO₂ 块体材料的声子谱来反映其相稳定性。声子谱主要反映晶体在有限温度下，声子动量与能量的关系，即晶格振动的色散关系。

方案一中对基态能量的讨论是零温下的密度泛函计算，实际实验中，是在有限温度下进行的，因此考虑声子对两个相结构稳定性的影响，尤其是声子与电场耦合作用下，对 $VO_2(M_1)$ 稳定性的改变。通过验证 $VO_2(M_1)$ 声子谱在倒空间高对称点的虚频的存在，来说明其原子在温度及电场共同作用下的不稳定性。反之，可以通过验证 $VO_2(R)$ 没有倒空间高对称点的虚频，来说明电场对 VO_2 纯相晶体结构体系的 MIT 行为能起到一定的调制作用，即过渡族金属氧化物二氧化钒的 MIT 具备电场可调性。

2. 方案可行性评估

方案二中对弹性模量的计算，两种相结构下总共涉及 22 组模量，每组模量通过至少 5 个值表征，即在方案二中总计需要进行 22 个独立计算才能着手分析电场环境中两相结构在小应力扰动下的稳定性。这一计算量无疑是较大的，同时小应力扰动的引入等于给系统带来了除电场以外的新干扰源，无法完全地说明电场的单独作用可以引发 MIT 现象。从实验原理上看，虽然该应力小到可以近似忽略，但若有可能，仍希望尽量回避掉电场以外的 MIT 诱因。

方案三中，声子谱的计算可以很好地说明相稳定性，但是也有一定风险，可能得到两个相都是稳定存在的，因此还需要方案一或方案二的计算内容予以佐证。同时，要求声子谱先通过计算软件获取系统的动力学矩阵，再利用软件生成声子图谱，它的计算量与方案一的计算量相比至少是成倍增加的。

综上所述，从计算机时和可获取硬软件资源角度考虑，将方案一列为首选研究方案。

3. 计算实现与结果分析

如前所述，基于材料计算软件，采取前文的预设计算方案一研究电场作用下 VO_2 体系的相稳定性。计算软件中电场以偶极场方式加载到系统，因此在设计计算模型时需要使电场垂直于薄膜平面加载，且需要使结构的原子重心位置落在真空层方向的几何中心。

考虑到 Marco Lanzano 有关 VO_2 场效应器件的研究中，在 Al_2O_3(0001)/(1012) 平面上使用分子束外延方法生长的 M_1 相(010)薄膜中已明确观测到 MIT 现象，而 M_1 相 VO_2 沿(100)生长的薄膜在加载电场时恰能使电场方向与 MIT 相变过程中 V—V 键成键的 zig-zag 键方向相一致，结构更容易相变。因此，将这两个方向作为计算中基本薄膜构型的建立方向。

另外，以前文建立的具备相同原子数目的 $VO_2(M_1)$ 纯相晶体单胞模型为基础，沿 M_1 相(010)(001)晶向的原子层(cleave surface)，并在扩胞后建立超胞，如图 2-15

所示。发现 VO₂(M₁)在(010)(001)晶向上，沿 a 轴方向平移后具有旋转对称性，即沿这两个晶向生长的薄膜具有基本一致的物理性质，可以归一化讨论。

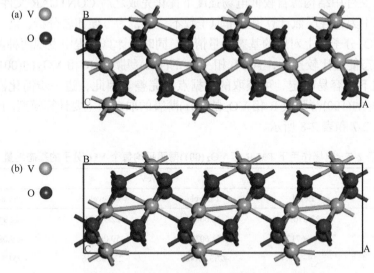

图 2-15　M₁ 相 VO₂ 沿(001)(010)晶向的超胞结构图
(a) (001)晶向；(b) (010)晶向

综上所述，结合 R 相 VO₂ 在 MIT 过程中的晶格矢量转移矩阵，以 M₁ 相 VO₂ 的(010)薄膜为基本构型的薄膜恰巧对应 R 相 VO₂ 的(100)薄膜、M₁ 相 VO₂ 的(100)薄膜对应 R 相 VO₂ 的(001)薄膜。至此，确定了具有实际比较分析物理意义的两组 M₁ 相和 R 相薄膜取向。

分别建立单层、双层、四层、六层的薄膜结构，真空层厚度取 20Å，且使原子团簇的重心位于重复单元几何中心附近，通过计算和比较电场作用下两种相结构 VO₂ 薄膜的基态能量反映 MIT 相变的电场可调性。以反铁磁性 M₁ 相 VO₂(100)六层薄膜为例，如图 2-16 所示。这里没有使薄膜厚度贴近实验中材料成型的薄膜厚度，因为计算中现有的硬件设备难以支撑如此大规模的计算，同时，薄膜层数越多、原子数目越多，相应的计算机时也越长。

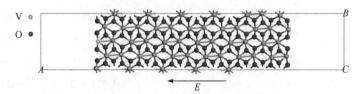

图 2-16　反铁磁性 M₁ 相 VO₂(100)六层薄膜结构示意图

电场方向垂直于薄膜平面，实验方式为条件参数下的单因素变量正交实验。

需要注意的是，计算中随着电场强度逐渐增大，会出现薄膜结构难以稳定的问题。为了适应更大的电场强度、保证计算结果收敛，在较高电场强度作用的计算中，POSCAR 文件中结构源自较低电场强度下优化完成之后 CONTCAR 文件的结构。

计算中因为各层数计算模型下原子数不一致，为方便比较分析，统一讨论平均每个 VO_2 分子式上对应的基态能量情况。同时，计算过程中发现两种薄膜平面取向下基态能量比较接近，且 M_1 相 VO_2 的(100)薄膜或 R 相 VO_2 的(001)薄膜在电场作用下更容易稳定，可获取的数据点更完整。因此，进一步简化模型，以 M_1 相 VO_2 的(100)薄膜或 R 相 VO_2 的(001)薄膜的取向为主要计算模型。计算结果记录如表 2-7 和表 2-8 所示。

表 2-7 电场作用下 FM R 相 VO_2(001)薄膜平均每个 VO_2 分子的基态能量

$E/(eV/Å)$	E_{total}/eV			
	1 Level	2 Level	4 Level	6 Level
0	−22.6769	−22.66884	−22.91371	−22.91661
$5.00×10^{-6}$	−50.66712	−53.60354	−59.09714	−59.08941
$2.50×10^{-5}$	—	−203.81662	−237.98746	−251.52172
$5.00×10^{-5}$		−702.58243	−712.43242	−776.32711
$7.50×10^{-5}$	—	−763.2417	−834.3198	−891.92239
$1.00×10^{-4}$		−908.46783	−981.38829	−999.47703
$2.50×10^{-4}$		−1204.05682	−1200.53891	−1239.65938
$5.00×10^{-4}$		—	−1255.16486	−1279.91661

注：Level 表示能级。

表 2-8 电场作用下 AFM M_1 相 VO_2(100)薄膜平均每个 VO_2 分子的基态能量

$E/(eV/Å)$	E_{total}/eV			
	1 Level	2 Level	4 Level	6 Level
0	−22.88872	−22.98034	−23.03258	−23.03394
$5.00×10^{-6}$	−51.34325	−54.11873	−61.11183	−61.76604
$2.50×10^{-5}$		−220.66771	−253.92011	−277.65641
$5.00×10^{-5}$	—	−638.02297	−716.12272	−803.45142
$7.50×10^{-5}$		−800.83756	−872.47148	−952.16883
$1.00×10^{-4}$		−914.5719	−1000.0531	−1062.3051
$2.50×10^{-4}$		—	−1197.27062	−1231.23728
$5.00×10^{-4}$			−1254.45563	−1276.6125

需要说明的是，表中标注"—"的默认的项表示此参数设置下系统基态能量一直在某个能量值附近波动、无法收敛，或结构中金属钒原子在优化过后偏离原始位置距离较远、结构基本物理性质无法保证。可以发现，这种情况在薄膜层数越薄、电场强度越大时越容易出现。尤其在单层薄膜的模型下，一旦电场强度高于 $2.50×10^{-5}$eV/Å，系统很难达到收敛。

据表 2-9 和表 2-10 的计算结果，用绘图软件绘制能量点图分析数据。首先比较两种相结构下不同层数薄膜基态能量受电场强度影响的总关系图，如图 2-17 所示。

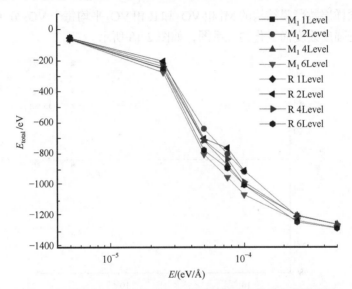

图 2-17　不同电场强度作用下两种相结构基态能量变化情况图

由图 2-17 可知，随着电场强度增大，平均每个 VO₂ 分子对应的基态能量呈下降趋势。为进一步讨论 MIT 的过程，对同样层数薄膜结构的 M₁ 相 VO₂ 和 R 相 VO₂ 平均每个 VO₂ 分子基态能量求差，记录如表 2-9 所示。求差时用 R 相 VO₂ 的能量减去 M₁ 相 VO₂ 的能量。

表 2-9　电场作用下两种相结构薄膜平均每个 VO₂ 分子的基态能量差值

E/(eV/Å)	ΔE_{total}/eV			
	1 Level	2 Level	4 Level	6 Level
0	0.211820	0.311500	0.118870	0.117330
$5.00×10^{-6}$	0.676130	0.515190	2.014690	2.676630
$2.50×10^{-5}$	—	16.851090	15.932650	26.134690
$5.00×10^{-5}$	—	−64.559460	3.690300	27.124310
$7.50×10^{-5}$	—	37.595860	38.151680	60.246440

续表

$E/(eV/Å)$	$\Delta E_{total}/eV$			
	1 Level	2 Level	4 Level	6 Level
1.00×10^{-4}	—	6.104070	18.664810	62.828070
2.50×10^{-4}	—	—	−3.268290	−8.422100
5.00×10^{-4}	—	—	−0.709230	−3.304110

绘制同样层数薄膜结构的 M_1 相 VO_2 和 R 相 VO_2 平均每个 VO_2 分子基态能量差值随电场强度改变而变化的关系图，如图 2-18 所示。

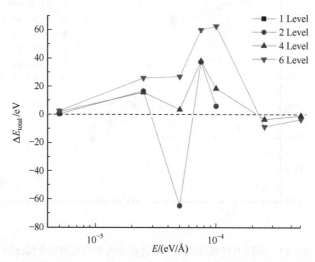

图 2-18　两种相结构薄膜平均每个 VO_2 分子基态能量差值随电场强度变化关系图

由图 2-18 可知,当单个原子上电场强度高于 0.1～0.25MV/m 某一电场强度阈值时, 初始状态下基态能量较低的 M_1 相 VO_2 受电场激发情况下的基态能量将出现略高于 R 相 VO_2 的变化趋势, 材料在该电场强度范围内某一点将极有可能发生 MIT。在本研究的计算中, 虽然为简化模型忽略了材料衬底带来的影响, 但目前的计算结果已经可以表明一个趋势性的结论, 即电场能够影响两种相结构能量势垒间高低关系的转换、电场作用下材料能够发生 MIT。综上所述, VO_2 材料具备电场可调性。

综上可知, VO_2 受测样品受到大小不同的固定外界辐照电场强度时, 温致 MIT 相变温度随辐照电场强度增大而减小。但是, 当电场强度增大到 0.15MV/m 后, 电场强度对相变温度的影响作用逐渐饱和。总体来说, 第二组实验的实验结果再次验证了宏观上电场可以起到主动调控作用、诱发材料 MIT 的结论。

参 考 文 献

[1] 马文淦. 计算物理学[M]. 北京: 科学出版社, 2005.

[2] 钟建新. 计算凝聚态物理与纳米材料设计[D]. 湘潭: 湘潭大学, 2010.

[3] Michalska D, Wysokiński R. The prediction of Raman spectra of platinum(Ⅱ) anticancer drugs by density functional theory[J]. Chemical Physics Letters, 2005, 403(1-3):211-217.

[4] Ohno K, Esfarjani K, Kawazoe Y. Computational Materials Science[M]. Berlin: Springer, 1999: 3-50.

[5] Thomas L H. The calculation of atomic fields[J]. Mathematical Proceedings of the Cambridge Philosophical Society, 1927, 23(5):542-548.

[6] Hohenberg P, Kohn W. Inhomogeneous Electron Gas [J]. Physical Review, 1964, 136(B):B864-B871.

[7] Kohn W, Sham L J. Self-consistent equations including exchange and correlation effects[J]. Physical Review, 1965, 140(4A):A1133-A1138.

[8] Longo J M, Kierkegaard P. A refinement of the structure of VO₂[J]. Acta Chemica Scandinavica, 1970, (24):420-426.

[9] 顾昌鑫. 计算物理学[M] 上海: 复旦大学出版社, 2010.

[10] Monkhorst H J. Special points for Brillouin-zone integrations[J]. Physical Review B: Condensed Matter and Materials Physics, 1976, 13(2):5188.

[11] Molaei R, Bayati R, Nori S, et al. Diamagnetic to ferromagnetic switching in VO₂ epitaxial thin films by nanosecond excimer laser treatment [J]. Applied Physics Letters, 2013, 103(25):252109.

[12] 姜寿亭, 李卫. 凝聚态磁性物理[M]. 北京: 科学出版社, 2003.

[13] Bai L G, Li Q, Corr Serena A, et al. Pressure-induced phase transitions and metallization in VO₂[J]. Physical Review B: Condensed and Materials Physics, 2015, 91(10):104110.

[14] Goodenough J B. The two components of the crystallographic transition in VO₂[J]. Journal of Solid State Chemistry, 1971, 3(4):490-500.

第3章 VO₂薄膜脉冲相变性能测试方法

3.1 引 言

薄膜材料的 MIT 性能是评价该材料优劣的重要方法,场致相变性能目前国内外还没有专用测试设备以及相应测试标准,且常见的测试方式一般为低电压、弱电流。为研究薄膜材料在高电压、强电场环境作用下的电学相变性能,本书进行相关测试电路结构设计,结合测试环境特点将测试系统搭建模块化,结合氧化锌电阻片对测试系统进行验证,为初步研究材料的场致相变特性提供技术基础。

理想的场致相变型电磁脉冲防护材料在平时低电场强度情况下为绝缘材料,对电磁波没有屏蔽作用,当受到外部强电磁脉冲干扰时,即外部电磁场突然显著增加且超过某临界电场强度时,由于材料特有的电化学和能量结构特征,能够感知外部电磁环境的变化并快速调节其电磁性能,可以在微纳秒时间内即刻发生MIT 现象,电导率可以提升 $10^2 \sim 10^5$ 倍,使平时为绝缘体的材料迅速变为高导电的类金属材料,对外来电磁波产生高反射和屏蔽,将强电磁脉冲能量阻挡在防护壳体之外,当外部干扰强场消失以后,材料恢复到原始状态[1,2]。这类材料在相变前的阻抗都在兆欧数量级,有些材料相变后的阻抗也会达到千瓦数量级甚至更低,且相变场强阈值较高(约千伏每米)[3,4]。相比于一般的屏蔽材料,该材料具有对外界信号有能量选择特性,可以应用于收发装置上,实现对工作信号正常接收的同时,防止强电磁脉冲干扰的侵入,还可应用于开关器件[5,6]。

现有的材料电磁性能测试方法主要包括自由空间法、谐振法、同轴传输/反射法和四探针法[7,8],前两种方法主要用来测试材料的介电常数和磁导率,测试材料的屏蔽效能通常采用同轴传输/反射法,但这些方法都属于材料的静态测试方法,也就是在单一状态下的测量,这就导致它们无法用来测量场致相变型材料的电阻率和动态响应时间。目前,要想得到半导体材料的电阻率,就需要用到四探针法,但是其测试电压都很低,只有几伏特,且只能用于直流测试,因此无法满足强电磁脉冲场下材料的电阻率测试。目前,国家军用标准《电磁脉冲防护器件测试方法》(GJB 911—90)中对于响应时间的测试主要针对半导体器件[9],如瞬态抑制二极管,由于材料和器件的结构不同,现有测试装置和方法不适用于该类材料。另外,国内外对于该类材料在电磁脉冲作用下的响应时间测试方法还没有定论[10],因此,需要一种在强电磁脉冲下的测试装置来完成这类材料的性能测试,并提出相应的测试方法和评估方法。

　　Leroy 等[11]报道了一种基于硅基片的 VO₂ 半导体器件的开关特性，研究了在低电压脉冲作用下发生 MIT 的响应时间和相变后的电阻，但是并没有在理论层面上给出结果。Zhang 等[12]提出了一种简单的电阻电容热电路模型，给出了热致相变的 VO₂ 两端器件的最小开关时间。作者前期提出了针对此类材料在强电磁脉冲下的测试方法，本书是在此基础上的进一步改进，首先具体阐述了串联微带线测试方法的基本原理，基于微带线原理，研制了一种宽动态范围、极化方式可调的测量夹具，分析了不同极化方式的测试方法，建立了测试系统的等效电路模型，并从理论上得出了输出脉冲的函数，最后对制备的场致相变材料进行了实际测试，验证了该测试装置和方法的可行性。

3.2　薄膜材料场致相变测试概述

　　VO₂ 薄膜相变根据激励方式的不同，一般分为热致相变、光致相变和场致相变。热致相变激发速度较慢，测试方法成熟固定；光致相变对相变激发光源要求较高，主要研究方向为红外波段光透过情况；相对而言，场致相变响应速度快、适用范围广、应用前景广阔，可采用电压、电场等不同的激励方式，具有很大的潜在研究价值。

3.2.1　强电场环境下薄膜材料电学相变性能测试的一般要求

　　VO₂ 薄膜材料具有场致相变特性，在外部环境电场强度发生变化并达到某一阈值时，薄膜材料在极短时间内即可发生 MIT 现象，伴随着相变现象，材料的电阻、电导率等固有电磁特性参数会发生 2~5 个数量级的突变，迅速由绝缘状态转变为高导电状态。

　　研究薄膜材料在高电压、强电场环境下的电磁特性变化情况不同于低电压、弱电流的相变性能测试，其对测试系统所能提供的外电场强度范围、环境绝缘性、实验安全性等均高于传统测试的要求。因此，测试系统在设计时需满足以下主要要求：提供稳定的、不受材料相变影响的高压强场测试环境；可靠的外部绝缘环境，避免高压环境下可能产生的电晕放电、空气击穿等干扰因素；大动态范围测量以匹配材料的电学特性突变幅度。

　　针对以上材料场致相变测试要求，在设计测试系统时，面临以下几个方面的问题。

　　(1) 稳定的强电场环境。研究表明，在稳定的室温环境下 VO₂ 薄膜的相变临界电场强度依材料本身性质最高可达 $10^7\,\mathrm{V/m}$，对测试环境的电场强度要求较高。

　　(2) 测试的准确性和可靠性。需要高精度、大量程的测试范围以应对材料电学特性突变。

(3) 材料电学特性参数快速、大动态范围变化时测试系统仪器设备的绝缘性及耐高压的安全性问题。

(4) 测试实验环境的绝缘性问题。高电压环境下可能会产生电晕放电、沿面放电、空气击穿等现象，使得测试环境电场强度不稳定，影响实验效果。

3.2.2　现有测试方法

目前，研究 VO_2 电学相变特性的方法主要有四探针法、贴片电极"三明治"法和金属-氧化物-半导体(metal-oxide-semiconductor，MOS)结构电容器测试法等。

1. 四探针法

四探针法是一种较为常见的材料测试方法，常用于研究固定电阻率的半导体材料，一般以材料的方块电阻来表征其温度-电阻变化情况。如图 3-1 所示，方块电阻指的是一块呈正方形的薄膜材料边到边的电阻值。方块电阻与材料样品的尺寸大小无关，即具有任意尺寸的正方形薄膜材料，其方块电阻是固定的，仅与薄膜材料的厚度有关。

四探针法以四探针测试仪为主要测试设备，测试探头的四根探针呈一字形直线阵列，如图 3-2 所示，每根探针间距为 2~3mm。当四根探针排列成一字直线并以一定的压力作用在薄膜材料表面时，在 1 号和 4 号两根探针间通过电流 I，则 2 号和 3 号探针间产生电位差 U，数据回传测试仪，根据欧姆定律即可得到薄膜材料的方块电阻。

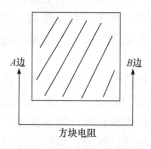

图 3-1　方块电阻示意图

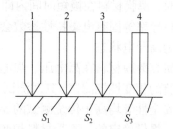

图 3-2　一字形探针示意图

S_1、S_2、S_3 表示相邻电极的间距

四探针法测试采用低电压、小电流，在研究材料的场致相变特性时，两根探针间为低电位差，且两根探针间场分布不均匀，无法提供测试所需的高压强场环境，因此不适于材料的场致相变测试研究。

2. 贴片电极"三明治"法

如图 3-3 所示，该方法在薄膜材料两面刻蚀长条形钨电极薄片，并使之与薄膜紧密贴合，在两电极间施加低电压，以电流变化情况表征材料的相变特性。

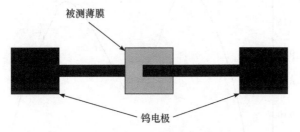

被测薄膜

钨电极

图 3-3　贴片电极"三明治"结构示意图

该方法由于两电极间施加的外电压较低，产生的电流非常微弱，需要专门的电流检测设备，且"三明治"结构电流产生跃变时对应的阈值电压随钨电极贴片与薄膜接触面积大小变化而变化，同样不适于材料的场致相变特性测试。

3. MOS 结构电容器测试法

该方法以含有 VO₂ 薄膜层的 MOS 结构电容器为测试器件，基础结构为金属电极-VO₂ 薄膜层-衬底-金属电极，如图 3-4 所示。测试时，MOS 结构电容器的两金属电极上施加直流偏压产生电场作用于 VO₂ 薄膜层，薄膜层受到电场的激励作用于内部产生感应电荷。随着直流偏压的增加外电场强度不断增大，薄膜内部的感应电荷浓度不断增加，最终诱导薄膜层发生相变。薄膜层发生相变后其介电常数也随之发生变化，导致 MOS 结构电容器的电容发生变化，实验结果以 MOS 结构电容器的电容-电压特性来反映 VO₂ 薄膜的相变规律。

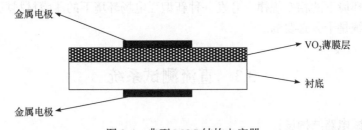

金属电极

VO₂薄膜层

衬底

金属电极

图 3-4　典型 MOS 结构电容器

图 3-5 给出了一种金属电极-VO₂ 薄膜层-衬底-金属电极 MOS 结构电容器的电容-电压特性曲线。可以看出，在对 MOS 结构电容器两电极端施加足够的直流偏置电压后，薄膜会发生相变现象。在零偏压两侧，MOS 结构电容器的电容随偏置电压的升高和降低均会产生相变，且施加正负偏压对应的相变电压略有差异，符

合 VO₂ 相变的一般规律。

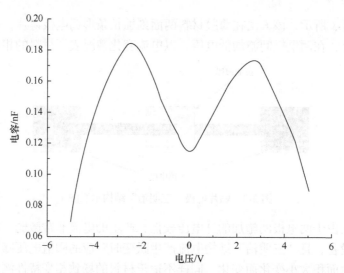

图 3-5　室温下一种 MOS 结构电容器的电容-电压特性曲线

　　该方法以 MOS 结构电容器在直流偏置电压作用下的电容-电压变化规律来表征 VO₂ 薄膜的相变情况。通过不同偏压点对应的电容来反映薄膜是否发生了相变，验证了 VO₂ 薄膜在电场作用下会产生相变。该方法虽然也是以施加直流偏置电压产生电场作用于薄膜来激发产生相变，但 MOS 结构器件对制备工艺的要求限制了其无法直接适用于高电压、强电场的测试环境；同时，该方法测试结果分辨率较低，电容器的电容变化幅度较小，不易获得材料电导率。

　　以上几种测试方法各有特点，因测试环境、测试条件及测试设备本身的限制而各有一定的适用范围。为进一步系统探索 VO₂ 薄膜的场致相变特性，研究材料在强电场环境下的相变规律，开发一种新型强电场环境下的薄膜材料场致相变性能测试系统是十分必要的。

3.3　直流测试系统

3.3.1　测试电路结构设计

　　测试电路结构是测试系统设计的核心部分，直接关系到测试系统所能实现的测试范围和测试环境安全性，为此本书先后设计了伏安法串联电路、双电流表并联支路和基于电容充放电过程的电路三种结构，分析不同电路结构的特点。

1. 伏安法串联电路结构

VO₂ 薄膜材料相变前的电阻值一般为 $10^6\Omega$ 或更高，参考现有测试方法，高电阻的测量一般分为两种：伏安法和比较法。相对而言，在设计测试电路和实际实验时，伏安法测量高电阻更为直接、方便。

典型伏安法测量高电阻的电路如图 3-6 所示。电压源直接为薄膜材料提供电场，通过观察材料两端电压和电流的变化来确定材料本身电学特性的改变。在高电压测试环境下，强电场激发材料相变，自身电磁特性参数发生突变，流经材料表面的电流会以 10^2 倍或更大幅度急剧变化，测试设备会因短时间内无法承受如此数量级的变化而超量程损坏，得不到有效的测试数据，无法验证材料是否发生相变。

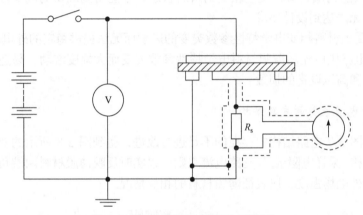

图 3-6　伏安法测量电路基本原理图

为应对材料相变时电学特性参数的急剧变化，兼顾测量材料电阻的实时变化和实时电场强度，需要对基础伏安法测试电路进行改进设计，得到初步改进的电路如图 3-7 所示。

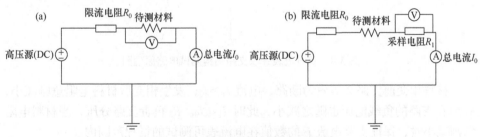

图 3-7　初步改进后的测量电路原理图
(a)未添加采样电阻；(b)添加采样电阻

限流电阻 R_0 用于保护直流高压源和测试电表，当材料发生相变时起到分压的作用, 避免电路中总电流 I_0 的急剧增加而损伤高压源和测量用电表。材料在相变前处于高电阻状态, 两端有很高的负载电压, 现有测试设备无法直接测量, 因此添加采样电阻来获取薄膜材料相变前两端的实时负载电压。限流电阻 R_0 用来保护高压源和测试电表, 阻值与薄膜材料大致处于同等数量级。

采用图 3-7 所示的电路结构进行测试时, 材料相变前限流电阻 R_0 与材料分压比平衡, 这种电路结构能为材料提供较高的电场强度。一旦材料发生相变, 限流电阻 R_0 两端的负载电压会达到甚至超过高压源的 90%, 材料两端负载电压较相变发生之前会急剧减小, 电场强度也随之急剧降低, 材料相变后电学特性参数的突变反而限制了其两端负载电压和电场强度。根据上述分析, 图 3-7 中的电路结构设计存在以下缺陷。

(1) 只能测试到材料发生相变的瞬时状态, 不能得到确切的电学性能数据, 测试精度无法达到设计要求。

(2) 受到材料相变电学特性参数突变的影响而无法提供稳定的外电场强度。

(3) 电路中电流随薄膜材料电学特性参数突变而大幅度波动, 易造成电路中测试电表和高压设备的损毁。

2. 双电流表并联支路结构

针对图 3-7 电路结构中存在的不足进行改进, 得到图 3-8 所示的双电流表并联支路结构。采样电阻 R_1 与支路电流表则可以实时反映薄膜材料两端负载变化和所提供的外电场强度, 以表征薄膜材料的相变情况。

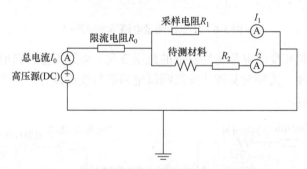

图 3-8　双电流表并联支路结构测试电路原理图

材料相变前支路 2 等效为断路, 电流 $I_1 \approx I_0$; 发生相变后材料电阻急剧减小, R_1 所在支路的负载电压也随之减小, 此时 $I_1 \ll I_0$。R_2 负责支路分压, 当材料电阻急剧减小时, 保证支路电流 I_2 的数值在电流表可测试的量程范围内。

根据图 3-8 所示的电路结构, 材料的电阻计算公式表述为

$$R = \frac{U}{I_2} = \frac{I_1 R_1}{I_0 - I_1} - R_2$$

$$(3\text{-}1)$$

1) 限流电阻 R_0 的选取

由于 VO₂ 薄膜相变前电阻大于 $10^6 \Omega$，限流电阻 R_0 的阻值需与薄膜材料大致处于同等数量级，用来在材料相变时保护电压源和测试设备。若将材料相变后的电阻设定为 $10^3 \Omega$，则相变后支路的并联阻值基本反映为材料的电阻 $10^3 \Omega$。此时 $R_支 \ll R_0$，整个电路中的负载电压几乎全部加在限流电阻 R_0 上，若以电压源最大额定输出电流 2.5mA 计算，限流电阻 R_0 的阻值为 $3 \times 10^6 \Omega$ 时可确保电压源安全工作。综上所述，为平衡测试电路中的分压比例，保证相变前材料两端可施加较大的电场强度，选取阻值为 $3 \times 10^6 \Omega$ 的电阻作为限流电阻 R_0。

2) 采样电阻 R_1 的选取

若要获知材料两端的电场强度，需获知材料两端的实时负载电压。相变发生前材料两端负载电压较高，现有的测试设备不能直接测量，需要使用采样电阻和高灵敏电流表来获知材料两端实时负载电压情况。由于并联电路的结构关系，采样电阻决定材料两端的电场强度，需要采样电阻阻值尽量大以获得高电场强度。由于限流电阻具有分压作用，若材料要获得较高的外电场强度以激发相变，则采样电阻的阻值应远大于限流电阻。测试电路中采样电阻 R_1 取 $300 \times 10^6 \Omega$，支路 1 电流表量程范围确定在毫安(mA)级以观察材料相变前电学特性的变化趋势。

3) 支路电阻 R_2 的选取

以薄膜材料相变后其电阻减小至最低 $1 \times 10^3 \Omega$ 来计算，为均衡材料两端分压，支路电阻 R_2 的阻值选取为 $1 \times 10^3 \Omega$，根据上文电场强度变化分析，相变后支路电流变化幅度为 $10^2 \sim 10^3$ 倍，可将电流表量程范围确定在安培(A)数量级观察相变时及相变后的电流变化情况。相变发生前材料两端的负载电压与限流电阻两端的负载电压比即为两者阻值比，即 10:1，此时大部分高压源电压都负载在薄膜材料两端，可以为测试提供较高的电场强度。材料发生相变后的电场强度粗略计算式可表示为

$$E = \frac{R_并}{R_并 + R_0} \times \frac{U_{DC}}{d_夹具}$$

$$(3\text{-}2)$$

式中，$R_并$ 为并联电路的电阻，等于 R_1 和 R_2 并联后的电阻值。

支路电阻 R_2 的存在为电路中的分压比做出补偿，降低了材料两端负载电压减小的趋势，在一定程度上维持了相对稳定的强电场测试环境。改进后的测试电路采用双电流表测量，两个电流表设定为不同的量程，分别采集数据，突破了单一电流表测量时的量程局限，将测试量程范围扩展至微安(μA)级~安培(A)级，采样电流 I_1 的测量精度可以达到微安(μA)级，提高了对薄膜材料相变前后电学特性参

数变化趋势的反映程度。

3. 基于电容充放电过程的电路结构

在采用双电流表并联支路结构对一些材料样品进行实际测试时发现，该结构存在与伏安法串联电路结构相似的局限性：薄膜材料相变后的电阻与限流电阻 R_0 相比属于低电阻，电路中分压比差值较大，材料两端无法维持高电场强度状态。虽然采用图 3-8 的电路结构使得材料相变后其两端电压波动幅度相比图 3-7 结构有所减弱，但仍会对后续测试产生影响，同时连续施加高电压也可能会给测试电路中的元器件、高压源等仪器设备带来过热烧毁的风险。为此，进一步设计基于电容充放电过程的电路结构，兼顾测试系统安全性和提供强电场环境的需求。

该电路结构以高压脉冲电容器的放电过程为测试提供电能，RC 放电回路是整个电路结构的核心部分，图 3-9 给出了改进后采用电容充放电过程的测试电路原理图。

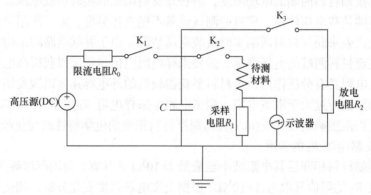

图 3-9　采用电容充放电过程的测试电路原理图

1) 放电回路分析
简化测试电路中的放电回路，如图 3-10 所示。

在 RC 放电回路中，有

$$i = -C\frac{\mathrm{d}U}{\mathrm{d}t} \tag{3-3}$$

忽略示波器内阻 R_x'，得到电流表达式：

$$\frac{\mathrm{d}i}{i} = -\frac{\mathrm{d}t}{R_x C} \tag{3-4}$$

又因为

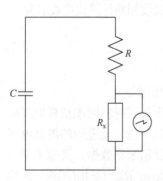

图 3-10　简化后的放电回路

$$\frac{\mathrm{d}U_R}{U_R} = R\frac{\mathrm{d}i}{i} \tag{3-5}$$

将式(3-5)代入式(3-4)中，得到材料电阻表达式：

$$\frac{\mathrm{d}U_R}{U_R} = -R\frac{\mathrm{d}t}{R_x C} \tag{3-6}$$

由示波器读数获取 R_x 上的电压，提取 $\frac{\Delta U_R}{U_R}$ 和电压波形上对应的时间间隔 Δt，由式(3-4)得到材料的电阻，根据欧姆定律可计算出材料两端电压，由两电极间距离得到测试实验时的环境电场强度。

高压脉冲电容器作为 RC 放电回路的核心，直接影响测试电路的性能。电容器的电容选取偏小，存储电能就会偏低，并伴随其放电过程的能量损失，可能会导致材料还未发生相变，放电过程就已经结束；对于已发生相变的材料，其电阻值急剧减小，若电容值偏低，电容器放电时间会快速缩短，影响后续测试。电容器的电容选取偏大则可能产生击穿现象，损伤相关测试设备。

本书选取 3000μF 的高压无感脉冲电容器进行实验测试，根据电容器时间常数 $\tau = RC$ 可推知，当限流电阻 R_0 为 1000Ω 时，电容器的充电时间 $t_1 = 3\mathrm{s}$。以材料发生相变后电阻降低至 1000Ω 为测试标准，当采样电阻为 10Ω 时，放电时间 $t_2 \approx 3\mathrm{s}$；当采样电阻为 1000Ω 时，放电时间 $t_3 \approx 7\mathrm{s}$。电容器的放电时间足够长，可以满足示波器数据读取，且短时间内放电回路不会积累大电量损伤测试系统及仪器设备。

图 3-11(a)和(b)分别给出了电容器在短时间(毫秒量级)内放电波形和整个放电过程的完整波形。从图 3-11(a)可以看出，在短时间(毫秒量级)内电容器放电时能量处于恒定状态，电容器绝大部分电能集中于此，为回路提供的电压是稳定的。由于材料发生相变是在极短时间内，电容器的放电时间远大于材料的相变响应时间，因此可以认为整个相变过程是在恒定电压激励下完成的。

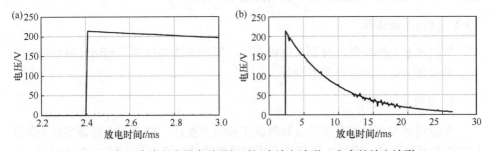

图 3-11　高压脉冲电容器毫秒量级时间内放电波形(a)和完整放电波形(b)

2) 基本测试流程

测试流程如图 3-12 所示，示波器连接高压探头。首先断开 K_2、K_3，闭合 K_1，高压直流电源经开关 K_1 对脉冲电容器 C 进行充电，充电过程完成后，断开 K_1，闭合 K_2，脉冲电容器 C 对材料进行放电。若材料未相变维持绝缘状态，则示波器无读数；若材料发生相变，则示波器读数随材料电阻减小而增大。通过调节输入电压，可以获知材料两端电场强度，根据示波器数据，可以得出材料相变前后的电阻。测试结束后须闭合 K_3，保证电容器完全放电，以保护测试系统仪器设备和实验人员的安全。

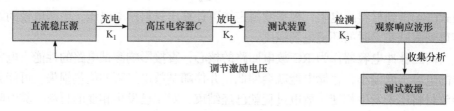

图 3-12　电容充放电过程测试流程

3) 电容充放电式测试电路的优点

(1) VO_2 自身的性质决定了薄膜材料的电阻在相变前后有 $10^2 \sim 10^5$ 倍以上的突变幅度，这就造成测试系统也必须承受如此幅度的变化。长期反复实验很容易对高压源、示波器等精密仪器设备造成损伤。电容充放电式的电路设计采用脉冲电容器间接供电，避免了材料电学性能突变对实验设备的损伤，提高了测试系统的安全性。

(2) 采用示波器配置高压探头，可实现大动态范围测试，提高测试结果的精确度。

(3) 脉冲电容器充电完成后对材料直接放电，无限流电阻的分压影响，可提供较为稳定的强电场环境。

(4) 避免了材料与电压表的并联连接。由于材料相变前处于高电阻状态，电压表内阻不能忽略，而采用电容充放电式测试电路则避免了电压表与材料并联所造成的材料电阻的变化范围不易精确测量这一弊端。

3.3.2　测试系统搭建

将测试系统模块化，分别从电极夹具、测试系统高压源、测试环境绝缘性和气动触发开关等方面进行探索设计。

1. 电极夹具设计

考虑到薄膜材料本身的特点和测试实验的方便性，结合薄膜制备实验中所使用的矩形基片尺寸，设计了采用长方体铜块组成的电极夹具，图 3-13 分别展示了电极夹具的建模图和实物图。

图 3-13　电极夹具结构示意图

(a)建模图；(b)实物图

制作夹具所采用的长方体铜块尺寸为 10mm×10mm×50mm，两端铜块电极间的距离可调，同时为了降低尖端放电现象对测试实验的影响，将四个长方体铜块的所有棱边做成倒角。使用仿真软件的微波工作室模块对夹具进行仿真建模，获得加载高压时电极夹具附近的电场强度分布情况，结果如图 3-14 所示。

图 3-14(a)给出了当夹具两端的铜块电极距离为 1cm，两端施加电压为 1kV 时，夹具横截面的电场强度分布情况；图 3-14(b)给出了夹具横截面电场方向的分布情况。

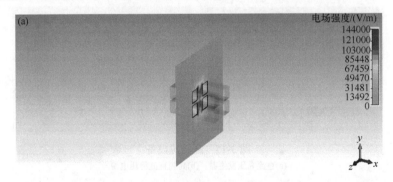

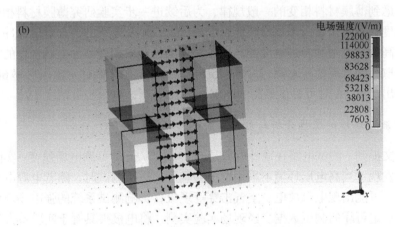

图 3-14　仿真软件仿真电场分布情况

(a)夹具横截面电场强度分布情况；(b)夹具横截面电场方向分布情况

由图 3-14(a)仿真结果可知，在外加电压 1kV、电极间距 1cm 的情况下，两电极间产生的最大电场强度接近 $1×10^5$ V/m，电场强度分布基本均匀、集中；图 3-14(b)的仿真结果表明，当矩形基片置于夹具中且接触紧密时，材料所处的电场空间可近似处理为匀强电场环境，且两电极间距越近分布越集中。综合以上仿真分析，采用长方体铜块夹具可以为薄膜材料提供分布较为均匀的强电场环境。

2. 测试系统高压源选择

高压源作为整个测试系统的核心设备，不仅在各种测试电路结构中为整个系统提供负载电压，同时高压源自身的设备参数也决定着整个测试系统的测量范围、精度及测试环境安全性。

本书选取北京高电压技术研究所生产的直流高压发生器作为直流高压源，如图 3-15(a)所示。该高压源具体的设备参数为：最高额定输出电压 120kV，最大额定输出电流 2.5mA，电压可调步进精度 100V，电流精度 $1\mu A$。

图 3-15　高压源设备
(a)直流高压发生器；(b)高频直流稳压电源

考虑到薄膜材料相变的一般规律，为后续进一步实验研究薄膜材料相变临界电场强度的影响因素，考察材料能否屏蔽 50kV/m 及以下的部分电磁脉冲，需要具有更高调节范围和步进精度的高压源，以满足获取相变临界电场强度的需要，为此选取高频直流稳压电源，如图 3-15(b)所示。该电源最高额定输出功率 6000W，额定输出电流 1A 时可提供最高 6000V 的输出电压，电压步进精度 1V。

3. 测试环境绝缘性分析与应对方法

上文提到，测试电路在设计时应是 $0\sim3×10^6$V/m 的可调电场强度。实际进行实验时发现，当高电压环境下采用电极夹具形式进行测试时，随着电源电压的逐步增大，可能出现电晕放电、空气击穿等现象，影响测试系统的强电场环境，无法得到稳定可靠的测试数据。经现场实验实测，将电极夹具置于实验室大气环境下(室温25℃，室内湿度45%)，当夹具两端电极间的外施电场强度达到 $1.4×10^6$ V/m时，两电极之间产生空气击穿现象，因此需要提高测试系统的绝缘性能。

考虑到实验操作的便利性，本书采用填充绝缘气体的密闭容器的方法来提高测试环境的绝缘强度，绝缘气体选用高纯 SF_6。SF_6 是一种无毒、不易挥发、不可燃、具有优良绝缘性能和灭弧性能的气体，相同状态下是空气密度的 5 倍，相比 N_2 具有更高的绝缘性能，填充 SF_6 气体可以提高测试系统的绝缘性能。由于测试实验在高电压环境下进行，且需要实时监测测试数据，加之考虑测试系统安全性的需要，密闭容器不能使用金属材质。为此，选用尺寸为 30cm×30cm×30cm 的石英玻璃材质的透明密闭箱，如图 3-16 所示。

图 3-16　玻璃密闭箱

密闭箱内需要填充绝缘气体，所以对密闭箱的气密性设计有一定要求，保证密闭箱各结合边不能漏气。密闭箱各面结合边沿均做 45°倒角并打磨结合处，黏合时黏合胶涂抹均匀，达到黏合条件后按规程黏合，同时所有箱面通孔处均使用橡胶塞固定以确保测试环境的整体气密性。为使密闭箱处于一个温度相对稳定的测试环境，在玻璃密闭箱底部设计了可加装电阻式控温加热板的活动空间，并安装了环境温湿度计，可实现温度的实时监测。

4. 气动触发开关设计

由于实际测试时测试系统处于高电压环境，控制开关 K_1、K_2、K_3 不能使用普通的电气开关，需要采用一种安全开关。若使用电磁继电器的方式远程控制开关电路，高压电有可能会沿控制电路串扰到控制端，对人身安全造成危害。本书设计了一种新型开关——气动触发开关。这种新型开关既能实现远程控制，又能保证实验人员的人身安全，同时还可以降低电晕放电现象对测试实验的干扰影响。

气动触发开关的基本结构设计如图 3-17 所示。气动触发开关的接触点采用两个半球形设计，降低高压情况下可能出现的电晕放电对测试的影响，控制电路中各连接点间全部使用 50kV 耐高压绝缘导线。实验操作中通过气体推动气缸带动两半球形触点接合或分离，实现测试电路中各控制开关的闭合与断开。

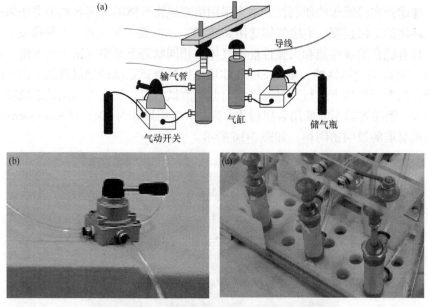

图 3-17　气动触发开关的基本结构设计示意图

(a)设计示意图；(b)气动开关；(c)半球形开关接合处

5. 完整测试系统搭建

电极夹具放入密闭玻璃箱中，安装好气动开关，连接 RC 放电回路中的采样电阻和高压脉冲电容器，高压源与限流电阻相连接，将上述各模块按图 3-18(a)所示的测试系统示意图组装在一起，得到了本书设计的强电场环境下的薄膜材料相变电学性能测试系统，如图 3-18 所示。

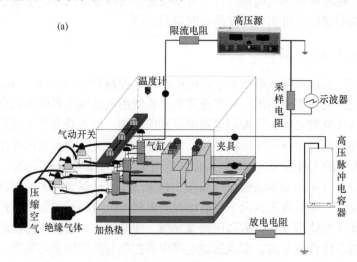

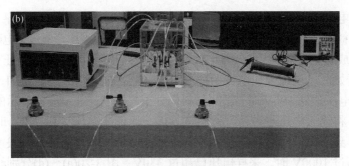

图 3-18　完整测试系统

(a)结构示意图；(b)实物连接图

3.3.3　测试系统验证实验

为验证本书所设计的基于电容充放电过程的改进测试系统在实验准确性、可行性及测试安全性等方面是否满足实验需求，采用工业氧化锌电阻片成品进行验证实验。

氧化锌电阻片属于半导体材料的一种，常用于制作压敏电阻。压敏电阻在一定的电压电流范围内其电阻随负载电压的改变而变化，一般在电路中作为过压保护器件使用。氧化锌压敏电阻具有典型的非线性伏安特性，主要分为预击穿区和击穿区，如图 3-19 所示。

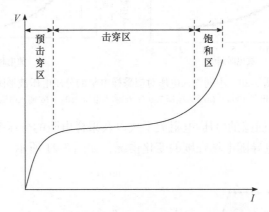

图 3-19　氧化锌压敏电阻的典型伏安特性曲线

当电路正常工作时，压敏电阻的阻抗很高，漏电流很小，处于预击穿区；当某个很高的异常电压作用于电路时，压敏电阻的阻值瞬间大幅度降低，从高阻态转变为低阻态，将浪涌电流泄放并使过电压箝位在安全电压范围内，起到保护电路的作用；当过电压消失后，压敏电阻的阻值恢复到高阻状态，电路可以继续正常工作；若压敏电阻进入饱和区，则意味着其已经发生劣化或烧毁，失去保护功能。

氧化锌电阻片的工作原理与 VO_2 薄膜的场致相变特性类似，都是在某个阈值电压作用后，材料的电阻短时间内发生突变急剧降低。目前工业生产氧化锌电阻片的工艺较为成熟，成品性能稳定优良，因此本书使用氧化锌电阻片进行系统验证实验。

实验开始时，调节铜块电极至适当距离，输入电压由零逐步增加，步进精度10V。输入电压达到 100V 时，被测材料仍处于高阻状态，示波器显示的采样电压保持为零；将输入电压步进精度调整至 50V，当输入电压达到 700V 时，示波器显示开始得到采样电压，且随着输入电压的进一步增大，采样电压快速增大；当输入电压超过 1000V 时，采样电压已超过 330V。图 3-20(a)～(d)分别给出了输入电压为 100V、750V、900V、1100V 时对应的采样电阻的分压电压波形图。

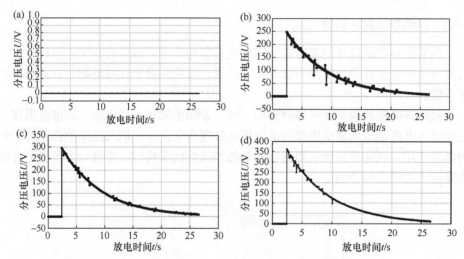

图 3-20　不同输入电压对应采样电阻的分压电压波形图
(a)输入电压 100V；(b)输入电压 750V；(c)输入电压 950V；(d)输入电压 1100V

根据 RC 放电回路的电压-电阻关系式以及采样电阻的分压变化情况得到了被测材料的电阻、电导随电场强度的变化情况，如图 3-21 所示。

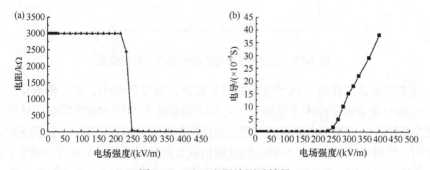

图 3-21　ZnO 电阻片测试结果
(a)电场强度-电阻；(b)电场强度-电导

由图 3-21 可知，当被测材料所处环境电场强度超过 220kV/m 时，其电阻出现突变，连接采样电阻的示波器开始获得波形数据。随着输入电压的进一步增大，电极间的电场强度也增大。薄膜材料的电阻由初始高阻态的 3000kΩ 迅速降低至 3kΩ 以下，突变幅度超过 3 个数量级。

本次氧化锌电阻片实验测试，验证了本书设计的基于电容充放电过程的材料相变电学性能测试系统的准确性、精度和安全性要求，可实现对具有电激励相变特性的材料进行电学性能测试，获得材料在一定电场强度范围内的电阻变化规律、突变幅度、突变阈值等，表明测试系统生成的电场强度实现了在较大范围内可调。

3.4　脉冲测试系统

3.4.1　串联微带线法的原理分析

场致 VO₂ 相变材料对外加电磁脉冲场的响应时间需要在纳秒量级，因此所施加的电磁脉冲具有快上升沿、高电压、大电流等特点。采用传统线缆进行注入实验，会导致电磁脉冲的失真，这里提出的串联微带线法是利用 50Ω 微带线为电磁脉冲提供传输通道，在微带线中间断开，两端分别连接两个柱形电极，在电极上分别固定两个铜片作为场形成装置，通过调节电极和铜片的连接装置来夹持被测材料，为其提供不同极化方向的电场，如图 3-22 所示。具体来说，当两个铜片都放置在被测材料上方时，形成的是水平极化的电场，而当它们一个位于被测材料上方，另一个位于被测材料下方时，形成的就是垂直极化的电场。其提供的电场强度最大值为 $V_{\max}$(注入电压最大值)/d，对于不同的极化方式，d 的定义略有区别：水平极化时，d 为两个铜片边缘之间的距离；垂直极化时，d 则为被测材料的厚度。图 3-22 中连接微带线(加粗黑色线)的左端接口与高频噪声模拟器(日本三基电子工业株式会社的 INS 4040)的输出相连接，其产生的方波脉冲即为输入波形，右端接口通过相应的衰减器与高性能的数字示波器连接，用来显示输出波形。基于串联微带线法的测试装置串联在高频噪声模拟器和衰减器之间，具体的测试系统如图 3-23 所示。当被测材料在强电磁脉冲场作用下未相变时，其处于绝缘状态，通过万用表可以测得其阻抗在百兆欧数量级，较大的阻抗使得信号不会从输入端传输至输出端，所以没有输出信号出现；逐渐增大输入电压，当电场相应增加至临界相变电场强度时，材料发生相变，此时输出波形会由于被测材料阻抗急剧变小而变得和输入波形不一致，通过其输出波形可以对材料的相变特性参数进行定量分析。

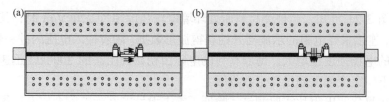

图 3-22　串联微带线法示意图

(a)水平极化；(b)垂直极化

图 3-23　测试系统实际布置图

基于电路原理，被测材料和微带线为串联关系，如图 3-22 所示，系统的测试范围得到了显著扩大，这是因为微带线的特性阻抗 Z_0 为 50Ω，当材料和微带线之间为并联关系时，会出现这样一种现象：虽然材料的电阻率已经发生了很大的改变，如在一定的高脉冲电场强度下，被测材料的阻抗由 200MΩ 变为 2000Ω，实际上，电阻率的变化已经达到了 10^5 倍，但是 50Ω 和 2000Ω 的并联后接近 50Ω，所以整个 50Ω 的测试系统还是处于阻抗匹配状态，输出波形没有发生变化，无法观测到被测材料电阻率发生的巨大变化。而本书提出将微带线和被测材料巧妙地串联起来就会产生质的变化。当示波器的分辨率足够高时，从理论上分析，只要被测材料的阻抗发生变化，电路就处于失配状态，就可以观测到输出波形的变化。

为了保证测试的准确性，排除电极自身空气放电的可能性，在夹持被测材料前，将电极调整至夹持材料时的距离，将输入脉冲电压调至方波源的最大值(4kV)，首先肉眼观测是否有放电现象，然后观测示波器输出，如果没有脉冲输出，则认为测试装置本身不会对测试结果造成影响。

3.4.2　测试系统等效电路模型理论分析

1. 水平极化的理论建模分析和实验验证

在常规情况下，被测材料呈现绝缘高阻态；在强电场电磁环境下，被测材料的电阻(电阻率或电导率)不再是一个常数，而是一个与外电场强度大小有关的物理量，在强电场环境下材料的电阻率会在一定条件下随着电场强度的增大迅速减小，使原本绝缘或导电性差的材料变成导电性好的类金属材料。因此，被测材料可以等效为一个电阻 R，它会随着外界电场环境的改变而变化。当极化方式为水平极化时，夹持被测材料的柱形电极不存在等效电容，对输出波形的影响可以忽略不计，如图 3-24 所示，为了准确得到输出波形与材料电阻的关系式，建立测试系统各个设备的等效电路。图 3-24 中，V_{SS} 是高频噪声模拟发生器内部的直流充电电源；R_S 是其内阻，主要起限流作用，其电阻为兆欧数量级；图中标注的 cable 是特性阻抗为 50Ω 的同轴线，其长度为 20cm，是用来连接测试装置的；该模拟器采用的传输线原理产生不同脉冲宽度的方波脉冲，因此其内部还存在相应长度的同轴线。当开关闭合时，可以产生单个电压幅值为 V_i 的方波脉冲，作为测试装置的输入电压，R 为被测材料的等效电阻；R_o 为示波器的内阻，为了保证更好的阻抗匹配，其电阻选用的是 50Ω；V_{out} 是示波器上显示的输出电压波形。根据传输线反射原理，当被测材料呈现低阻态时，被测材料和示波器内阻串联之后作为负载阻抗，于是，负载阻抗 $Z_L=R+R_o$，此时电路处于失配状态，输入脉冲经过被测材料后会在负载端产生反射脉冲。这里，首先计算其反射系数 Γ_L：

$$\Gamma_L = \frac{Z_L - Z_0}{Z_L + Z_0} \tag{3-7}$$

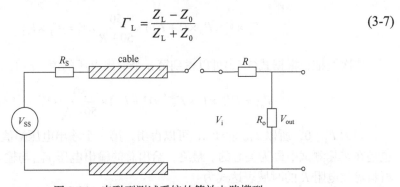

图 3-24　串联型测试系统的等效电路模型

　　因为特性阻抗和示波器内阻均为 50Ω，所以负载阻抗在任何情况下都会大于特性阻抗 Z_0，也就是说，Γ_L 总是正数，除了负载端会产生反射外，源端同样会产生反射，其反射系数 Γ_S 为

$$\Gamma_S = \frac{R_S - Z_0}{R_S + Z_0} \tag{3-8}$$

　　R_S 的阻抗较大(兆欧数量级)，这里特性阻抗可以忽略不计，Γ_S 近似为 1。也就是说，经过源端信号幅值基本不会产生变化，可以不考虑源端的反射。由于同轴线缆的存在，需要考虑信号的延迟时间。

　　根据传输线的反射原理和电路分压原理，当有反射存在时，终端输出电压就会呈现输入信号和反射信号的叠加，在负载端产生的第一个输出电压 V_{o1} 为

$$V_{o1} = (1 + \Gamma_L) \times \frac{R_o}{R_o + R} \times V_i = \frac{100}{100 + R} \times V_i \tag{3-9}$$

当由负载阻抗失配导致的反射信号到达源端时，源端的反射系数为 1，就会发生全反射，当反射信号再次到达负载端时，又出现了第二个反射信号，第一个反射信号和第二个反射信号之间是存在延迟时间 τ_s 的。延迟时间 τ_s 是由两部分构成的：一部分是模拟发生器内部的同轴线产生的延迟时间，该延迟时间实际上就是输入信号的脉冲宽度 t_w；另一部分是图 3-24 串联型测试系统的等效电路模型中 cable 所产生的延迟时间 τ，该延迟时间可以通过式(3-10)计算得到：

$$\tau = \frac{2l}{c / \sqrt{\varepsilon_r}} \tag{3-10}$$

式中，l 为输出同轴线的长度；ε_r 为同轴线内导体的相对介电常数；c 为电磁波传播速度，$3 \times 10^8 \text{m/s}$。

因此，经过延迟时间 τ_s 后，可以得到第二个输出电压为

$$V_{o2} = \Gamma_L \times V_i \times \Gamma_S \times (1 + \Gamma_L) \times \frac{50}{50 + R} \times V_i = \Gamma_L \times V_{o1} \tag{3-11}$$

依次类推，根据式(3-12)可以得到第 n 个输出电压的值，$n=1, 2, \cdots$。

$$V_{on} = \Gamma_L^{n-1} \times V_i \times \Gamma_S^{n-1} \times (1 + \Gamma_L) \times \frac{50}{50 + R} \times V_i \tag{3-12}$$

因为 $\Gamma_L > 0$，所以 $V_{o(n-1)} > V_{on}$，可以得出，第一个输出电压幅值是最大的，这也是在实际测试中最为关心的。最终，给出总的输出电压 V_{out} 与输入电压 V_i 以及材料等效电阻 R 的时域表达式为

$$
\begin{aligned}
V_{out} &= \sum_{m=1}^{n} (1 + \Gamma_L) \times \Gamma_L^{m-1} \times |V_i| \times \frac{50}{50 + R} [u(t - (m-1)\tau_s) - u(t - (m-1)\tau_s - \tau_w)] \\
&= \sum_{m=1}^{n} \left(\frac{R}{100 + R} \right)^{m-1} \times \frac{100}{100 + R} \times |V_i| \times [u(t - (m-1)\tau_s) - u(t - (m-1)\tau_s - \tau_w)]
\end{aligned} \tag{3-13}
$$

式中，$u(t)$ 为阶跃函数。通过式(3-13)可以确定其输出波形由不同延时时间且电压幅值逐渐递减的 n 个方波组成。

为了验证该等效电路模型和理论的准确性，电阻 R 值设定在 $1\Omega \sim 30\text{k}\Omega$，选择 11 个不同阻值的电阻，用它们代替被测材料，开展了实际的等效电阻验证实验，输入脉冲的峰值电压设为 1kV，表 3-1 给出了在不同电阻下的输出波形类型、脉冲宽度和前三个输出电压。可以看出，随着电阻的增大，同样的示波器设置下，波形由原来的方波脉冲逐渐变为双指数脉冲，脉冲宽度也明显展宽，第一个输出

电压逐渐减小，这是反射次数增加导致的，电阻越大，负载端的反射系数 Γ_L 越大，相应的第一个输出电压也就越大(式(3-9))。因此，当电阻 R 为 1Ω 时，其 V_{o1} 的值达到最大值，30kΩ 时，其值最小。从理论上来说，这个电阻再增大也是可以测到 V_{o1} 变化的，而实际上会受制于示波器本身的底噪，因为太小的电压会被淹没在噪声中。在实际测试时，相变后电阻太大已经失去了相变的意义。另外，参考这种新材料本身在研制过程中根据直流测试所得到的相变电阻相变之后的电阻值，这里设定为 30kΩ。第二个输出电压和第三个输出电压的最大值分别出现在电阻 R 为 50Ω 和 220Ω 时，这也和式(3-11)、式(3-12)的计算一致。电阻大于 1kΩ 之后，其前三个输出电压的变化变得没有那么明显，因此随着反射次数明显增加和输出电压的减小，只观测前三个输出电压不容易看出其变化趋势。

表 3-1　材料等效电阻与波形类型、脉冲宽度和前三个输出电压的关系

等效电阻 R	波形类型	脉冲宽度 $t_w/\mu s$	输出电压 1 V_{o1}/V	输出电压 2 V_{o2}/V	输出电压 3 V_{o3}/V
1Ω	方波脉冲	1	970	0	0
5Ω	方波脉冲	1	900	0	0
10Ω	方波脉冲	2	870	80	0
50Ω	带反射的方波脉冲	3	660	230	80
220Ω	带反射的方波脉冲	6	310	210	145
430Ω	带反射的方波脉冲	7	190	155	130
680Ω	带反射的方波脉冲	10	130	110	100
750Ω	双指数脉冲	15	120	106	92
1kΩ	双指数脉冲	30	91	82	75
2kΩ	双指数脉冲	40	50	45	43
5.1kΩ	双指数脉冲	90	19	18	18
20kΩ	双指数脉冲	500	4.5	4.5	4.5
30kΩ	双指数脉冲	500	3.3	3.3	3.3

　　但是通过观测不同等效电阻输出波形(图 3-25)，还是可以看出其各个输出电压呈现递减的变化趋势，如果不展开观测波形，其波形形状类似于双指数波形。不同的等效电阻其脉冲宽度差别较大，无法在一张图中给出，因此图 3-25 分别给出了等效电阻为 1Ω~30kΩ 的输出波形，当示波器的分辨率为 20GS/s，输入电压为 1kV 时，其最大可测电阻约为 30kΩ，最小可测电阻为 1Ω，也就是说，当被测材料相变后的等效电阻为 1Ω~30kΩ 时，可以根据输出波形的形状、幅值和脉冲

宽度来得出其电阻的大概范围，当等效电阻为几十千欧时，输出波形电压幅值为几伏，经过 60dB 衰减后，其输出电压只有几毫伏，由于受到示波器底噪的影响，图 3-25 的波形存在较大毛刺。

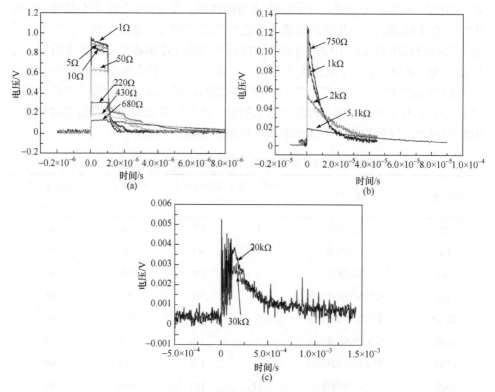

图 3-25　不同等效电阻的输出波形

(a)1～680Ω；(b) 750Ω～5.1kΩ；(c) 20 kΩ, 30kΩ

对比式(3-13)和图 3-25 不同等效电阻的输出波形可以看出，其输出波形和理论分析是一致的，这也验证了以上的理论建模和分析是正确的。进一步地比较表 3-1 中的前三个输出电压和式(3-12)得出的理论计算值，如图 3-26 所示。结果表明，除去底噪的影响，前三个输出电压的理论值和实测值吻合度较高。在对被测材料进行水平极化测试时，根据其相变后的输出波形，可以得到其反射次数，也就是可以确定 n 的数值，且读取其第一个输出电压，由于相变电压不一定是 1kV，因此与图 3-25 和表 3-1 进行比较不够准确。更为准确的是，利用式(3-9)就可以得出其相变后的电阻。但是，前面提到被测材料本身并不是一一成不变的电阻，只有相变后的导通状态是一个固定值，因此以上分析只适用于其还未恢复为绝缘状态的测试，因为当其恢复为绝缘状态时，它的反射系数 Γ_{L} 就会发生改变，因此该测试除了可以看出其相变的响应时间，还可以观测出其恢复时间。然而，仅利用固定电阻是无法获知材料响应时间的，只有对实际材料进行测试才能分析其响应时间。

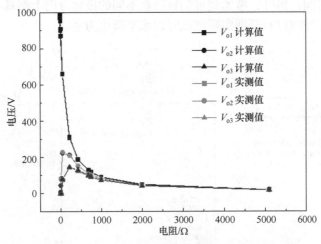

图 3-26 　V_{o1}、V_{o2}、V_{o3} 的理论计算值和实测值对比图

2. 垂直极化的仿真分析

在进行垂直极化时，柱形电极的两个铜片可等效为一个电容，被测材料等效为一个电阻。此时，两者呈并联关系共同串联在微带线上，那么图 3-24 中的电阻 R 就等效为电阻和电容的并联。电容是和频率相关的，而注入方波又具有较宽的频率范围，因此根据传输线反射理论很难计算输出电压和输入电压的关系式，为了验证输出波形的相变状态和未相变状态是由电阻的变化引起的，只能借助仿真软件对该等效电路进行仿真(图 3-27)，而仿真的前提就是要已知垂直极化测试时的等效电容。该值可以通过式(3-14)估算得到：

$$C_{\mathrm{p}} = \varepsilon_{\mathrm{r}}\varepsilon_0 S / d \tag{3-14}$$

以商业化的氧化锌材料为例，式中的相对介电常数 ε_r 为 8，ε_0 约为 8.854×10^{-12}F/m，S 为电极的截面积，d 为两个电极的距离。仿真结果表明，当电容为具体值时，在注入方波的脉冲宽度一定的前提下，该等效电阻的变化和输出波形直接相关，具体的仿真波形如下：未相变时，等效电容起主要作用，输出波形为微分波形，输出波形如图 3-28(a)所示；而当材料相变时，电阻迅速减小，电阻和电容同时起作用，输出波形如图 3-28(b)所示；而当电阻小到欧姆级时，主要是由电阻起作用，波形如图 3-28(c)所示，这和后面的氧化锌实际测试是基本吻合的。由此可以得出，在对被测材料进行垂直极化测试时，需要根据式(3-14)计算出其等效电容，然后根据具体的仿真得到的输出波形的形状和方波平顶部分的电压幅值来确定其相变后的电阻。电容效应的存在，使得电阻无法通过公式计算得到，只能通过仿真手段进行倒推估算，使用起来很不方便，而且用这种方式无法获得其响应时间；另外，考虑到被测材料在不同的极化方向上都具有类似的相变性能，于是对被测材料开展实际测试时以水平极化为主。

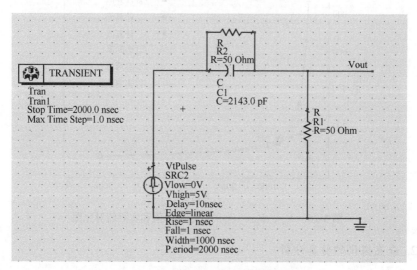

图 3-27　测试装置等效电路模型仿真

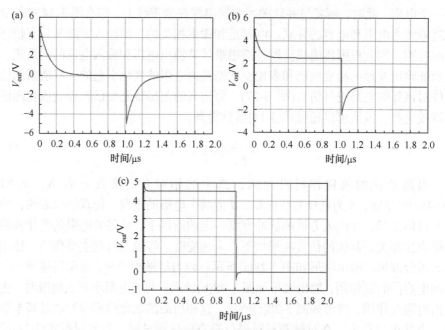

图 3-28　不同等效电阻下的仿真结果

(a)等效电阻为 5MΩ；(b)等效电阻为 50Ω；(c)等效电阻为 5Ω

3.4.3　材料性能测试与分析

根据以上测试方法，利用该测试装置对制备的场致相变型电磁脉冲防护材料 (银纳米线表面修饰 SiO_2)进行实际测试[3]，该材料相变后的输出波形如图 3-29 所示。方波源的脉冲宽度选择为 1μs，脉冲前沿为 1ns，输出电压范围为 0~4kV；示波器选用的是 TDS7154B，其带宽为 1.5GHz，采样速率为 20sample/s，脉冲衰减器为 60dB。极化方式采用水平极化，其两电极的距离为 3mm。参考直流测试结果，输入电压从 100V 开始，步进值为 100V，逐渐增大其输出电压，并观测输出波形的变化，当电压增大至 1300V 时，其输出波形由原来的无波形变成如图 3-29 所示的输出波形，此时可确定其发生相变的电压为 1300V，对应的电场强度为 433kV/m。从图中可以看出，输出波形和输入的方波波形在波形形状上发生了很大的变化，这是因为波形在传输过程中由于阻抗失配发生了多次正反射，形成了由若干个延时、不同电压幅值的方波叠加的波形，这和理论分析也是吻合的。由于被测材料和固定电阻的区别，图 3-29 波形的第一个输出电压波形多了一个过冲，这是因为其相变需要一定的时间，而这个过冲的时间就是其响应时间，过冲之后波形就变成平坦的方波，其平坦部分的电压就是第一个输出电压 V_{o1}，约为 220V，通过式 (3-9)可以计算得出，该材料相变后的等效电阻为 491Ω，其相变前的阻抗通过万用表测得约为 200MΩ，其电阻率为 $4×10^5Ω·m$，其响应时间为 3ns，通过观测其后面波形没有出现相反变化的趋势，因此该材料在 30μs 的时间内恢复为高阻状态。

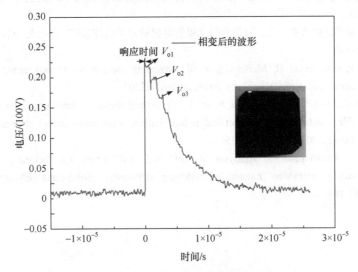

图 3-29　被测材料相变后的输出波形

为了确定该材料的相变可逆性，将相变后的材料放置 1 天后，重新进行相变实验，此时输入电压主要选择几组之前未相变的电压。通过实验发现，该材料相变之后无法再出现非线性特性，所有的电压和电阻都是线性关系，这表明本次测试的材料相变是不可逆的。

参 考 文 献

[1] 孙肖宁, 曲兆明, 王庆国, 等. 电场诱导二氧化钒绝缘-金属相变的研究进展[J].物理学报, 2019, 68(10):10720101-10720110.

[2] 王泽霖, 张振华, 赵喆, 等. 电触发二氧化钒纳米线发生金属-绝缘体转变的机理[J]. 物理学报, 2018, 67(17):240-248.

[3] Lu P, Qu Z M, Wang Q G, et al. Electrical-field induced nonlinear conductive characteristics of polymer composites containing SiO$_2$-decorated silver nanowire hybrids[J]. Journal of Inorganic and Organometallic Polymers and Materials, 2019, 29(6):2116-2123.

[4] 李禾, 王闯, 刘丽岚, 等. 低填料比石墨烯/环氧树脂复合材料非线性电导机理的实验研究[J]. 高电压技术, 2018, 44(3):812-820.

[5] Son M, Lee J, Park J, et al. Excellent selector characteristics of nanoscale VO$_2$ for high-density bipolar ReRAM applications [J]. IEEE Electron Device Letters, 2011, 32(11):1579-1581.

[6] Wang J, Yu S H, Luo S B, et al. Investigation of nonlinear I-V behavior of CNTs filled polymer composites[J]. Materials Science and Engineering: B, 2016, 206:55-60.

[7] Chang T Y, Zhang X S, Yang C F, et al. Measurement of complex terahertz dielectric properties of polymers using an improved free-space technique[J]. Measurement Science and Technology, 2017, 28(4):045002.

[8] 张龙, 魏光辉, 胡小锋, 等. 强电磁脉冲对材料屏蔽效能的影响[J]. 高电压技术, 2013, 39(12): 2899-2905.

[9] 吴启蒙, 魏明, 张希军, 等. 瞬态抑制二极管电磁脉冲响应建模[J]. 强激光与粒子束, 2013, 25(3):799-803.

[10] Radu I P, Govoreanu B, Mertens S, et al. Switching mechanism in two-terminal vanadium dioxide devices[J]. Nanotechnology, 2015, 26(16):165202.

[11] Leroy J, Crunteanu A, Bessaudou A, et al. High-speed metal-insulator transition in vanadium dioxide films induced by an electrical pulsed voltage over nano-gap electrodes[J]. Applied Physics Letters, 2012, 100(21):213507.

[12] Zhang Y, Ramanathan S. Analysis of "on" and "off" times for thermally driven VO$_2$ metal-insulator transition nanoscale switching devices[J]. Solid-State Electronics, 2011, 62(1):161-164.

第4章 溶胶-凝胶法 VO₂ 薄膜制备及性能调控

4.1 VO₂ 及其掺杂薄膜制备技术研究

溶胶-凝胶法制备 VO₂ 薄膜具有设备简单、易掺杂以及制备样品尺寸大等优势,成为制备 VO₂ 薄膜材料的一种常用方法,所以本书也采用该方法制备 VO₂ 薄膜材料。然而,目前溶胶-凝胶法制备 VO₂ 薄膜的方法存在薄膜均匀性差、成功率偏低、重复性不好等问题,而且现有不同文献资料给出的退火温度、退火时间等参数也存在很多不一致的现象[1,2],而薄膜材料制备的工艺方法和相关参数对材料的物相结构带来较大的差异并因此造成场致 MIT 临界性能产生很大的变化。针对这些问题,本章首先研究和分析本征 VO₂ 薄膜的工艺参数对成膜质量和多晶结构的影响,建立一套基于无机溶胶-凝胶法的 VO₂ 优化制备工艺,并制备出高质量的本征 VO₂ 薄膜材料;在此基础上进一步研究分析 Mo⁶⁺掺杂的 VO₂ 薄膜优化制备工艺以及掺杂薄膜的晶体结构特征,制备出合格的掺杂材料,为后续材料制备工艺和掺杂对场致相变临界性能研究奠定基础。

4.1.1 无机溶胶-凝胶法制备 VO₂ 薄膜工艺流程

无机溶胶-凝胶法较有机溶胶-凝胶法制备 VO₂ 薄膜具有操作简单、不涉及催化剂、干燥过程中蒸发的有机物较少等优点。本书采用的无机溶胶-凝胶法具体工艺框图如图 4-1 所示,主要分为四部分:V₂O₅ 溶胶制备、基片清洗、提拉镀膜、真空退火。

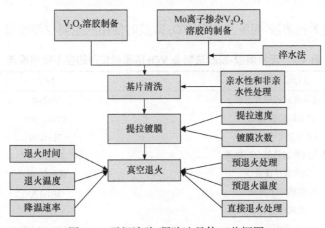

图 4-1 无机溶胶-凝胶法具体工艺框图

薄膜制备中各种工艺参数对薄膜物相晶貌乃至场致 MIT 相变临界性能都会产生很大的影响。为了系统研究溶胶-凝胶法中各种工艺参数对 VO_2 薄膜的影响，本书对整个无机溶胶-凝胶法进行了细致研究，主要包括溶胶的制备、基片的清洗、镀膜提拉速度、镀膜次数、预退火处理、直接退火处理、降温速率、退火温度、退火时间等工艺参数。其中，受篇幅限制，镀膜次数、预退火处理、直接退火处理、降温速率、退火温度、退火时间等工艺参数将不再详细介绍。

4.1.2　无机溶胶-凝胶法制备本征 VO_2 薄膜

1. 主要化学试剂和仪器设备

表 4-1 是无机溶胶-凝胶法制备 VO_2 薄膜时所使用的使用的主要化学试剂。

表 4-1　无机溶胶-凝胶法制备 VO_2 薄膜时所使用的主要化学试剂

试剂名称	化学式	级别
浓盐酸	HCl	分析纯
过氧化氢	H_2O_2	分析纯
V_2O_5	V_2O_5	自配
浓硫酸	H_2SO_4	分析纯
无水乙醇	CH_5OH	分析纯
丙酮	CH_3COCH_3	分析纯

实验中使用的浓盐酸为自配级，使用的 V_2O_5、浓硫酸、过氧化氢、丙酮、无水乙醇均为分析纯级。其中，V_2O_5 为黄色粉末，无水乙醇和丙酮的混合溶液用于清除基片表面的有机物。浓硫酸和过氧化氢组成的食人鱼溶液用于对基片进行亲水性处理。

表 4-2 是无机溶胶-凝胶法制备 VO_2 薄膜时使用的主要仪器设备。

表 4-2　无机溶胶-凝胶法制备 VO_2 薄膜时使用的主要仪器设备

仪器设备名称	型号
直连旋片式机械真空泵	VRD-8
浸渍提拉镀膜机	SYDC-100
真空管式气氛炉	TL-1200
集热式恒温加热磁力搅拌器	DF-101S
超声波清洗机	KH-100B
电热鼓风干燥箱	101-1A
箱式电阻炉	SX2-4-13
电子天平	HZK-FA110

　　材料制备过程中使用 SYDC-100 型浸渍提拉镀膜机，浸渍提拉镀膜机的实物如图 4-2(a)所示。浸渍提拉镀膜机的提拉速度范围为 1～6000μm/s，最高分辨率可达 1μm/s，误差控制在 ± 0.02%，最大行程 170mm，可镀膜基片尺寸 10mm × 10mm～100mm × 100mm，浸渍时间 1～3600s，镀膜次数 1～100 次，此设备完全能够满足实验要求。本书实验中使用 TL-1200 型真空管式气氛炉，该真空管式气氛炉的实物如图 4-2(b)所示，最高工作温度 1200℃，最大升温速率为 30℃/min，控温精度为 ± 1℃，加热元件为可控硅，温度监测元件为 K 型热电偶，炉管为石英玻璃材质，炉膛材料为高纯度多晶氧化铝体纤维材料(Al_2O_3 含量≥95%(质量分数))。通过对该气氛炉加装真空密封组件，可使气氛炉真空度达到 0.1Pa。实验中使用的真空泵为飞越 VRD-8 型直连旋片式真空泵，真空泵的实物图如图 4-2(c)所示。直连旋片式真空泵的功率为 400W，极限真空为 0.05Pa。退火工艺中使用的电阻真空计为单路 YG-52TS 型智能数显电阻真空计，电阻真空计实物图如图 4-2(d)所示。该电阻真空计使用 ZJ-52T 电阻，测量范围为 0.1～100000Pa。

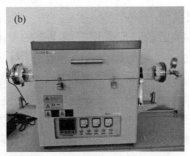

图 4-2　制备 VO₂ 薄膜时使用的实验设备实物图
(a)浸渍提拉镀膜机；(b)真空管式气氛炉；(c)真空泵；(d)电阻真空计

　　使用溶胶-凝胶法制备 VO₂ 薄膜时，退火的真空度对 VO₂ 薄膜的制备有很大的影响，为进一步提高真空管式气氛炉的密闭性，对真空管式气氛炉加装了真空组件。整个退火系统的实物如图 4-3 所示，真空泵和管式炉通过手动真空阀连接，管式炉内真空度通过电阻真空计监测。改进后的管式炉极限真空度可达 0.06Pa，

能满足 VO_2 薄膜制备要求。

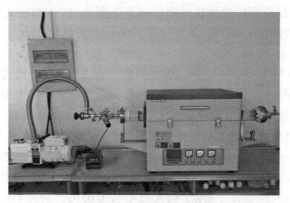

图 4-3　退火系统实物图

2. V_2O_5 溶胶的制备

1) 成胶机理

制备 V_2O_5 溶胶一般采用将熔融态的 V_2O_5 粉体与去离子水快速作用，水淬形成溶胶的方法。极短时间内两者相互作用：一方面，低温的去离子水使熔融 V_2O_5 粉体迅速降温冷却，体积急剧收缩，应力高度集中；另一方面，高温熔融 V_2O_5 粉体迅速对低温的去离子水进行热传递，使去离子水迅速汽化形成水蒸气，而这些水蒸气又迅速与应力高度集中的 V_2O_5 粉体发生碰撞，使得 V_2O_5 粉体继续碎裂为细小的颗粒分散于去离子水。但 V_2O_5 颗粒会存在分散不均匀的情况，并形成不均匀溶液，继而在溶液中产生浓度梯度，影响剩余的 V_2O_5 粉体淬水过程，产生较多的沉淀。所以必须辅以剧烈搅拌，提高 V_2O_5 颗粒的分散性。

淬水法[3]制备 V_2O_5 溶胶也可以用形核理论[4]解释。简而言之，在某一温度下，过冷液态晶体形核速率最大，而晶体生长速率最小。即在不影响晶体形核的基础上，抑制晶体的生长。图 4-4 给出了晶体形核速率、生长速率与温度的具体关系。当温度低于 T_A 时进入高温亚稳区，此时晶体的生长速率逐步提高；当温度降低至 T_B 时，生长速率达到最大值，晶体开始出现形核过程；随着温度的进一步降低，生长速率逐步降低，形核速率在不断上升；当温度降低到一定程度时，晶体生长速率达到最小值，而形核速率达到最大值。因此只要保证温度始终低至一定程度，就可实现在不影响晶体形核的基础上，抑制晶体的生长。当温度继续降低至 ΔT 区间时，晶体进入低温亚稳区，体系转变为非晶态。因此，在极短时间发生的淬水过程中，为保证溶胶的形成，应尽可能保证熔融的 V_2O_5 粉体与去离子水的相互作用，并提高淬水过程中的搅拌速率。

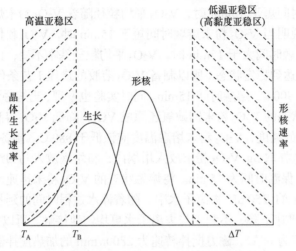

图 4-4　晶体形核速率、生长速率与温度的关系

2) V_2O_5 溶胶配制

使用无机溶胶-凝胶法制备 V_2O_5 溶胶的实验流程主要分为以下几个步骤：将 V_2O_5 粉末放入马弗炉中加热；加热温度为 850～900℃，保温时间为 10～30min。经过前期工作实验，本书研究发现溶胶的配制与 V_2O_5 粉末熔融温度、熔融时间有关，如表 4-3 和表 4-4 所示。

表 4-3　熔融温度对 V_2O_5 粒径的影响(熔融时间 15min)

熔融温度/℃	平均粒径/nm
900	37～41
850	31～39
800	21～31
750	19～27

表 4-4　熔融时间对 V_2O_5 粒径的影响(熔融温度 800℃)

熔融时间/min	平均粒径/nm
5	31～39
10	24～31
15	21～26
20	19～28
25	19～28

由表 4-3 可以看出，随着熔融温度的提高，V_2O_5 平均粒径在不断增大。表 4-4

说明，当熔融时间短于 15min 时，V_2O_5 平均粒径随着 V_2O_5 粉末熔融时间的延长而不断减小，说明当 V_2O_5 粉末熔融时间短于 15min 时，V_2O_5 粉体有部分未熔。当 V_2O_5 粉末熔融时间大于 15min 时，V_2O_5 平均粒径基本不变，说明在此熔融时间下 V_2O_5 粉体达到稳定状态。所以制备 V_2O_5 溶胶的最佳工艺条件为：V_2O_5 粉末熔融温度 850～900℃，熔融时间 15min。同时实验也发现，当熔融温度高于 880℃时，部分熔融状态的 V_2O_5 粉末因缺氧还原成 VO_2，降低 V_2O_5 溶胶的纯度。为了提高 V_2O_5 溶胶的纯度，V_2O_5 粉末熔融温度应该低于 880℃。制备 V_2O_5 溶胶工艺优化后，本书选择取 5g V_2O_5 粉末放入坩埚内，将坩埚放入马弗炉中加热。加热温度为 850℃，保温时间为 15min。将熔融状态的 V_2O_5 粉末迅速倒入磁力搅拌转速为 2800r/min 的 250mL 去离子水中。随着淬水过程时间的延长，去离子水中 V_2O_5 粉末的熵迅速下降，不利于与去离子水更均匀地接触。所以搅拌 1min 后，将溶液置入温度为 60℃、磁力搅拌转速为 2800r/min 的加热搅拌器上，持续搅拌2h，将得到的溶胶放在避光条件下静置 48h，完成后用吸管取上层溶液得到黄褐色 V_2O_5 溶胶。V_2O_5 溶胶的实物如图 4-5 所示。

为检验溶胶中颗粒大小和分布均匀性，对溶胶进行丁达尔效应测试，其原理是胶体中分散质微粒对可见光的散射，当用可见光照射胶体时如分散质微粒直径小于可见光波长(400～700nm)会发生散射，看见一条光柱[5]。基于此原理对制备的溶胶进行丁达尔测试。将制备好的溶胶按照体积比 1：5 的比例倒入去离子水中。搅拌 30min 后静置。用激光笔对溶胶进行照射，如图 4-6 所示。实验发现，通过激光笔的照射，溶胶中出现一条明显的通路，光的散射明显，说明溶胶中颗粒较小，分布性较好。

图 4-5　V_2O_5 溶胶实物

图 4-6　V_2O_5 溶胶丁达尔实验测试图

3. 基片清洗

基片清洗的洁净程度直接影响后续镀膜的成功与否，目前基片的清洗一般分为两大类：亲水性处理和非亲水性处理[6]。这两种方法都能提高基片的洁净度，两种方法各有优缺点。非亲水性处理主要通过长时间超声清洗来提高基片的洁净程度。与亲水性处理相比，非亲水性处理较为简单，不涉及腐蚀性溶液，清洗后的基片可放在无水乙醇中保存备用，但清洗时间较长。亲水性处理又可分为两类：浓盐酸+过氧化氢的食人鱼溶液亲水性处理[7]和浓盐酸+去离子水溶液的亲水性处理。亲水性处理与非亲水处理过程相比，清洗时间较短，经过亲水性处理后基片镀膜效果较好，但清洗工艺较为复杂，需配备腐蚀性溶液，同时不利于长期保存，清洗完成的基片放在无水乙醇中会降低基片表面的活性。本书分别对 Al$_2$O$_3$ 陶瓷基片、SiO$_2$ 基片和晶体取向为(0001)的 Al$_2$O$_3$ 蓝宝石基片进行了亲水性处理和非亲水性处理。

亲水性处理的食人鱼溶液清洗基片具体流程为：将基片放入无水乙醇和丙酮体积比为 4∶1 的混合溶液中超声 1h，用去离子水冲洗干净后，将基片放入浓硫酸和过氧化氢体积比为 2∶1 的食人鱼溶液中水浴 90℃加热 1h。在配制食人鱼溶液时，因配制过程中反应剧烈，使用玻璃棒引流，缓慢将过氧化氢倒入浓硫酸中，并且边倒边搅拌。完成后应用去离子水冲洗干净，用氮气吹干后备用。

亲水性处理的浓盐酸与去离子水溶液的具体实验流程为：将基片置入无水乙醇和丙酮 4∶1 的混合溶液中，超声 1h，用去离子水冲洗干净后将基片置入浓盐酸与去离子水比例为 1∶9 的混合溶液中，超声 1h，去离子水冲洗干净后用氮气吹干备用。

非亲水性处理的具体实验流程为：首先用洗洁精将基片的表面清洗干净，然后将清洗干净的基片放入洗洁精中超声 4h，之后用去离子水将基片清洗干净，将其放入去离子水中超声 4h，接下来将基片放入无水乙醇和丙酮比例为 4∶1 的混合溶液中超声 4h，完成后用去离子水冲洗干净放入无水乙醇中保存。经过实验发现两种方法都能满足提拉镀膜的要求。

4. 提拉镀膜

镀膜是制备 VO$_2$ 薄膜中比较重要的部分。采用无机溶胶-凝胶法制备 V$_2$O$_5$ 干凝胶膜主要分为浸渍提拉法[8]和旋涂法[9]两类。旋涂法原理是利用匀胶机高速旋转形成的离心力使溶胶均匀地旋涂在基片上，但当基片为矩形基片时，基片边缘会出现缺陷，如图 4-7 所示。

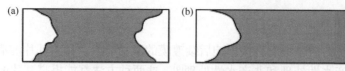

图 4-7　旋涂法边缘缺失现象示意图
(a)基片位于转盘一侧；(b)基片位于转盘中间

当使用矩形基片时,离心机产生的离心力不能使胶体沿着基片表面均匀流动,而在镀膜过程中会出现边缘效应,胶体沿基片边缘流动,造成了分布不均匀。考虑到本书采用的基片为矩形基片,所以采用浸渍提拉法进行镀膜。

1) 浸渍提拉法的原理

浸渍提拉法的原理是利用提拉机带动夹具使基片从溶胶中以均匀的上行速度 V 从溶胶中提出,在提出过程中靠近基片的胶体随基片上行而上行,上行过程中由于水分的蒸发,溶胶变成干凝胶,而远离基片的胶体则会受重力作用回流到溶胶内,如图 4-8 所示。

当镀膜达到稳定状态时,即 G 点向下延伸的速度等于提拉速度,若以 ϕ 表示胶体粒子的体积分数,则沿 y 方向,在单位厚度内有式(4-1)成立。

$$h(y)\phi(y) = c \qquad (4-1)$$

式中, c 为常数,在提拉的过程中,基片上胶体蒸发时间自上而下递减,所以胶体离子的体积分数 $\phi(y)$ 自上而下递减。所以干凝胶膜沿 y 方向的厚度是自上而下递增的。基于以上理论,浸渍提拉法并不会在基片上镀一层厚度均匀的干凝胶膜,只能镀一层由薄变厚的干凝胶膜。

2) 浸渍提拉法的影响因素

通过实验发现影响镀膜厚度、均匀性的主要有以下几个因素:①提拉的速度;②每次镀膜过程的干燥;③溶胶的浓度。其中,提拉速度、溶胶的浓度主要影响薄膜的厚度。当溶胶浓度较大、提拉速度较快时,镀膜后基片会出现点状胶体。

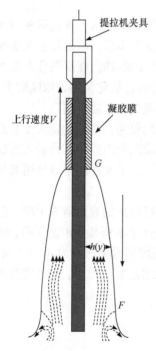

提拉机夹具

上行速度V

凝胶膜

G

$h(y)$

F

图 4-8　浸渍提拉法原理示意图

本书认为出现此现象的原因为,当胶体的浓度过大时,溶胶的表面张力变大,在提拉速度较快时,会有一小部分溶胶在基片表面团聚,从而出现点状胶体。此现象也可以通过胶体微元受力分析法[10]分析得出,如图 4-9 所示。

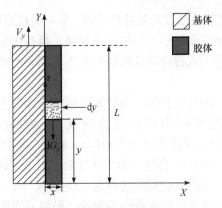

图 4-9　胶体微元受力分析图

在 Y 方向，胶体微元受基片对微元胶体剪切力 τ 和自身重力 $\mathrm{d}G_y$ 的共同影响。当胶体微元在 Y 方向受力平衡时，在 Y 方向剪切力 τ 和自身重力相等，如式(4-2)所示。

$$\mathrm{d}G_y = \tau(b \cdot \mathrm{d}y) \tag{4-2}$$

式中，ρ 为胶体密度；b 为基片厚度；胶体微元自身重力可表示为式(4-3)。

$$\mathrm{d}G_y = \rho \cdot b \cdot x \cdot \mathrm{d}y \cdot g \tag{4-3}$$

剪切力 τ 可由幂数定律得到，如式(4-4)所示。k' 为常数，代表胶体黏度，V_y 为基片上行速度。n 为大于 1 的常数。其中，n 越大代表胶体的非牛顿系数越大。

$$\tau = k'\left(\frac{\mathrm{d}V_y}{\mathrm{d}x}\right)^n = k'D^n, \quad n > 1 \tag{4-4}$$

将式(4-3)代入式(4-2)可得

$$\rho g x = \tau \tag{4-5}$$

即干凝胶膜的厚度可表示为

$$x = \frac{\tau}{\rho g} \tag{4-6}$$

将式(4-4)代入式(4-6)可得

$$x = \frac{k'D^n}{\rho g} \tag{4-7}$$

由式(4-7)可得，薄膜的厚度与胶体的浓度、基片提拉速度和胶体的密度有关。即胶体密度越大，胶体黏度越小，提拉速度越慢，提拉出的干凝胶膜越薄，也说明实验中当溶胶黏度较大或提拉速度较快时会出现团聚和点状胶体的现象。

3) 浸渍提拉工艺

为了避免基片上出现点状胶体，通过集合胶体微元分析法和多次实验，本书使用的浸渍提拉工艺流程中设置下行速度为 2000μm/min，上行速度为 2000μm/min，在溶胶中设置静置时间为 100s，将提拉后的 V_2O_5 干凝胶膜放到 100℃的干燥箱中干燥 15min，再进行第二次镀膜。但不建议多次镀膜，因为薄膜厚度太大将会影响下一步退火过程中还原为 VO_2 的成功率，当厚度达到一定程度后，靠近基片的 V_2O_5 晶体析出氧将变得困难，最终将影响整片膜的物质构成。制备 VO_2 薄膜中采用一次镀膜的方法进行 VO_2 薄膜偶的制备。

镀膜完成后将干凝胶膜放在温度为 200℃的干燥箱中，干燥 240min。在一定时间内干燥时间的长短将决定后期成膜的力学性能，干燥时间较长的薄膜其抗刻划能力强。干燥后的薄膜呈黄色薄膜实物如图 4-10 所示。

图 4-10　V_2O_5 干凝胶膜实物图

5. 退火制备 VO_2 薄膜

退火工艺是 V_2O_5 薄膜析出氧还原成 VO_2 的重要过程，同时也是制备二氧化钒薄膜最为关键的一步。由于 V 含有多种价态，V^{4+}仅为中间价态，并且由 V^{5+}还原成 V^{4+}的过程中，V_2O_5 不能直接还原成 VO_2，而是经历了 $V_2O_5 \rightarrow V_6O_{13} \rightarrow V_6O_{11} \rightarrow VO_2 \rightarrow V_2O_3$ 的过程，所以对于整个退火工艺的时间、退火真空度、退火温度都提出了一定的要求。目前，通过真空退火制备 VO_2 薄膜的工艺主要分为两类：第一类是通过加入还原性气体，降低反应的门槛，目前主要采用加氢气[11]、一氧化碳[12]等方法；第二类是通过降低氧分压的方法使 V_2O_5 能够在 600℃以下还原成 VO_2。而降低氧分压又可分为两种方法：①抽真空降低氧分压[13]；②通过充氮气或其他惰性气体[14]达到相对真空的方式降低氧分压。

1) 退火处理的化学反应热力学计算分析

为了能够更准确地知道 V_2O_5 还原成 VO_2 的理论条件值，本书对 V_2O_5 转化为 VO_2 的还原过程进行热力学分析，具体见式(4-8)。

在标准状态即为常压时，V_2O_5 分解成 VO_2 的化学反应方程式可写成

$$V_2O_5(s) = 2VO_2(s) + \frac{1}{2}O_2(g), \qquad \Delta_r H_m^{\ominus} = -1550.5\text{kJ/mol} \tag{4-8}$$

吉布斯自由能 $\Delta_r H_m^{\ominus}$ 用式(4-9)表示。

$$\Delta_r G_m^{\ominus} = \Delta H_0 + \Delta_a T\ln T - \frac{1}{2}\Delta_b T^2 - \frac{1}{2}\Delta_c T^{-1} + 1T \tag{4-9}$$

一般在化工、冶金领域，式(4-9)可用回归分析法简化为式(4-10)，其中 I 为常数，简化后 $A = \Delta H_0$，$B = 83.3$。

$$\Delta G_m^{\ominus} = A + BT \tag{4-10}$$

而 ΔH_0 可由式(4-11)求出，其中 $\Delta_r C_{p,m}$ 可由式(4-12)表示，$V_2O_5(s)$、$VO_2(s)$、$O_2(g)$ 的比热容 $C_{p,m}(V_2O_5,s)$、$C_{p,m}(VO_2,s)$、$C_{p,m}(O_2,g)$ 可由热力学数据手册查得。

$$\Delta_r H_m^{\ominus}(T) = \int \Delta_r C_{p,m} dT + \Delta H_0 \tag{4-11}$$

$$\Delta_r C_{p,m} = 2C_{p,m}(VO_2,s) + \frac{1}{2}C_{p,m}(O_2,g) - C_{p,m}(V_2O_5,s) \tag{4-12}$$

将式(4-12)代入式(4-11)得出 $\Delta H_0 = 99230\text{ J/mol}$，所以式(4-10)可表示为

$$\Delta_r G_m^{\ominus}(T) = (99230 - 83.3T)\text{J/mol} \tag{4-13}$$

因此，在常压下，即大气压为 101.325kPa 时，当 $\Delta_r G_m^{\ominus}(T) < 0$ 时，反应能自发进行，即 T 应大于 1191K。而此温度下 V_2O_5 更易挥发，不利于薄膜的制备，所以引入非标准状态下等温方程组的吉布斯自由能表达式，如式(4-14)所示。

$$\Delta_r G_m(T) = \Delta_r G_m^{\ominus}(T) + \frac{1}{2}RT\ln\left(\frac{p_{O_2}}{p^{\ominus}}\right) \tag{4-14}$$

将式(4-13)代入式(4-14)可得式(4-15)。

$$\Delta_r G_m(T) = (99230 - 83.3T) + \frac{1}{2}RT\ln p_{O_2} - \frac{1}{2}RT\ln p^{\ominus} \tag{4-15}$$

将摩尔气体常数 $R=8.314\text{J}/(\text{mol}\cdot\text{K})$、$p^{\ominus}=101.325\text{kPa}$ 代入式(4-15)得出，当吉布斯自由能 $\Delta_r G_m(T)$ 小于 0 时温度与氧分压 p_{O_2} 之间的关系，如表 4-5 所示。

表 4-5　由 V_2O_5 转换为 VO_2 所需温度与氧分压的关系

温度 T/K	723	733	743	753	763	773	783	793
温度/℃	450	460	470	480	490	500	510	520
氧分压/Pa	0.22	0.36	0.58	0.89	1.32	1.98	2.95	4.33
温度 T/K	803	813	823	833	843	853	863	873
温度/℃	530	540	550	560	570	580	590	600
氧分压/Pa	6.33	9.13	13.03	18.45	25.91	36.10	49.92	68.4

表 4-5 给出了从 723K 到 873K 时，V_2O_5 还原成 VO_2 所需要的温度与氧分压的关系。从表 4-5 可以看出，随着压强的升高，需要热分解的温度越来越高。对实验难度要求来说，实验工艺对真空度的要求越低越容易实现，但当退火温度为 600℃ 以上时，V_2O_5 干凝胶膜将会出现挥发现象，影响薄膜表面形貌，所以实验要求的退火温度应低于 600℃，氧分压不高于 68.4Pa。

2) 真空退火制备 VO_2 薄膜

真空退火处理是制备 VO_2 中最为关键的一步，在 V_2O_5 转换成 VO_2 的过程中，极易出现其他价态的钒氧化物[15]。本书通过结合表 4-5 结果，采用退火温度为 530℃，退火时间为 110min，升降温速率为 11℃/min，退火真空度为 20~90Pa，成功制备得到 VO_2 薄膜。制备出的 VO_2 薄膜呈棕色，薄膜实物如图 4-11 所示。

图 4-11　退火完成后 VO_2 薄膜实物图

对制备的 VO_2 薄膜使用 X 射线衍射(X-ray diffraction，XRD)表征材料的晶体结构，衍射仪型号为 MSAL XD-3，图 4-12 是 VO_2 样品的 XRD 图谱。结果显示，薄膜为多晶结构且具有多重取向的单斜 VO_2，包括(011)、(200)、(210)、(021)、(211)。图中显示 V_2O_5 已全部转化为 VO_2，且 VO_2 具有良好的取向性。

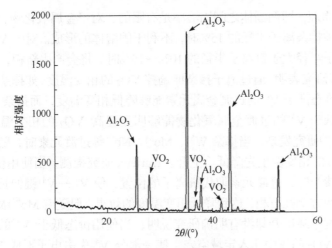

图 4-12　多晶 VO₂ 薄膜 XRD 图谱

对制备完成的 VO₂ 薄膜进行扫描电子显微镜(scanning electron microscope，SEM)表面形貌观察。图 4-13 为放大 30000 倍后 VO₂ 薄膜内部的 SEM 图。由图可知，薄膜内部出现明显的晶粒之间的分界线，晶粒排列紧密，晶粒形状呈椭圆形或长方形，晶粒之间存在大小差异，晶粒大小在 500nm 左右。

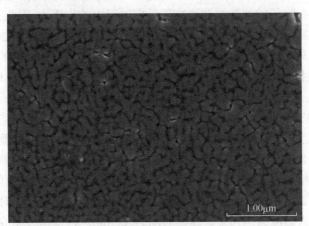

图 4-13　VO₂ 薄膜 SEM 图

4.1.3　无机溶胶-凝胶法制备掺杂 VO₂ 薄膜

1. VO₂ 薄膜的掺杂原理

VO₂ 薄膜掺杂的原理可以简单地形容成掺杂的化合物取代被掺杂电性相近的离子，即掺杂的金属离子取代被掺杂的金属离子的位置，掺杂的非金属离子取代非金属离子的位置[16]，但掺杂过程中离子的大小也是有要求的。Hume-Rothery 曾提出 15%的原理, 即两固体之间固溶率是有限的, 对于金属氧化物, 当掺杂的离子半径超过被掺杂离子半径的 15%时, 不利于固溶体的形成。对于 VO_2 掺杂, 当掺杂金属离子半径大于钒离子半径的 10%～15%时, 将会产生新相, 影响 VO_2 相的稳定。现有研究表明, 通过离子掺杂能调控 VO_2 的相变温度, 如掺杂 W^{6+}、Mo^{5+}、Nb^{5+} 等其他价态高于 V^{4+} 的过渡金属元素能够降低相变温度, 而掺杂 Al^{3+}、Cr^{3+}、Ga^{3+} 等价态低于 V^{4+} 的过渡金属氧化物能够明显提高 VO_2 的相变温度[17]。美国 Goodenough[18]研究发现, 当掺杂 W^{6+}、Mo^{5+}、Nb^{5+} 等过渡元素时, 随着掺杂浓度的增加, VO_2 的相变温度先降低后上升。Trarieux 研究推测, 当使用价态高于 V^{4+} 的过渡元素掺杂时, 过渡元素取代钒离子的位置, 使 V^{4+}—V^{4+} 键伸长, 使单斜相更易转换成四方金红石相, 达到降低相变温度的效果, 但随着 Mo^{6+} 浓度的进一步增加相变温度不降反升却没有明确研究说明; 当使用价态低于 V^{4+} 的过渡元素掺杂时, 会在 VO_2 晶体中注入定域空穴, 使一部分 V^{4+} 失去电子形成 V^{5+}, 增加了 VO_2 结构的稳定性, 使 VO_2 发生相变需要的能量更多, 导致 VO_2 相变温度升高。

2. VO_2 掺杂薄膜的制备工艺

无机溶胶-凝胶法制备掺杂 VO_2 薄膜的关键步骤为 V_2O_5 溶胶的制备, 在制备溶胶的过程中掺杂的离子可以看作掺杂离子与 V_2O_5 的固溶体。而掺杂离子是否能够取代被掺杂离子的位置主要取决于反应过程中的作用力。因此, 制备掺杂 VO_2 对溶胶的配制提出了更高的要求。其中, V_2O_5 与 MoO_3 混合粉末放入马弗炉之前应充分研磨, 马弗炉保温时间也应适当延长等。同时, 因为掺杂的浓度不易直接确定, 本书通过控制掺杂质量以达到控制掺杂的量。实验中分别称取 0.05g、0.1g、0.15g 的 MoO_3, 将三份不同的 MoO_3 粉末倒入 5g V_2O_5 粉末, 形成掺杂浓度分别为 1%、2%、3%的 V_2O_5 粉末, 分别将 V_2O_5 粉末充分研磨。研磨均匀后, 分别将 V_2O_5 粉末放入温度为 850℃的马弗炉中保温 25min, 完成后快速倒入剧烈搅拌的 250mL 去离子水中持续搅拌 2h, 完成后溶胶静置 48h, 取上层溶胶备用。对清洗后的基片使用浸渍提拉法镀膜, 分别在三种不同掺杂浓度的溶胶内依次镀一层膜。镀膜完成后在 200℃干燥箱内干燥 200min, 使用预退火处理工艺对薄膜进行预退火处理, 预退火温度为 410℃, 保温时间为 60min。将预退火完成后的薄膜放入管式炉内进行真空退火, 采用的退火工艺为: 退火温度 510℃, 退火时间 90min, 升降温速率 11℃/min, 真空度为 20～70Pa。

3. VO_2 掺杂薄膜 XRD 测试

对于理想 VO_2 掺杂薄膜, 掺杂的离子不会破坏原有 VO_2 的相, 不产生新的相。因为所有的掺杂离子都掺杂进入 VO_2 晶格中, VO_2 掺杂薄膜在 XRD 测试中将不会出现掺杂的相, 若出现掺杂离子的衍射峰只能说明两物质只是简单的混合, 没有掺入晶格内部。依据此原理分别对三组不同掺杂浓度的 VO₂ 掺杂薄膜进行 XRD 测试。XRD 图谱如图 4-14 所示。

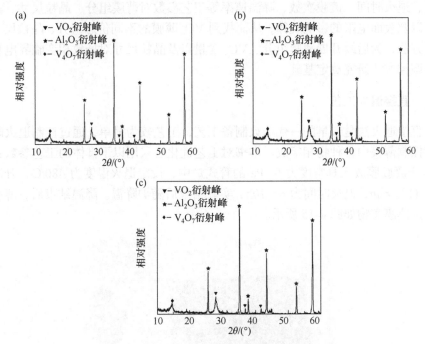

图 4-14　掺杂不同 Mo⁶⁺浓度的 VO₂ 薄膜 XRD 图谱
(a)掺杂 Mo⁶⁺浓度 1%；(b)掺杂 Mo⁶⁺浓度 2%；(c)掺杂 Mo⁶⁺浓度 3%

从 XRD 图谱可以看出，三组不同掺杂浓度的 VO₂ 薄膜的 XRD 图谱基本一致，没有出现新的衍射峰。将三组 VO₂ 掺杂薄膜的 XRD 图谱与 XRD 标准图谱对照，发现与 JCPDS43-1051 的特征峰基本一致，说明制备的三组掺杂 VO₂ 薄膜的相均为 M 相 VO₂ 薄膜。这说明通过前期的退火处理 V₂O₅ 已被还原成 M 相 VO₂。同时也说明三组样品成功掺杂 Mo⁶⁺，而不是简单的 Mo⁶⁺与 VO₂ 相混合，是 Mo⁶⁺掺杂到了 VO₂ 的晶格中。同时，通过 XRD 图谱发现，三组 XRD 图谱中随着掺杂浓度的增加，M 相 VO₂ 的 β 角度逐渐增大，VO₂ 晶体的晶胞体积变大。

4.2　退火工艺参数对 VO₂ 薄膜物相的影响规律研究

研究表明，VO₂ 薄膜材料的制备工艺直接影响薄膜的成膜质量、物相结构和晶粒大小等性能，而这些性能又直接影响薄膜的相变温度、临界电场强度和电导率提升幅度等相变性能，也决定该材料在电磁防护技术中应用的可能性。本节首先研究直接退火方法制备VO$_2$薄膜工艺参数以及退火时间对薄膜物相和晶体结构的影响；在此基础上，重点采用先低温预退火、再高温退火方法，系统研究退火温度、退火时间、镀膜次数、降温速率等工艺参数对薄膜组分、晶粒尺寸、晶体结构以及表面电阻的影响规律，从而找到 VO$_2$ 薄膜的不同价态组分、晶粒尺寸的控制方法，为后续开展薄膜组分、VO$_2$ 含量以及晶粒尺寸对场致相变临界电场强度的调控方法研究奠定基础。

4.2.1　直接退火工艺

直接退火法是最早的一代退火制备工艺，工艺较为简单，通过控制退火时间能够控制薄膜中各种物相组成。本书对工艺优化后采用以下具体的工艺参数：将 V$_2$O$_5$ 干凝胶膜放入真空度为 0.1Pa 的管式炉中，设定退火温度为 480℃，升温速率为 11℃/min，退火时间为 6～10h，实验结束后随炉降温。降温结束后，薄膜呈褐色，薄膜实物如图 4-15 所示。

图 4-15　直接退火工艺制备 VO$_2$ 薄膜的实物图

应注意，此方法因为升温速率较快，所以必须在退火工艺前对 V$_2$O$_5$ 干凝胶膜进行干燥处理，以提高薄膜的力学性能，否则薄膜将出现裂纹。如图 4-16 所示，两组图片分别为进行薄膜干燥后退火和未进行干燥直接退火的金相显微镜测试图。

图 4-16　薄膜表面金相显微镜测试图
(a)未进行薄膜干燥工艺处理；(b)薄膜干燥处理 200min

　　图 4-16(a)是未进行薄膜干燥工艺处理的薄膜表面金相显微镜测试图。图中出现许多亮点，此现象是在薄膜退火过程中，V_2O_5 干凝胶膜含水量过高且退火的升温速率较快，导致薄膜中水分蒸发使 VO₂ 薄膜表面出现的。图 4-16(b)是进行薄膜干燥工艺处理后薄膜表面金相显微镜测试图。图中未发现有明显亮点，说明薄膜表面较为完整。两组样品测试结果差距较大，说明使用直接退火法制备 VO₂ 薄膜时，在退火工艺开始前，进行薄膜干燥工艺处理是非常有必要的。

　　为了研究直接退火法退火时间对薄膜成分的影响，在 Al_2O_3 陶瓷基片上分别制备了退火时间为 6h、8h、10h 的三组 VO₂ 薄膜样片，并分别对三组样片进行 XRD 分析，如图 4-17 所示。可以看出，虽然三组退火时间不同的 VO₂ 薄膜的 XRD 测试结果中都存在 VO₂ 相，但随着退火时间的缩短，薄膜中其他价态的钒氧化物的种类在不断增多，并且随着退火时间的持续缩短，薄膜中 VO₂ 相的衍射峰的强度呈降低趋势。

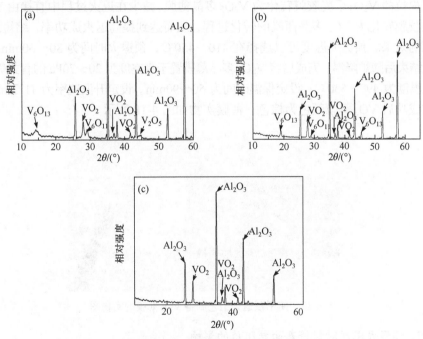

图 4-17　各样品 XRD 图谱
(a)退火时间 6h；(b)退火时间 8h；(c)退火时间 10h

　　图 4-17(a)是真空退火 6h 的 XRD 图谱，在衍射角为 25.5°、35.1°、37.7°、41.6°、52.5°、57.5°处出现六条明显尖锐峰值，通过对照分析软件中的标准 PDF 卡片，得出此六条峰值为基片 Al_2O_3 的多晶峰。同时在衍射角为 27.8°、8.7°、29.1°、45.0°处同样出现明显衍射峰，对照 PDF 卡片后分析得出分别为 VO₂、V_6O_{13}、V_6O_{11}、

V_2O_5 的衍射峰；图 4-17(b)是真空退火 8h 的 XRD 图谱，对照 PDF 卡片，薄膜中包括三个相，即 VO_2、V_6O_{13}、V_6O_{11}；图 4-17(c)显示，经过真空退火 10h 后，薄膜中只有 VO_2 的相，即薄膜由原来的 V_2O_5 全部转换为 VO_2，没有其他的相。

使用此类方法退火时间相对较长，退火时间均为 8h 以上，因此对实验设备的气密性较强，但通过对退火时间的调整，能够清晰地反映出 V_2O_5 转换为 VO_2 的整个过程。但直接退火处理是 V_2O_5 干凝胶膜直接转化为 VO_2 多晶薄膜，中间经历的多次成晶过程增加了退火过程的不稳定性。为了提高薄膜制备的成功率和制备效率，学者在此基础上对直接退火工艺进行了改进，在制备工艺中添加了预退火工艺。

4.2.2　预退火对薄膜材料的影响

预退火处理是 Kim 团队[19]最早提出的一种新的制备方法。预退火的目的是使浸渍提拉的 V_2O_5 干凝胶膜转化为 V_2O_5 多晶薄膜，减少在退火过程中直接由 V_2O_5 干凝胶膜转化为 VO_2 多晶薄膜的转化过程，从而达到提高退火成功率，缩短退火时间的效果。预退火温度可以选择在 410~450℃，预退火时间为 30~60min。预退火结束后随炉降温。完成后将 V_2O_5 多晶薄膜置于真空度为 20~70Pa 的管式炉内，设定温度为 490~530℃，设定保温时间为 50~90min。设定升温速率为 11℃/min。退火成功后 VO_2 薄膜颜色为棕色，薄膜实物如图 4-18 所示。

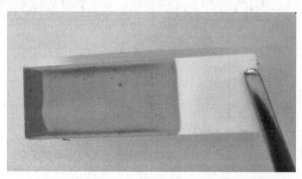

图 4-18　使用预退火工艺制备 VO_2 薄膜的实物图

1. 预退火温度对材料表面电阻值的影响

在本节中，通过研究发现，预退火温度能够影响相变后薄膜的表面电阻值。使用 Al_2O_3 陶瓷基片分别制备了预退火温度为 410℃、430℃、450℃，预退火时间均为 60min 的 VO_2 薄膜。使用四探针测试仪在退火工艺不变的情况下对三组样品进行表面电阻测试，测试结果如图 4-19 所示。

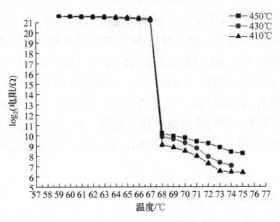

图 4-19　预退火温度不同的 VO₂ 薄膜表面电阻测试

图 4-19 是预退火温度为 410℃、430℃、450℃的温度相变图。由图发现，在温度为 68℃以下时，三组材料的电阻均变化不大，电阻上限均为 3MΩ 上下；当温度达到 68℃时，三组样品均出现了相变。当温度继续升高时，发现预退火温度为 410℃的样品表面电阻为 80Ω，预退火温度为 430℃的样品表面电阻为 180Ω，预退火温度为 450℃的样品表面电阻为 300Ω。本书认为出现该现象的原因为，随着预退火温度的进一步升高，V_2O_5 成晶更加致密，晶相更加明显，但致密的 V_2O_5 多晶膜不利于 V_2O_5 转换为 VO₂ 的退火过程，使 V_2O_5 还原成 VO₂ 更为困难。同时，本书又对三组样品进行了 XRD 测试，测试结果如图 4-20 所示。

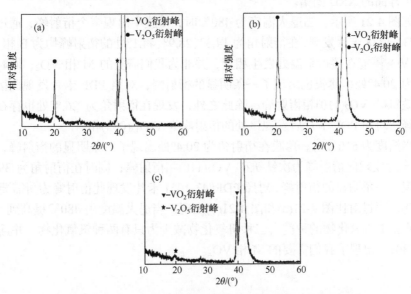

图 4-20　预退火温度不同的 VO₂ 薄膜 XRD 测试结果
(a)预退火温度 450℃；(b)预退火温度 430℃；(c)预退火温度 410℃

图 4-20 显示，在三组样品中，预退火温度 430℃和 450℃的 VO_2 薄膜 XRD 图谱中都出现了两条衍射峰，通过对比 PDF 卡片后发现，这两条衍射峰分别对应薄膜中的 V_2O_5 相和 VO_2 相，说明在退火温度为 430℃和 450℃时薄膜均出现了 V_2O_5 残留相；而当预退火温度为 410℃时，薄膜的 XRD 图谱中 V_2O_5 相衍射峰基本消失，薄膜中没有 V_2O_5 残留，只有 VO_2 相。这说明当预退火温度过高时，会使 V_2O_5 薄膜晶粒致密，影响后续退火还原过程，使薄膜在退火过程中 V_2O_5 还原成 VO_2 困难，致使薄膜出现 V_2O_5 残留相，所以采用预退火工艺时，预退火温度不宜超过 410℃。

2. 退火温度对薄膜物质的影响

Chae 等[3]曾采用真空度为 0.1～100mTorr①、退火温度为 480℃、退火时间为 10min 的工艺条件成功制备出相变前后表面电阻变化率为 4 个数量级的 VO_2 薄膜，并发现只要真空度在 0.1～100mTorr 区间，都可制备出 VO_2 薄膜。但此真空度对于管式炉来说还是较为苛刻，所以为了进一步降低实验对真空度的要求，根据表 4-5 选择真空度为 20～70Pa、退火温度为 480～530℃ 的制备工艺，并通过对三组样品进行 XRD 测试分析，研究了退火温度对薄膜物质的影响。实验使用的基片为 Al_2O_3 蓝宝石基片，采取的预退火处理工艺为 410℃，保温 60min 后，将三组样品分别放入退火温度为 490℃、510℃、530℃，真空度为 20～70Pa，退火时间为 90min，升温速率为 11℃/min 的管式炉中退火，退火结束后随炉降温。图 4-21 为三组样品的 XRD 图谱。

如图 4-21 所示，当退火温度为 480℃时，薄膜中出现多个衍射峰，通过对比 PDF#31-1438 卡片发现，在衍射角为 14.3°、28.9°、44.1°处的衍射峰均为 B 相 VO_2，此类 VO_2 不能在接近室温处发生相变，并非为我们需要的 M 相 VO_2；同时在衍射角为 20.4°处，薄膜也出现了一条明显的衍射峰，对照 PDF 卡片发现此衍射峰为次铁钒矿 VO_2(110)相衍射峰；除此之外，发现在衍射角为 26.8°处也存在一条衍射峰，对照 PDF 卡片后发现该处的衍射峰为 V_6O_{13}(003)相。

当温度为 510℃时，薄膜在衍射角为 20.4°处出现了一条明显的衍射峰，对照 PDF 卡片发现此衍射峰为次铁钒矿 VO_2(110)相衍射峰；同时在衍射角为 39.7°处也出现了一条明显的衍射峰，对照 PDF#43-1051 卡片发现此衍射峰为所需要的 M 相 VO_2。通过对比图 4-21(a)和图 4-21(b)发现，当退火温度由 480℃提高到 510℃ 后，薄膜中钒氧化物的种类由三种钒氧化物减少为只有两种钒氧化物，并且 B 相 VO_2 消失，出现了我们需要的 M 相 VO_2。

---

① 1Torr=1mmHg=$1.33322×10^2$Pa。

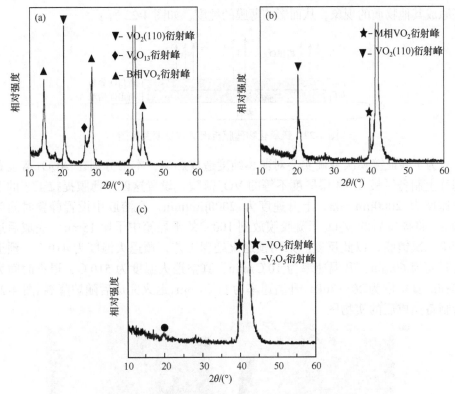

图 4-21 三组不同退火温度的 VO₂ 薄膜 XRD 图谱
(a)退火温度 480℃；(b)退火温度 510℃；(c)退火温度 530℃

当退火温度为 530℃时，薄膜在衍射角为 26.6°处的衍射峰强度明显较低，薄膜在衍射角为 39.7°处的衍射峰强度明显提高，说明在此温度下，V_2O_5 多晶膜已基本转化为 VO_2 多晶膜。同时发现，相比于退火温度为 510℃的薄膜，退火温度为 530℃的薄膜中 M 相 VO_2 含量更多，即 VO_2 薄膜更纯。

综上所述，通过对三组不同退火温度薄膜的 XRD 图谱进行分析，确定在真空度为 20～70Pa 时，采用退火温度为 530℃制备的 VO_2 薄膜中 VO_2 含量最高。

3. 镀膜次数对退火的影响

在浸渍提拉过程中，镀膜次数的增多将会导致薄膜厚度的增加，而薄膜厚度的增加不利于 VO_2 薄膜的制备。本书认为薄膜厚度的增加会对薄膜中钒氧化物的物相造成影响，当薄膜厚至一定程度时，里层靠近基片的 V_2O_5 多晶薄膜在退火过程中析出氧将变得困难，不能全部还原为 VO_2，即薄膜中会出现分层的现象，在某种退火工艺下将出现外层的 V_2O_5 已全部转换为 VO_2，而内层因析出氧困难还原成其他物质的现象，从而影响薄膜的纯度，如图 4-22 所示。

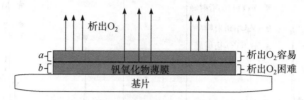

图 4-22　钒氧化物薄膜析出氧难易度关系图

　　为了验证镀膜次数确实会对薄膜纯度造成影响，本书分别在 Al_2O_3 蓝宝石基片上制备了镀 1～4 层厚度不等的 VO_2 薄膜，设置这四组薄膜提拉工艺的下降速度为 2000μm/min，上升速度为 2000μm/min，在溶胶中设置静置时间为 100s，将提拉后的 V_2O_5 干凝胶膜放到 100℃的干燥箱中干燥 15min，完成后进行第二次镀膜，以此反复。采用预退火处理工艺，预退火温度为 410℃，预退火时间为 60min，升温速率为 10℃/min，真空退火温度为 510℃，退火时间为 90min，真空度为 20～70Pa，升温速率为 11℃/min，退火完成后随炉降温。图 4-23 为制备完成后的实物图。

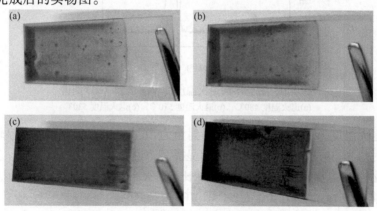

图 4-23　四组镀不同层数 VO_2 薄膜的实物图
(a)镀一层 VO_2 薄膜；(b)镀两层 VO_2 薄膜；(c)镀三层 VO_2 薄膜；(d)镀四层 VO_2 薄膜

　　为验证镀膜层数对薄膜中物相的影响，分别对四组样品进行了 XRD 测试。将四组样品的 XRD 结果数据导入分析软件与标准数据库中的 PDF 卡片进行匹配，分析结果如图 4-24 所示。

　　XRD 测试结果发现，图 4-24 的四组图中均在衍射角为 39.7°处出现明显衍射峰，该处为 M 相 VO_2 衍射峰，说明本书制备的四组薄膜均含有 M 相 VO_2，但同时也发现四组薄膜中各种钒氧化物的种类各不相同。

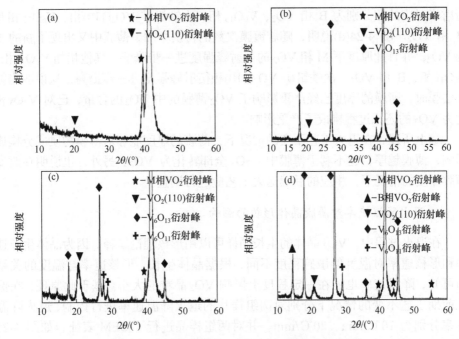

图 4-24　四组镀膜层数不同的 VO₂ 薄膜 XRD 图谱
(a)镀一层薄膜；(b)镀两层薄膜；(c)镀三层薄膜；(d)镀四层薄膜

由图 4-24(a)只镀一层的 VO₂ 薄膜 XRD 测试结果发现，只在衍射角为 20.4°和 39.7°处出现两条明显的衍射峰，通过查询 PDF 卡片后发现两条衍射峰分别对应次铁钒矿 VO₂(110)相和 M 相 VO₂，说明此时薄膜中只含有 VO₂ 相，VO₂ 薄膜中 VO₂ 的含量较高。

由图 4-24(b)镀两层的 VO₂ 薄膜 XRD 测试结果发现，在衍射角为 17.8°、26.8°、36.1°、45.5°、20.4°、39.7°处出现 6 条衍射峰，各条衍射峰对应的相分别为 V₆O₁₃ 相、次铁钒矿 VO₂(110)相和 M 相 VO₂。与图 4-24(a)相比，薄膜中多了 V₆O₁₃ 相。此现象说明随着镀膜厚度的增加，V₂O₅ 多晶膜中只有一部分还原成 VO₂，而另一部分只还原成中间产物 V₆O₁₃。

由图 4-24(c)镀三层的 VO₂ 薄膜 XRD 测试结果发现，在衍射角为 17.8°、20.4°、26.8°、45.5°、27.9°、29.1°、39.7°出现 7 条衍射峰，各条衍射峰对应的相分别为 V₆O₁₃ 相、次铁钒矿 VO₂(110)相、V₆O₁₁ 相和 M 相 VO₂。图 4-24(c)说明，随着镀膜次数的增加，薄膜中出现了更多的相，有更多的中间产物产生，薄膜中更多的 V₂O₅ 还原成中间产物 V₆O₁₃、V₆O₁₁，并且镀三层膜中 VO₂ 相的衍射峰强度明显减弱。

由图 4-24(d)镀四层的 VO₂ 薄膜 XRD 测试结果发现，在衍射角为 14.4°、17.8°、26.8°、36.1°、45.5°、20.4°、29.1°、39.7°、44.0°、55.2°出现 10 条衍射峰，各条

衍射峰对应的相分别为 B 相 VO_2、V_6O_{13} 相、次铁钒矿 VO_2(110)相、V_6O_{11} 相和 M 相 VO_2。图 4-24(d)说明，随着镀膜次数的再次增加，薄膜中又出现了新的 B 相 VO_2，并且此厚度下 M 相 VO_2 的衍射峰强度进一步降低，其他相如 V_6O_{13} 相、V_6O_{11} 相、B 相 VO_2、次铁钒矿 VO_2(110)相衍射峰强度进一步提高，这说明当镀四层膜时，薄膜的厚度已经严重影响了 VO_2 薄膜的中 VO_2 的含量，已对 V_2O_5 转化为 VO_2 的还原过程构成了严重影响。

综上所述，在退火工艺不变的情况下，薄膜的厚度能够对薄膜物质成分构成影响，薄膜越厚，越不利于薄膜中 V_2O_5 全部转化为 VO_2。另外，也说明在改变薄膜厚度的情况下，相应的后续退火工艺应进行调整。

4. 退火降温速率对薄膜晶体形貌的影响

在退火过程中，VO_2 晶体的生长同样可以用形核理论解释。因为晶体生长速率和形核速率对温度的敏感程度不同，根据晶体生长、形核速率与温度的关系图可知，降温速率也能在一定程度上影响 VO_2 晶粒的大小。基于此原理，在保证前期工艺不变的情况下分别对两组样片的退火降温速率进行控制，退火降温速率分别为 10℃/min、20℃/min。并对两组样品进行了 SEM 表征，如图 4-25 所示。

图 4-25　两组不同退火降温速率样品的 SEM 图
(a)退火降温速率 10℃/min；(b)退火降温速率 20℃/min

图 4-25(a)、(b)分别为退火降温速率为 10℃/min 和 20℃/min 的样品 SEM 图。通过对比发现，退火降温速率为 10℃/min 的样品形貌较好，晶粒排列紧密，晶粒大部分呈扁椭球状，少数呈不规则长条状，薄膜内部晶粒尺寸分布存在一定差别，晶粒大小在 500nm 左右，当退火降温速率为 20℃/min 时，晶粒大小差异较大，在部分区域内晶粒不清晰。一部分晶粒生长不完全。说明在该退火降温速率下，能一定程度地抑制晶体的生长。

综上所述，退火降温速率在一定程度上能够影响晶粒的大小，但会以牺牲晶体形貌为代价。例如，降温速率过快，虽然能够降低晶粒的大小，但会使晶体生长不完全。

4.3　基于掺杂与多物理场的 VO₂ 薄膜相变临界电场强度调控效应研究

尽管近几年来 VO₂ 场致相变已开展了各类电学开关、智能窗、太赫兹器件的应用研究,但对 VO₂ 薄膜场致相变在电磁防护技术中的应用还鲜有报道。目前,制约 VO₂ 场致相变进一步应用和发展的主要因素是过高的相变电场强度,一般其相变临界电场强度为 $1\sim10$MV/m,而电磁脉冲武器(如核电磁脉冲)的电磁脉冲电场强度峰值只有 50kV/m,即 0.05MV/m,因此目前如此高的相变电场强度使 VO₂ 薄膜不适宜应用于智能电磁防护材料,所以降低 VO₂ 薄膜的相变临界电场强度是 VO₂ 薄膜应用于智能电磁防护材料的前提。

在此背景下,本节研究两种调控 VO₂ 薄膜相变临界电场强度的方法:一种为掺杂 VO₂ 薄膜对相变电场强度的调控;另一种为多物理场共同作用下,外界温度对和电场强度对 VO₂ 相变的协同调控。实验发现,两种调控方法都能使 VO₂ 相变临界电场强度出现明显的下降,调控效果明显。

4.3.1　掺杂 VO₂ 薄膜相变临界电场强度的调控

在单一场条件下,使用无机溶胶-凝胶法制备了三组不同 Mo^{6+} 掺杂浓度的 VO₂ 薄膜,三组 VO₂ 薄膜 Mo^{6+} 的掺杂浓度分别为 1%、2%、3%。通过强场测试系统分别对三组掺杂 VO₂ 薄膜进行相变温度点测试和相变临界电场强度测试。研究了三组不同 Mo^{6+} 掺杂浓度的 VO₂ 薄膜对薄膜相变临界电场强度的调控,得出 VO₂ 薄膜的掺杂浓度与 VO₂ 相变临界电场强度的关系。

1. 掺杂 VO₂ 薄膜对相变温度的影响规律

Goodenough[18]曾提出,当在 VO₂ 薄膜掺杂价态高于+4 的过渡金属元素时,VO₂ 的相变温度降低。为了测试使用无机溶胶-凝胶法制备的掺杂 VO₂ 薄膜是否确实出现相变温度随掺杂浓度不同而变化的情况,对三组薄膜进行相变温度测试。实验采用四探针表面电阻测试平台,测试过程中将材料放在电阻加热板上,电阻加热板由加热控制元件控制,同时为了准确了解材料表面温度,使用红外测温仪进行辅助测温。设置电阻加热板的加热范围为 $25\sim75$℃。VO₂ 薄膜的相变温度测试主要采用四探针温度测试系统,其实验的原理如图 4-26 所示。

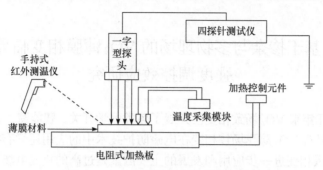

图 4-26　VO₂薄膜的相变温度测试原理

通过在四探针测试系统中加装温度加热系统进行相变温度测试，温度加热系统由电阻式加热板、加热控制元件、温度采集模块组成，同时辅以手持式红外测温仪。通过将薄膜材料直接置于电阻式加热板上的方式，进行 VO₂ 薄膜相变温度的测试。

图 4-27 为 Mo⁶⁺掺杂浓度为 1%的 VO₂ 薄膜的相变温度测试图。由图可知，在 60℃左右时，Mo⁶⁺掺杂浓度为 1%的 VO₂ 薄膜电阻发生突变，由 646kΩ 突变到 800Ω。相变前后电阻变化近三个数量级。在图 4-27 中，当掺杂 VO₂ 薄膜接近相变温度时，薄膜电阻变化较大。

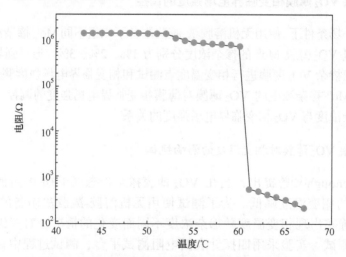

图 4-27　Mo⁶⁺掺杂浓度为 1%的 VO₂ 薄膜的相变温度测试图

图 4-28 为 Mo⁶⁺掺杂浓度为 2%的 VO₂ 薄膜的相变温度测试图。如图 4-28 所示，在 54℃左右时，Mo⁶⁺掺杂浓度为 2%的 VO₂ 薄膜电阻发生突变，由 245kΩ 突变到 1kΩ。相变前后电阻变化两个数量级以上。与 Mo⁶⁺掺杂浓度为 1%的 VO₂ 薄膜相比，Mo⁶⁺掺杂浓度为 2%的 VO₂ 薄膜在相变前后薄膜电阻随温度的变化更加明显。

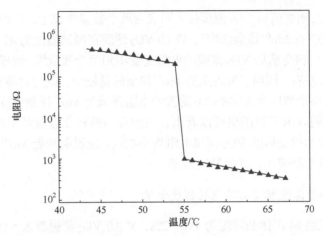

图 4-28　Mo^{6+}掺杂浓度为 2%的 VO₂ 薄膜的相变温度测试图

图 4-29 为 Mo^{6+}掺杂浓度为 3%的 VO₂ 薄膜的相变温度测试图。如图 4-29 所示，在 47℃左右时，Mo^{6+}掺杂浓度为 3%的 VO₂ 薄膜电阻发生突变，由 80kΩ 突变到 1.4kΩ。相变前后电阻变化不到两个数量级。说明在此掺杂浓度下，VO₂ 的晶格已出现明显缺陷，并且随着 VO₂ 薄膜中 Mo^{6+}掺杂浓度的增加，VO₂ 薄膜相变前后的电阻突变的幅度不断降低，薄膜电阻的非线性系数在减小。

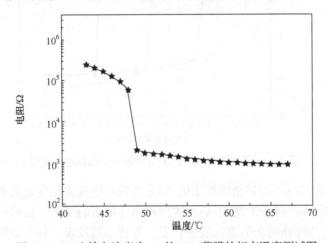

图 4-29　Mo^{6+}掺杂浓度为 3%的 VO₂ 薄膜的相变温度测试图

通过结合图 4-27～图 4-29 可以看出，VO₂ 晶体的相变温度随着 Mo^{6+}掺杂浓度的增加而逐步降低，与文献中的结论相吻合。说明这三组不同 Mo^{6+}掺杂浓度的 VO₂ 薄膜是制备成功的。Mo^{6+}掺杂浓度为 1%的 VO₂ 薄膜在测试温度为 60℃时，薄膜电阻出现了突变，相变前后 VO₂ 薄膜的电阻突变近三个数量级，从 646kΩ 突变到 800Ω 左右；Mo^{6+}掺杂浓度为 2%的 VO₂ 薄膜在测试温度为 54℃时，薄膜电阻出现了突变,相变前后VO_2薄膜的电阻突变两个数量级以上,表面电阻从245kΩ突变到1kΩ左右;Mo^{6+}掺杂浓度为3%的VO_2薄膜在测试温度为47℃时,薄膜电阻出现了突变,相变前后VO_2薄膜的电阻突变不到两个数量级,表面电阻从80kΩ突变到1.4kΩ左右。同时,发现虽然Mo^{6+}掺杂的量较少,但是对薄膜电阻的影响却很大。Mo^{6+}掺杂浓度为3%的VO_2薄膜的电阻降低为Mo^{6+}掺杂浓度为1%的VO_2薄膜的1/8。同时由三组图也可以看出,三组样品的相变温度各不相同,并且三组样品相变前和相变后的VO_2薄膜电阻均不相同,这说明随着Mo^{6+}的掺杂,VO_2的晶体结构被不断破坏,晶体缺陷增加。

2. VO_2掺杂薄膜相变临界电场强度测试

分别将三组Mo^{6+}掺杂浓度为1%、2%、3%的VO_2薄膜放入VO_2薄膜相变临界电场强度测试系统中,设置采样电阻为1000Ω,限流电阻为30MΩ。设置夹具间距为2mm。实验测试结果如图4-30所示。

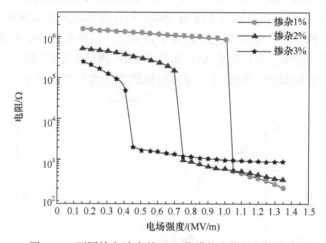

图4-30　不同掺杂浓度的VO_2薄膜相变临界电场强度

图4-30为三组不同掺杂浓度下的VO_2薄膜电场强度相变点关系图。可以看出,三组不同Mo^{6+}掺杂浓度的VO_2薄膜均出现电阻的突变,反映出宏观尺寸的VO_2能够通过外加强电场的方式发生相变。并且实验发现,各个曲线电阻突变的临界电场强度都不同,并且VO_2薄膜的相变临界电场强度是随着掺杂浓度增加而不断降低的。当Mo^{6+}掺杂浓度为1%时,VO_2薄膜的相变临界电场强度为1.05MV/m;当Mo^{6+}掺杂浓度为2%时,VO_2薄膜的相变临界电场强度为0.75MV/m;当掺杂浓度为3%时,VO_2薄膜的相变临界电场强度为0.45MV/m。通过对三条曲线进行比较,Mo^{6+}掺杂浓度为3%的VO_2薄膜的相变临界电场强度降低为Mo^{6+}掺杂浓度为1%的VO_2薄膜的43%。这说明通过改变Mo^{6+}的掺杂可

以实现对 VO_2 薄膜相变临界电场强度的调控。

根据测试结果发现，随着 Mo^{6+} 掺杂浓度的提高，VO_2 薄膜相变前后电阻的非线性系数在不断减小，相变前后 VO_2 薄膜电阻的变化倍数在不断减小。当 Mo^{6+} 掺杂浓度为 1%的 VO_2 薄膜电阻发生突变时，电阻突变前后，VO_2 薄膜的电阻变化三个数量级；当 Mo^{6+} 掺杂浓度为 2%的 VO_2 薄膜发生电阻突变时，电阻突变前后，VO_2 薄膜的电阻变化两个数量级；当 Mo^{6+} 掺杂浓度为 3%的 VO_2 薄膜发生电阻突变时，电阻突变前后 VO_2 薄膜的电阻降低为原来的 1/8。同时发现，通过外加电场测得的相变前后电阻变化倍数，与通过温度场测得的相变前后 VO_2 薄膜电阻的变化倍数有较好的一致性。

4.3.2　多物理场对 VO_2 薄膜相变性能的协同调控效应

为了研究多物理场对 VO_2 相变临界电场强度的协同调控作用，本小节分别研究 VO_2 本征薄膜外部温度对 VO_2 薄膜相变临界电场强度的影响和外加电场强度对 VO_2 薄膜相变温度的影响。通过薄膜相变临界电场强度测试系统，结合温度控制系统进行测试。测试结果发现，当外部温度从 63.5℃增加到 66℃时，相变需要的临界电场强度从 0.17MV/m 下降到 0.065MV/m。另外，随着外加电场强度由 0.075MV/m 增加到 0.2MV/m 时，相变温度从 66℃降低到 63.5℃。这说明 VO_2 薄膜的相变存在温度与电场的互相调控。其相变行为由温度产生的电子的热运动能和外加电场强度产生的电势能协同控制，同时也发现温度与电场的协同效应并非简单的叠加关系，即外界温度越低，温度对相变临界电场强度调控的效果越明显；外部电场强度越低时，电场强度对相变温度的调控越明显。并通过外加温度的方法，发现当外加温度为 64~68℃时，VO_2 薄膜相变需要的外加电场强度小于 1×10^5 V/m，满足智能电磁防护材料的要求。为 VO_2 薄膜应用于智能电磁防护材料提供了可能性。

1. 外部温度对 VO_2 临界电场强度的影响

为研究外部温度对 VO_2 薄膜相变临界电场强度的影响，分别对四组实验设置不同的外部温度，并测试不同外部温度下 VO_2 薄膜的相变临界电场强度。设定四组实验的外部温度分别为 63.5℃、64℃、65℃、66℃，高压源输出电压为 0~400V，夹具中两铜极间距 2mm。测试实验结果如图 4-31 所示。

由图 4-31 可以看出，四条外部温度不同的 VO_2 薄膜均出现电阻的突变，说明这四组样品均发生了相变，并且随着温度的升高薄膜的起始电阻在逐渐变小。利用图 4-31 中的电压可以计算出相应的电场强度。可以发现，当外部温度为 63.5℃时，VO_2 薄膜在 0.17MV/m 处发生了电阻的突变；当外部温度为 64℃时，VO_2 薄膜在 0.10MV/m 处发生电阻的突变；当外部温度为 65℃时，VO_2 薄膜在 0.087MV/m 处发生了电阻的突变；当外部温度为 66℃时，VO_2 薄膜在 0.065MV/m 处发生了电阻的突变。可分析得到出现此现象的原因是在 VO₂ 薄膜发生相变时，受外部温度和外加电场的协同控制。根据 Peierls 相变的观点，随着温度的升高，VO₆ 八面体的反铁电扭曲程度减小，使 V—O 键长变长，O_{2p}-V_{3d} 轨道交叠减少，导致 π 带上移，π*带下移，使 d_{II} 能带分裂程度减小，致使需要相变的能量减小。此时，在外加电场的情况下，根据 Mott 相变的观点[20]，当电子关联能与 d_l 能带宽度可比拟且 B/U(电子关联能与能带宽度比)变大到一定程度时，分裂的 d_{II} 能带变成半满的 d_{II} 能带，材料变为金属相，即完成相变。因此，总体表现为随着温度升高，达到相变的外加临界电场强度在不断减小。

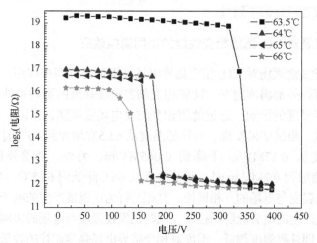

图 4-31　外部温度对 VO₂ 薄膜相变临界电压(电场)的调控效应

同时，由图 4-31 看出，随着温度的上升，引起相变的电压以及相应的相变电场强度降低缓慢，例如，在 63.5～64℃温度只上升 0.5℃，而相变电场强度却下降 0.07MV/m，而在 64～65℃，温度上升 1℃，而相变电场强度却只下降 0.013MV/m。这表明，随着温度的升高，温度对电场强度的调控效果越来越不明显，即温度越低，温度对相变临界电场强度的调控越明显。

综上所述，在 VO₂ 相变过程中，外界温度的变化能够改变外加临界相变电场强度，说明在 VO₂ 相变过程中，温度能够调控相变临界电场强度。而对于智能电磁防护材料的应用，一个要求是当外部电场强度在 $1×10^5$ V/m 以下时，智能电磁防护材料能够由绝缘相变为金属相，以达到屏蔽电磁的效果。因此，当外部温度分别为 63.5℃、64℃、65℃时，达到相变需要的临界电场强度分别为 0.17MV/m、0.1MV/m、0.087MV/m，即当外部温度为 64～68℃时，VO₂ 薄膜由绝缘相变为金属相所需的外加电场强度均小于 $1×10^5$ V/m。在此温度范围内，VO₂ 薄膜满足电磁防护材料的要求。

2. 外加电场强度对 VO₂ 相变温度的影响

为验证 VO₂ 薄膜发生相变时,外加电场强度与外部温度对 VO₂ 薄膜相变的协同效应,本书也进行了不同外加电场强度下 VO₂ 薄膜相变温度的调控效应研究。实验中,设置高压源输出电压为 0~400V,夹具两铜极间距为 2mm。通过结合温度控制系统对 VO₂ 薄膜相变温度进行测试,如图 4-32 所示。

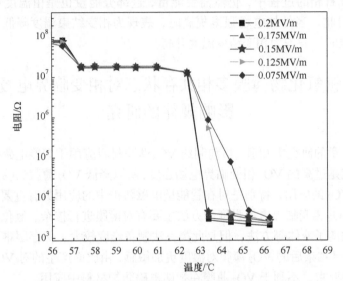

图 4-32　外加电场强度对 VO₂ 薄膜相变温度的调控效应

由图 4-32 可以看出,随着外加电场强度由 0.075MV/m 增加到 0.2MV/m,相变温度由约 64.1℃降低到 63℃。当外部电场强度为 0.2MV/m 时,相变温度为 63℃,此时相变前的电阻是相变后的 $4.2×10^3$ 倍,当外加电场强度为 0.075MV/m 时,相变温度约为 64.1℃,此时相变前的电阻是相变后的电阻的 $3.0×10^3$ 倍。此现象说明,VO₂ 相变过程中外加电场强度的变化能够改变相变温度,但随着外加电场强度的减小其相变前后电阻的变化倍数将减小。

同时,由图 4-32 也可以看出,随着外加电场强度的增强相变温度缓慢降低。例如,当外加电场强度由 0.075MV/m 提高到 0.125MV/m 时,相变温度由约 64.1℃降低到约 63.6℃,相变温度降低了 0.5℃;当电场强度由 0.15MV/m 提高到 0.175MV/m 时,相变温度基本不变。这表明,随着外加电场强度的提高,外加电场强度对温度的调控效果越来越不明显。即外加电场强度越低,外加电场强度对相变温度的调控越明显。同时也发现 0.2MV/m 和 0.175MV/m 的曲线基本一致,相变温度都为 62.5℃。本书认为曲线重合的原因是同一相变温度对应的外加电场强度不是一个定值而是一个范围,即虽然 0.2MV/m 比 0.175MV/m 外加电场强度高,却不能驱动比 62.5℃更低的温度相变,所以表现为与外加电场强度为 0.175MV/m 曲线重合。

　　在图 4-32 中发现，无论外加电场强度如何变化，在 62.5℃时材料电阻都开始下降，推测当温度达到 62.5℃时，材料已经开始相变，形成了单斜的关联金属相，所以电阻会急剧下降,这与 Kim 等[19]在微区拉曼实验中温度超过 60℃时出现的单斜金属态表现形式一致。在此温度之上，提高或降低外加电场强度不能改变相变起始温度，只能改变相变结束温度。但是从单斜关联金属相转变为四方金红石相的过程中，仍然需要能量，这部分能量也是由温度和电场共同提供的。因此，当外加电场强度提高时，表现为相变结束温度降低，当外加电场强度降低时，表现为相变结束温度升高。

4.4　钒氧化物薄膜多相共存状态对相变临界电场强度影响规律的研究

　　从前几章的研究中知道，目前制约 VO_2 薄膜材料应用于智能电磁防护技术最大的瓶颈就是过高的 VO_2 相变临界电场强度，所以降低 VO_2 薄膜的临界电场强度对于推动 VO_2 的应用，特别是对在智能型电磁防护中的应用具有重要的意义。目前，降低 VO_2 相变临界电场强度的方法主要有对薄膜进行掺杂、氢化处理、在材料表面添加离子液体等方法，但是此类方法制备难度较大、保存困难、不易大规模应用，而且掺杂后的 VO_2 薄膜对温度更加敏感，由此而产生的对 VO_2 工作环境更加苛刻的要求，不利于 VO_2 薄膜在智能电磁防护材料中应用。

　　本书在第 2 章、第 3 章 VO_2 制备工艺研究中发现了一种新的降低 VO_2 薄膜电阻率的方法，可以实现对 VO_2 薄膜相变临界电场强度的调控，此制备方法通过调控多相钒氧化物共存的方法以及 VO_2 含量，可以有效降低薄膜电阻并同时降低 VO_2 相变临界电场强度。该制备方法操作简单、无须掺杂，在不改变 VO_2 薄膜相变温度的同时只降低 VO_2 相变临界电场强度,符合制备电磁防护材料的设计要求，为 VO_2 薄膜应用于电磁防护材料提供了方法。

4.4.1　多相共存薄膜对 VO_2 相变临界电场强度调控的理论分析

　　在对 VO_2 薄膜只施加外部电场时，VO_2 薄膜能够发生由单斜非金属相转变为四方金红石金属相的相变，相变前后薄膜的电阻可发生 3～5 个数量级的变化。对于外加强电场激发 VO_2 薄膜相变时，强电场以注入载流子的方式或者增大电子密度的方式使 VO_2 晶体内电子间关联能 U 和费米能级发生变化，而当电子间关联能 U 与费米能级满足一定条件时，VO_2 薄膜则会发生 Mott 相变，出现薄膜表面电阻的突变，使薄膜由绝缘体转换为类金属体。当薄膜中载流子浓度发生变化，但未达到相变时，电子间关联能 U 和费米能级共同发生改变，其中载流子浓度与费米能级的关系可以简单地通过非平衡载流子浓度表达式表达。当载流子注入比较少时，其非平衡载流子浓度可以由式(4-16)和式(4-18)表示，平衡状态的载流子浓度表达为式(4-17)。

$$n = N_C e^{-\frac{E_C - E_{Fn}}{KT}} \tag{4-16}$$

$$n_0 = N_C e^{-\frac{E_C - E_F}{KT}} \tag{4-17}$$

$$n = n_0 e^{-\frac{E_F - E_{Fn}}{KT}} \tag{4-18}$$

式中，E_{Fn} 为准费米能级；E_F 为平衡状态下费米能级；N_C 为导带有效状态密度。将式(4-17)代入式(4-16)得到式(4-18)，对本征 M 相 VO$_2$ 晶体而言，其 E_F 为定值，平衡状态下载流子浓度 n_0 也为定值。通过式(4-18)可以看出准费米能级 E_{Fn} 的产生与非平衡状态下载流子的浓度 n 有直接的关系。且非平衡状态下载流子浓度 n 越大，准费米能级 E_{Fn} 越小，即两者呈负相关关系。而当准费米能级 E_{Fn} 减小时，其能带中 π 带将上移，π* 带将下移，同时两个分裂的 $d_{\parallel}$ 带将相互靠近。当继续增加载流子浓度时，两个分裂的 $d_{\parallel}$ 带将重叠在一起，此时 VO$_2$ 晶体发生相变。

通过上述分析可以得知，通过改变载流子的浓度，可以使 VO$_2$ 晶体的费米能级发生变化，而随着载流子浓度的增加，M 相 VO$_2$ 的费米能级在不断降低，VO$_2$ 薄膜就越易于发生相变。

对于 VO$_2$ 薄膜，其载流子浓度 n 又与 VO$_2$ 薄膜电阻和 VO$_2$ 薄膜外加电场强度有直接的关系。对于半导体，当施加外电场时，电子和空穴都对漂移电流有贡献，如式(4-19)所示。

$$J_{drf} = e(\mu_n n + \mu_p p)E \tag{4-19}$$

式中，J_{drf} 为漂移电流密度；e 为电荷量；μ_n 和 μ_p 分别为电子和空穴的迁移率；n 和 p 分别为电子和空穴的浓度；E 为电场强度。

式(4-19)中漂移电流密度又可以表达为

$$J_{drf} = \sigma E \tag{4-20}$$

式中，σ 为半导体材料的电导率，单位为 $(\Omega \cdot cm)^{-1}$。σ 可由式(4-21)表示。

$$\sigma = e(\mu_n n + \mu_p p) \tag{4-21}$$

由式(4-21)可得出，半导体材料的电导率与载流子浓度和迁移率有关，而迁移率与半导体掺杂浓度有关，在不进行掺杂的情况下，半导体材料的迁移率为定值。

电阻率可以表达为

$$\rho = \frac{1}{\sigma} = \frac{1}{e(\mu_n n + \mu_p p)} \tag{4-22}$$

由式(4-22)可以看出，在不进行掺杂的情况下，可以通过降低材料电阻率的方法增大载流子浓度。

综上所述，在外加电场强度不改变的前提下，VO_2 薄膜电阻率的降低会引起薄膜中载流子浓度的提高，从而 VO_2 薄膜费米能级降低，使其能带中 π 带上移，π*带下移，同时两个分裂的 $d_{||}$ 带将相互靠近，达到降低 VO_2 相变临界电场强度的效果，从而实现调控 VO_2 薄膜相变电场的目的。

基于上述背景，设想在 VO_2 薄膜中添加其他的相变温度远低于室温的钒氧化物如 V_6O_{11}、V_6O_{13}、V_2O_3 等，使 VO_2 薄膜上形成一种表面电阻低的薄膜，达到降低纯 VO_2 本征薄膜表面电阻的目的，从而达到降低薄膜的相变临界电场强度的效果。但在制备完成后的本征 VO_2 薄膜中再添加一层新膜难度较大，也很难保存，对薄膜的致密性也有很大的影响。但在 VO_2 薄膜制备过程中，通过在 V_2O_5 干凝胶膜中产生其他远低于室温的钒氧化物相的方法是可行的。因为在退火的过程中 V_2O_5 多晶膜并不会直接转换成 VO_2 薄膜，而是有一个 $V_2O_5 \to V_6O_{11} \to V_5O_{13} \to VO_2$ 的过程，如图 4-33 所示。

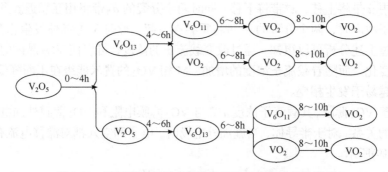

图 4-33　不同退火时间内薄膜中各钒氧化物的变化关系

图 4-33 显示，随着退火时间的变化，材料中会出现不同的钒氧化物相。因此，可以通过控制退火工艺参数达到控制 VO_2 薄膜中其他钒氧化物含量的目的，从而使薄膜中不含 V_2O_5 相，只含 V_6O_{11} 相、V_6O_{13} 相、VO_2 相。

4.4.2　多相共存钒氧化物的制备

为了更好地反映 VO_2 在薄膜中含量直接影响材料表面电阻，采用无机溶胶-凝胶法结合真空退火工艺，通过改变真空退火时间，在 Al_2O_3 陶瓷基片制备了三组不同退火工艺的 VO_2 薄膜。根据 V_2O_5 多晶膜转化成 VO_2 多晶薄膜的过程，设置不同的退火时间。在多相共存的 VO_2 薄膜制备中，因为不涉及对 VO_2 薄膜的掺杂，所以制备方法较为简单，制备出的多相共存的 VO_2 薄膜，是采用直接退火制备方法得到的，所以制备的 VO_2 薄膜材料的力学、抗划刻性能较好，在薄膜厚度均匀的情况下，其他钒氧化物相在 VO_2 薄膜中分散性较好。

利用第 2 章、第 3 章对制备工艺的优化，实验采用无机溶胶-凝胶法和直接真空退火工艺制备 VO_2 薄膜，具体实验流程为：取 5g V_2O_5(纯度为 99.9%)置于坩埚中，放入 850℃的马弗炉中持续保温 15min。取 250mL 去离子水于烧杯中，将烧杯置于磁力搅拌器上，选取转速为 2800r/min，将烧至熔融态的 V_2O_5 快速导入去离子水中，搅拌 1min 后，将烧杯置于温度为 60℃的恒温搅拌器上持续搅拌 2h，将溶液避光静置 48h，溶胶为褐色，取上层溶胶。

将基片置于无水乙醇与丙酮的混合溶液(8∶2)中超声 1h，然后将其置入浓盐酸与去离子水的混合溶液(体积比 1∶9)中超声 1h，最后用去离子水冲洗干净备用。

将清洗干净的基片置于浸渍提拉镀膜机的夹片上，选取镀膜参数：下降速度为 2000μm/s，在溶胶中静置时间为 100s，提拉速度为 2000μm/s，一次提拉完成后将 V_2O_5 湿膜置于 100℃的干燥箱中干燥 15min，再进行第二次镀膜，循环 4 次。将完成镀膜的 V_2O_5 干凝胶膜置于 200℃干燥箱中干燥 200min，可以增加其附着力。

真空退火处理是制备多相共存的 VO₂ 薄膜中最为关键的一步，退火工艺能够影响 V_2O_5 转化为 VO₂ 过程的进行。为了能够控制在薄膜中存在的多种钒氧化物和 VO₂ 含量，需对整个退火工艺进行严格控制，采用的具体实施工艺为：对三个样品同时进行直接退火处理，退火温度为 500℃，升温速率为 11℃/min，真空度为 0.06Pa，退火时间分别为 6h、8h、10h，保温结束后随炉降温。

4.4.3 多相共存钒氧化物薄膜的物相和含量分析

分别对三组退火时间不同的薄膜进行 XRD 测试，具体测试结果如图 4-34 所示。

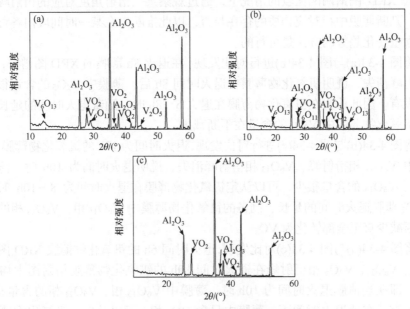

图 4-34 三组退火工艺不同的样品 XRD 图谱
(a)退火时间 6h；(b)退火时间 8h；(c)退火时间 10h

1. 多相共存钒氧化物薄膜的物相分析

因薄膜基片为 Al_2O_3 陶瓷基片，所以在图 4-34 所示的三组薄膜中都出现了明显的 Al_2O_3 衍射峰，除与薄膜中 Al_2O_3 的衍射峰相同之外，三组薄膜的钒化合价均不同。其中，图 4-34(a)为真空退火 6h 薄膜的 XRD 图谱，通过对比 XRD 的 PDF 卡片发现薄膜中包括四种相，即 VO_2、V_6O_{13}、V_6O_{11}、V_2O_5；图 4-34(b)是真空退火 8h 薄膜的 XRD 的 PDF，对比 XRD 的 PDF 卡片后发现薄膜中包括三种相，即 VO_2、V_6O_{13}、V_6O_{11}；图 4-34(c)显示经过真空退火 10h 后 VO_2 薄膜的 XRD 图谱，对比 XRD 的 PDF 卡片后发现，除了基片 Al_2O_3 的基片衍射峰外，只有 VO_2 的衍射峰，在此退火工艺下，薄膜已由退火前的 V_2O_5 多晶薄膜全部转化为 VO_2 多晶薄膜。说明退火时间的不充分能够使 VO_2 薄膜中产生一些其他的钒氧化物，并且随着退火时间的缩短，VO_2 薄膜中其他钒氧化物的种类变多。

2. 多相共存的钒氧化物薄膜中不同价态钒氧化物含量的分析

XRD 图谱只能显示物质的晶粒大小、是否结晶以及结晶程度，不能直接反映物质的含量多少，并且峰值的高低也并不一定意味着薄膜中物质含量的多少，因此只从单个样品的 XRD 图谱进行分析不能得到峰值高低与含量的关系。但在两样品的 XRD 图谱两两比较的情况下，通过观察某一衍射角度对应的衍射峰是否存在，判断薄膜中相对应物质的存在与否，以此推断出在某一时间段内各种钒氧化物含量变化趋势的方法是可行的。

将图 4-34(a)与图 4-34(b)进行对比发现，在退火 8h 薄膜的 XRD 图谱中，V_2O_5 相衍射峰消失，说明钒氧化物薄膜在退火时间 8h 后，薄膜中 V_2O_5 的含量很少，几乎没有。因此认为在钒氧化物薄膜在退火 6~8h 时，随着退火时间的延长，制备的钒氧化物薄膜中 V_2O_5 的含量在不断减少。

将图 4-34(b)与图 4-34(c)进行对比发现，退火时间为 10h 的钒氧化物薄膜 XRD 图谱中 V_6O_{11} 相衍射峰、V_6O_{13} 相衍射峰消失，说明退火时间为 10h 时，薄膜中 V_6O_{11}、V_6O_{13} 的含量很少，可以认定钒氧化物薄膜在退火时间为 8~10h 时，随着 VO_2 薄膜退火时间的延长，制备的钒氧化物薄膜中 V_6O_{11} 相、V_6O_{13} 相的含量在不断减少直至全部转化为 VO_2。

将图 4-34(a)与图 4-34(c)对比发现，退火时间 6h 的钒氧化物薄膜 XRD 图谱中 V_6O_{13}、V_6O_{11}、V_2O_5 相衍射峰在退火时间 10h 的钒氧化物薄膜衍射图中均没有出现，即在当薄膜退火时间为 10h 时，薄膜中 V_6O_{13} 相、V_6O_{11} 相的含量很少，几乎没有，在此退火时间下，薄膜中只含 VO_2 相。可以认定，钒氧化物薄膜在退火时间为 6~10h 时，随着退火时间的延长，制备的钒氧化物薄膜中 VO_2 相的含量在不断增加。

通过对各个钒氧化物薄膜的 XRD 图谱的两两分析发现，在前期镀膜工艺不改变的情况下，即各样品薄膜厚度基本不变、退火之前 V$_2$O$_5$ 含量一定的情况下，可以通过对钒氧化物薄膜不同退火时间的 XRD 图谱进行比较，得到 VO$_2$ 含量随着退火时间的变化情况。

综上所述，通过对三组样品两两进行比较得到了不同退火时间内各钒氧化物在薄膜中各相含量的变化。相较于其他两个样品，退火时间为 10h 的薄膜中 VO$_2$ 含量最多，退火时间为 6h 的薄膜中 VO$_2$ 含量最少；退火时间为 6h 的薄膜中 V$_6$O$_{11}$ 含量最多，退火时间为 10h 的薄膜中 V$_6$O$_{11}$ 含量最少。这也说明，通过对 VO$_2$ 制备工艺中退火时间的控制，能够控制薄膜中各个钒氧化物组分的含量，为制备多相共存的钒氧化物薄膜提供了制备技术支撑。

4.4.4　多相共存钒氧化物薄膜的相变温度测试

1. 测试设备及测试流程

对于钒氧化物薄膜的相变温度测试中最大的问题为实验环境温度是否能够准确测试，传统的四探针法在实际操作中有很大的局限性，即当电阻式加热板达到 VO$_2$ 薄膜相变温度点时，由于电阻式加热板上的受测 VO$_2$ 薄膜直接暴露在外界环境中，薄膜一直与外界室温进行热交换，材料处于放热状态；而当受测的 VO$_2$ 薄膜处于放热状态时，材料表面实际温度低于电阻式加热板温度；温度采集模块监测到薄膜材料的实际温度低于电阻式加热板温度时，将反馈到加热控制元件中，使电阻式加热板提高加热功率，造成测试温度的不准确和温度出现跳跃式增加。

为了提高测试 VO$_2$ 薄膜相变温度的准确性，使用的 VO$_2$ 薄膜相变温度测试装置如图 4-35 所示。

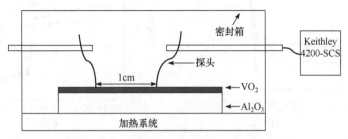

图 4-35　VO$_2$ 薄膜相变温度测试装置原理图

改进后的整个 VO₂ 薄膜的相变温度测试实验都在密封箱内进行，减少了 VO₂ 薄膜与外部环境的热交换活动，使薄膜的表面温度能与加热系统的设定温度一致，达到提高 VO₂ 相变温度测试准确性的目的。实验采用的电阻加热系统的精确度为 0.5℃，采用两探针测试系统，两探针的间距为 1cm，通过测试 VO₂ 薄膜的电阻变化得到 VO₂ 薄膜的相变温度。对 VO₂ 薄膜电阻的测试通过 Keithley 4200-SCS 电压源采集得到的伏安特性曲线计算得出。为了减小由电压源所输出的电压对薄膜相变造成的影响，电压源的电压输出为 1V，每次改变实验测试温度时，实验系统保温 5min。

2. 测试结果及分析

三组多相共存的钒氧化物薄膜样品的实验测试结果图如图 4-36 所示。图 4-36(a) 为电压源输出得到的伏安特性曲线，图 4-36(b) 为对伏安特性曲线数据整理得到的多相共存的钒氧化物薄膜的相变温度测试图。

1) 不同退火时间下伏安特性曲线分析

图 4-36(a) 中三组样品都出现了明显的电流突变。其中，对于退火时间为 6h 的多相共存钒氧化物薄膜，其电流突变最小。此现象说明，在该制备工艺条件下，多相共存钒氧化物薄膜相变时电阻数量级变化较小。退火时间为 10h 的多相共存钒氧化物薄膜的电流突变最大。此现象说明，退火时间为 10h 的多相共存的钒氧化物薄膜相变时电阻数量级变化最大。三组曲线的电流突变均出现在温度为 68℃ 左右时，没有明显的区别，说明多相共存的钒氧化物薄膜不会对 VO₂ 的相变温度产生影响。相变后三组曲线的斜率基本一致，呈平行状，说明相变后多相共存钒氧化物的电阻不变。

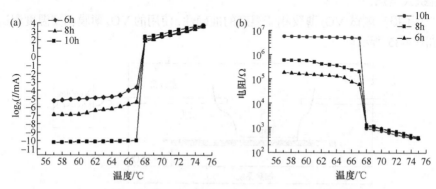

图 4-36　不同退火时间下电流与温度的关系(a)和电阻与温度的关系(b)

2) 不同退火时间下薄膜电阻与温度的关系分析

图 4-36(b) 为电阻与温度的关系图。实验结果表明，在常温状态下三组样品的

电阻均不同：退火时间为 6h 的多相共存钒氧化物薄膜的电阻最小，为 0.2MΩ；退火时间为 8h 的多相共存钒氧化物薄膜的电阻为 0.8MΩ；退火时间为 10h 的多相共存钒氧化物薄膜的电阻最大，为 4MΩ。分析三组样品中薄膜电阻各不相同的原因是多相共存钒氧化物薄膜中 VO₂ 的含量各不相同。根据 XRD 图谱分析结果可知，随着退火时间的延长，在多相钒氧化物薄膜中 VO₂ 的含量在不断增加，随着 VO₂ 含量的增加，其他相变温度低于室温的钒氧化物的含量减少，使其对 VO₂ 薄膜的电阻稀释能力变弱，从而使多相共存的钒氧化物薄膜的电阻提高。另外，在未达到相变温度时，随着实验测试温度的升高，三组多相共存钒氧化物薄膜中都出现了明显的电阻随温度升高而下降的现象，但是三组样品电阻下降的幅度却不相同，退火时间为 6h 的多相共存钒氧化物薄膜在同一温度变化区间内电阻下降得最快，退火时间为 10h 的多相共存钒氧化物薄膜在同一温度变化区间内电阻下降得最慢。

本小节中，通过测试多相共存钒氧化物薄膜的电阻判断材料是否产生相变，分别分析多相共存钒氧化物薄膜在不同温度下伏安特性曲线和温度与电阻的关系。实验结果表明，多相共存钒氧化物薄膜与本征 VO₂ 薄膜的相变温度点一致，均在 68℃左右薄膜电阻出现明显的突变；三组退火工艺不同，多相共存钒氧化物薄膜的电阻也不同，随着退火时间的延长，多相共存钒氧化物薄膜的电阻变大。

4.4.5　多相共存钒氧化物薄膜对相变临界电场强度的调控

在 VO₂ 薄膜不进行掺杂的情况下，本征的 VO₂ 相变临界电场强度为 1～10MV/m，而在本小节实验中却发现即使不掺杂离子，多相共存钒氧化物薄膜也可以实现对 VO₂ 薄膜相变临界电场强度的调整。

图 4-37 为三组不同退火时间的多相共存钒氧化物薄膜的电阻与外加电场强度的关系示意图。三组电阻-电场强度的曲线均出现在某一电场强度下电阻突变的情况。根据 VO₂ 薄膜在相变时材料会由绝缘体变为金属相，并且在 VO₂ 薄膜相变时，薄膜电阻会出现明显跳变的情况，认为三条电阻-电场强度曲线中，电阻出现突变点对应的电场强度为三组退火工艺不同的多相共存钒氧化物薄膜的相变临界电场强度。

由图 4-37 可以看出，随着多相共存钒氧化物薄膜的制备工艺中退火时间的缩短，多相共存钒氧化物薄膜的相变临界电场强度也在不断地降低。当多相共存钒氧化物薄膜的制备工艺采用退火时间为 10h 时，其相变临界电场强度为 1.8MV/m；当多相共存钒氧化物薄膜的制备工艺采用退火时间为 8h 时，其相变临界电场强度为 0.8MV/m；当多相共存钒氧化物薄膜的制备工艺采用退火温度为 6h 时，其相变临界电场强度为 0.4MV/m。同时，虽然在三组多相共存钒氧化物薄膜的制备工艺中退火时间最大差异仅为 4h，但多相共存钒氧化物薄膜的相变临界电场强度的变化却很大，例如，采用退火时间 6h 制备出的薄膜的相变临界电场强度比采用退火时间 10h 制备出的薄膜的相变临界电场强度降低约 75%。

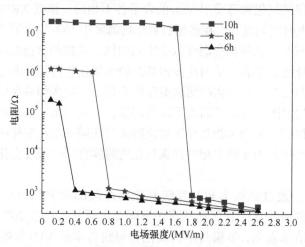

图 4-37　不同退火时间下多相共存钒氧化物薄膜的电阻与电场强度的关系

同时也发现，制备工艺不同时三组多相共存钒氧化物薄膜的电阻各不相同，并且随着多相共存钒氧化物薄膜的相变临界电场强度降低，多相共存钒氧化物薄膜的电阻也降低。采用退火时间为 10h 时，多相共存钒氧化物薄膜相变前电阻是相变后的 1.2×10^4 倍；采用退火时间为 8h 时，多相共存钒氧化物薄膜相变前电阻是相变后的 8.3×10^3 倍；采用退火时间为 6h 时，多相共存钒氧化物薄膜相变前电阻是相变后的 1.8×10^2 倍。结合 4.4.1 节认为，多相共存钒氧化物薄膜的相变临界电场强度的降低主要是通过降低薄膜电阻来实现的，而其电阻是通过薄膜中 VO_2 含量的多少决定的。多相共存钒氧化物薄膜中 VO_2 的含量越少，其他相变温度远低于室温发生相变的钒氧化物的相如 V_6O_{13}、V_6O_{11}、V_2O_5 含量越多，这些钒氧化物相对 VO_2 本征薄膜电阻的稀释越明显，在激发同样载流子的情况下，需要的电场强度越低。相应地，当多相共存钒氧化物薄膜达到相变时所需的相变临界电场强度就会越低。

随着多相共存钒氧化物薄膜中 VO_2 含量的减少，以及其他远低于室温发生相变的钒氧化物的增加，该薄膜发生相变时电阻突变的非线性越不明显。采用退火时间为 6h，外部实验电场强度未达到薄膜材料相变临界电场强度时，薄膜电阻已经出现明显的下降趋势；而采用退火时间为 10h，外部实验电场强度未达到薄膜材料相变临界电场强度时，薄膜电阻没有出现明显的下降趋势。以上结果说明，当多相共存的钒氧化物薄膜中其他远低于室温发生相变的钒氧化物含量过多时，会影响薄膜的电阻非线性特性。

　　综上所述，本书对三组多相共存钒氧化物薄膜分别进行了薄膜相变临界电场强度测试。实验发现，三组样品的相变临界电场强度均不相同，分别为 1.8MV/m、0.8MV/m、0.4 MV/m。实验发现，随着薄膜中 VO₂ 含量的降低，多相共存钒氧化物薄膜的相变临界电场强度也降低。此现象说明，在不掺杂的情况下，可以通过改变退火工艺制备多相共存钒氧化物薄膜达到对薄膜材料相变临界电场强度的调控。

参 考 文 献

[1] Jeong J W, Aetukuri N, Graf T. Suppression of metal-insulator transition in VO₂ by electric field-induced oxygen vacancy formation[J]. Science, 2013, 339(6126):1402-1405.

[2] 宋晶晶, 张津, 杨栋华. 溅射法制备 VO₂ 薄膜的研究现状[J]. 材料导报, 2007, 21(z2): 112-114.

[3] Chae B G, Kim H T, Sun J Y, et al. Highly oriented VO₂ thin films prepared by sol-gel deposition method[J]. Electrochemical and Solid-State Letters, 2006, 9(1): C12.

[4] 张克明, 赵亚溥, 何发泉, 等. Piezoelectricity of ZnO films prepared by sol-gel method[J]. Chinese Journal of Chemical Physics, 2007, 20(6): 721-726.

[5] 李宇, 孙恒虎, 赵永宏, 等. 水淬渣的胶凝活性及其形成机理[J]. 过程工程学报, 2007, 7(1): 79-84.

[6] 黄林军, 曹慧玲, 刘悦, 等. 晶体形核理论的研究进展[J]. 材料导报, 2014, 28(15):17-21, 31.

[7] 李俊生, 赵琳, 孙晶, 等. 对丁达尔效应的研究[J]. 化学教学, 2014, (1): 44-47.

[8] 曾亦可, 吴帮军, 姜胜林, 等. VOₓ 薄膜的 sol-gel 法制备[J]. 电子元件与材料, 2007, 26(4): 22-24.

[9] 王鹏 杨珊. 食人鱼溶液对盖玻片亲水性处理方法研究[J]. 应用化工, 2016, 45(7):1296-1298.

[10] 陈松伟, 侯立松. 浸渍法 VO₂ 薄膜的相变[J]. 材料研究学报, 1990, 4(4): 348-351.

[11] 杨绍利, 王军, 高仕忠, 等. V₂O₅ 溶胶-凝胶涂膜法及涂膜性能分析[J]. 化工新型材料, 2005, 33(6): 36-38.

[12] 祁洪飞, 郝维昌, 张俊英, 等. 提拉速率对聚苯乙烯二维胶体晶体微观结构的影响[J]. 功能材料, 2008, 39(11): 1912-1914, 1918.

[13] 江少群, 马欣新, 孙明仁. 溶胶-凝胶制备二氧化钒薄膜的价态研究[J]. 中国表面工程, 2005, 18(2): 39-43.

[14] 张弛, 刘梅冬, 曾亦可, 等. VO₂ 薄膜的研究和应用进展[J]. 材料导报, 2003, 17(21): 214-217.

[15] 吕凤军, 斯永敏. VO₂ 镀膜工艺与薄膜导电特性的研究[J]. 材料导报, 2004, 18(F04): 237-238.

[16] 杨绍利, 徐楚韶, 陈厚生, 等. 由工业 V₂O₅ 制取 VO₂ 薄膜[J]. 钢铁钒钛, 2002, 23(2):7-10.

[17] 马红萍. 掺杂 VO₂ 薄膜的相变机理和研究进展[J]. 人工晶体学报, 2003, 32(4): 366-370.

[18] Goodenough J B. The two components of the crystallographic transition in VO₂ [J]. Journal of Solid State Chemistry, 1971, 3(4): 490-500.

[19] Kim B, Lee Y W, Chae B, et al. Temperature dependence of the first-order metal-insulator transition in VO2 and programmable critical temperature sensor[J]. Applied Physics Letters, 2007, 90(2): 023515.

[20] Newns D M, Misewich J A, Tsuei C C, et al. Mott transition field effect transistor[J]. Applied Physics Letters, 1998, 73(6):780-782.

第 5 章 磁控溅射法 VO_2 薄膜制备及性能调控

5.1 VO_2 薄膜制备与表征方法

磁控溅射技术是一种应用很广泛的薄膜制备方法，与其他镀膜方法相比，由于其独特的制备工艺和效果而得到了广泛的应用。磁控溅射的特点可以归纳如下：可在靶材中制备包括金属、半导体和磁性材料、绝缘氧化物、陶瓷、高分子等材料的各种薄膜材料，还可用于熔点较高的材料镀膜；在溅射方式的选择中还可选择多靶共溅射，沉积不同组分物相的复合材料薄膜；也可在溅射过程中加入反应气体，如氧气、氮气等气体，通过高压电离和溅射温度的调节使得溅射过程更容易进行；通过调节反应气体压强、反应气体流量比、溅射电流电压等工艺参数可获得稳定的溅射速率。所以在本章研究中选择真空磁控溅射作为镀膜的主要方法。除此之外，薄膜的微观表征技术对于了解其微观形貌以及由此产生的对材料性能的影响规律分析至关重要。因此，本章重点介绍和分析镀膜技术、薄膜表征技术以及主要设备和使用的方法，为薄膜制备技术研究奠定基础。

5.1.1 实验材料与仪器

1. 衬底及试剂

表 5-1 给出了实验所用主要化学试剂及衬底。使用丙酮等有机溶剂来去除氧化铝上由于包装搬运等过程产生的有机物污染，使用过氧化氢以及具有强氧化性的浓硫酸混合溶液对基片进行表面活化处理，使用去离子水对基片进行清洗，氮气吹干。

表 5-1 主要化学试剂及衬底

试剂名称	化学式	形态	级别
Al_2O_3 基片	Al_2O_3	固态	99.99%分析纯
金属钒靶材	V	固态	99.99%分析纯
氩气	Ar	气体	99.99%分析纯
氧气	O_2	气体	99.99%分析纯
氮气	N_2	气体	99.99%分析纯
浓硫酸	H_2SO_4	液态	98%分析纯

続表

试剂名称	化学式	形态	级别
过氧化氢	H_2O_2	液态	分析纯
丙酮	CH_3COCH_3	液态	分析纯
无水乙醇	C_2H_5OH	液态	分析纯

2. 实验仪器

表 5-2 给出了实验制备 VO_2 薄膜的关键仪器设备,也总结了薄膜表征的仪器。使用磁控溅射镀膜技术以及基于磁控溅射和真空退火技术的 VO_2 薄膜制备技术进行 VO_2 薄膜的制备。磁控溅射镀膜机的最低气压可抽至 $1×10^{-4}Pa$,最大工作功率 300W,腔体最高工作温度 450℃;真空泵用于真空管式炉抽取真空,最低可抽至 1.3Pa;真空管式炉最高工作温度 1200℃。

表 5-2　实验仪器设备

仪器设备名称	型号
磁控溅射镀膜机	M79200-1/UM
循环水冷却器	NLX52
超声清洗器	KH-50B
真空管式炉	TL-1200
恒温加热磁力搅拌器	DF-101S
双旋片式机械真空泵	VRD-8
多晶 X 射线衍射仪	XD-Z
扫描电子显微镜	EM6200
原子力显微镜	SPA-300HV

5.1.2　制备步骤

使用磁控溅射法中的直流溅射制备 VO_2 薄膜和基于磁控溅射和真空退火工艺的"两步法"制备 VO_2 薄膜,具体如下。

本节使用磁控溅射法中的直流溅射制备 VO_2 薄膜时,为了解磁控溅射工艺参数对薄膜组分、表面形貌等的影响规律,需研究溅射温度对晶粒生长趋势的影响、溅射气压对晶体表面结构的影响、溅射氧分压对晶体组分的影响、O_2/Ar 比对平均电流密度的影响规律、气压与电压协同对溅射电流的影响。

本节还研究了一种基于磁控溅射和氧化/退火"两步法"工艺的 VO$_2$ 薄膜制备方法。为寻找合适的环境自适应电磁防护材料，制备了不同组分的 VO$_2$ 薄膜，以便更好地通过调控薄膜组分调控临界性能，并解决磁控溅射反应窗口较窄、调控难度较大的问题。实验研究了将磁控溅射与真空退火结合起来制备 VO$_2$ 薄膜的"两步法"镀膜方法，即使用磁控溅射仪制备高纯 V 薄膜，然后使用真空管式炉对薄膜进行氧化，制备表面均匀的 V$_2$O$_5$ 薄膜，最后对表面均匀的 V$_2$O$_5$ 薄膜进行真空环境下的高温退火操作，制备薄膜组分纯净和分布均匀的 VO$_2$ 薄膜。

1. 基于磁控溅射法的薄膜制备方案设计

使用磁控溅射法直接制备 VO$_2$ 薄膜，具体实验流程图 5-1 所示。

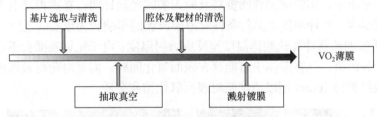

图 5-1　磁控溅射法制备流程

1) 基片的选取与清洗

基片的选取与清洗实际操作如图 5-2 所示。因为磁控溅射镀膜是在纳米级别进行薄膜的制备，所以基片表面必须清洁平整，基片的清洗就显得尤为重要。Al$_2$O$_3$ 陶瓷基片为塑料包装，且实验室并非无尘环境，考虑到生产、包装、运输途中基片表面会吸附油脂等有机物，影响溅射镀膜结果，实验前需对 Al$_2$O$_3$ 基片进行清洗[1,2]。混合清洗液 A 使用乙醇与丙酮配制，控制两者比例为 4∶1(体积比)，使用混合清洗液 A 在超声波清洗机中超声清洗基片 40min，用以清洗基片表面油脂等有机物，使基片表面洁净。因 Al$_2$O$_3$ 性质稳定，基片表面分子致密，为方便

图 5-2　基片的选取与清洗

(a) 超声波清洗；(b) 水浴加热

溅射沉积，需要再对基片表面进行清洗和活化。混合清洗液 B 使用浓硫酸与过氧化氢配制的，两者体积比为 2∶1，该清洗液具有强氧化性，也称食人鱼洗液[3]。在配置该洗液时需注意使用玻璃棒搅拌以达到降温的效果。将基片在混合清洗液 B 中 90℃水浴加热 1h，将水浴加热后的基片用去离子水冲洗干净，使用氮气吹干基片，将清洗过后的材料放入夹具置于仪器腔体中。

2) 腔体及靶材的清洗

为使溅射在清洁气体氛围中进行，避免空气中的气体分子、灰尘等不利因素对实验的影响，需要腔体内部尽可能清洁。通过分子泵可将实验腔体抽至本底真空(实验腔体可达到 10^{-4}Pa)。在高真空条件下，通过通入氩气洗气操作，持续清洗高真空的洁净腔体，以达到实验对腔内反应环境清洁的要求，磁控溅射镀膜机如图 5-3(a)所示；实验前期查阅资料及前人实践经验证明，在磁控溅射工艺中，腔体溅射温度、基片温度等溅射条件对薄膜成膜的影响较为重要(一般为 300℃以上)，可通过加热器件加热腔体温度至反应溅射温度；由于靶材表面会不可避免地出现灰尘等污染，且在腔体中可能存在表面氧化问题，需要对靶材表面进行预溅射，预溅射靶材 10min 用以清洗靶材表面氧化物和杂质。

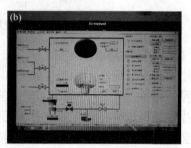

图 5-3　溅射镀膜设备
(a) 磁控溅射镀膜机；(b) 仪器操控界面

3) 溅射镀膜

由于溅射过程中氧气的含量对薄膜的成分至关重要，需要对腔体中反应气进行调节，通过调节氧气和氩气通量调整腔体内气体氛围 O_2/Ar 比；气压对溅射速率、基片表面形貌等有影响，通过调节真空泵阀门来调节腔体气压；溅射功率和溅射时间决定了薄膜的厚度，设定溅射时间和溅射功率，通过仪器操控界面进行调节，调整挡板即可开始溅射镀膜过程。

2. 结合真空退火工艺的薄膜制备方案设计

由于磁控溅射仪器较为精密，VO_2 薄膜的制备窗口较窄，反应实验成功率较低，且为达到需求的智能防护材料要求，需要对薄膜的组分及形貌进行调整，为更精确地进行工艺探索，研究了磁控溅射法和真空退火工艺相结合的"两步法"

制备 VO₂ 薄膜，具体实验流程如图 5-4 所示。

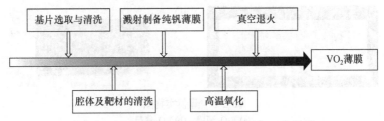

图 5-4　磁控溅射与真空退火结合制备工艺流程

实验使用磁控溅射技术制备纯钒薄膜，前期准备工作同反应溅射制备 VO₂ 薄膜一致，在溅射加入反应气时只充入氩气，设置溅射功率为 180W，溅射时间为 30min，溅射温度为 400℃，取制备得到的纯钒薄膜进行纯氧氧化处理。

1) 高温氧化

采用管式炉对纯钒薄膜进行纯氧氧化处理，由于 V₂O₅ 薄膜为实验制备的中间产物，为保证每组生成的 V₂O₅ 薄膜表面形貌、晶粒大小、薄膜厚度等因素不对后期实验产生影响，且五价钒为钒元素的最高价态，考虑采用过度反应的方法制备 V₂O₅ 晶体。为获得表面厚度均匀、形貌良好的 V₂O₅ 薄膜，使用管式炉在纯氧氛围内氧化纯钒薄膜。为使管式炉的腔体尽量清洁，在清洁管式炉时使用高纯氧对管式炉石英玻璃管洗气 10min。在气密性方面经过反复实验，考虑使用水封闭，加热至反应温度关闭排气管，如图 5-5 所示。

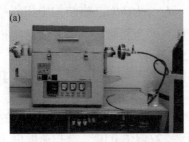
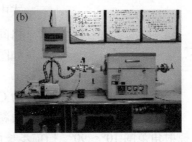

图 5-5　制备仪器
(a) 纯氧氛围下氧化纯钒薄膜；(b) 管式炉真空退火

加热至 550℃关闭排气管，在纯氧氛围下氧化纯钒薄膜 300min，氧化完成后的 V₂O₅ 薄膜呈黄色，表面均匀，如图 5-6(a)所示。

2) 真空退火

使用真空管式炉对 V₂O₅ 薄膜进行真空退火处理，因为氧分压是制备 VO₂ 中非常重要的因素，所以采用真空度为 50～90Pa 的管式炉进行退火。在不改变前一步工艺的实验条件下分别对退火温度和退火时间进行控制，研究退火温度对材料组分、晶粒大小和厚度的影响，探索制备具有环境自适应性能的 VO₂ 电磁防护材料。退火完成后的 VO_2 薄膜呈蓝黑色，表面均匀，薄膜如图 5-6(b)所示。

图 5-6 薄膜实物图

(a) V_2O_5 薄膜；(b) VO_2 薄膜

5.1.3 表征手段

1. 晶相分析

XRD 是一种基础的晶相分析手段，通过 XRD 图谱可以获悉被测晶体的晶体结构和晶体取向。

XRD 的使用原理为：特定的晶体内部原子之间的相对距离是一定的，由于 X 射线入射被测晶体发生衍射和散射，继而发生相互干涉，根据衍射方程规律，特定晶体产生的衍射线是不会发生改变的。通过提取衍射光加以分析，得以了解晶体结构。当波长为λ的 X 射线入射材料表面时，衍射角与波长满足布拉格公式：

$$2d_{(hlk)} = \sin\theta_n = n\lambda \tag{5-1}$$

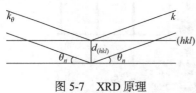

图 5-7 XRD 原理

式中，$d_{(hlk)}$ 为(hlk)晶格结构中相邻晶格的晶格间隙；θ_n 为相对应某一 n 值的半衍射角，如图 5-7 所示。

本书采用多晶 X 射线衍射仪，其射线靶为 Cu-Kα靶，采用θ-2θ连续扫描模式，扫描测角精度 2θ在±0.02°区间，X 射线的波长为 1.54Å，掠射角范围 10°~90°，扫描步长可调，2θ取值 0.02°，叠扫速度由 16(°)/min 至 0.2(°)/min 可调。获得数据后使用绘图工具绘制测量图谱，对应 PDF 卡片数据库确定晶体晶相。

2. 表面形貌分析

SEM 使用电子束扫描被测材料，通过多级传导和信号转变，最终生成薄膜表面的微观结构。相比于一般的光学显微镜，SEM 使用电子进行分析采样，拥有非常大的优势，可以突破光学透镜的限制，由电子的碰撞和接收来采样，可以通过技术的手段还原微观纳米级别材料的真实形貌。SEM 结构如图 5-8 所示，由电子发生器生成的电子经各类聚光镜聚焦后获得孔距较小的高能电子束，该电子束在微观材料表面进行聚焦，按一定的驱动法则在被测物表面来回往复扫描，激发出来的电子射线等信号被转化成微弱的电信号，经过多重放大后可通过显像管栅极得到被测样品的微观形貌结构。

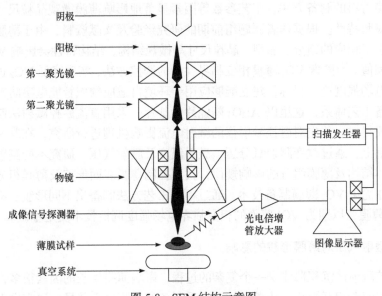

阴极
阳极
第一聚光镜
第二聚光镜
扫描发生器
物镜
成像信号探测器
光电倍增管放大器
薄膜试样
图像显示器
真空系统

图 5-8　SEM 结构示意图

本书使用的 SEM 型号为 EM6200 型仪器，具有三级电磁透镜放大，放大倍率为 20～25 万倍，可以很方便地对薄膜表面进行形貌观察。

SEM 可以对薄膜的表面形貌进行分析，但为分析薄膜晶粒的生长趋势，可以使用原子力显微镜来对薄膜表面进行表征。

原子力显微镜是一种通过原子力显微镜针尖采集信号来描绘薄膜表面形貌的分析仪。由于针尖与薄膜表面距离小至纳米级别，针尖与薄膜表面存在的范德瓦耳斯力与两者距离有很大联系，针尖扫描运动产生薄膜表面与针尖的距离差值，通过采集连接针尖的微悬臂微小形变，逐级放大信号，通过采样信号处理操纵悬臂使得针尖可与样品表面距离不变，由于针尖始终随薄膜表面的形貌做往复扫描运动，通过采集悬臂获得的位移数据，在笛卡儿坐标系中描绘薄膜表面的形貌图，得到薄膜微观结构。

原子力显微镜可由工作过程中信号的处理方式，以及针尖与样品表面接触与否分为接触式扫描、非接触式扫描以及轻敲模式三种工作方法。本实验采用的原子力显微镜的最小扫描尺寸 20μm×2μm，分辨率为 0.2nm。

5.2　磁控溅射工艺参数对薄膜的影响规律研究

探索 VO_2 薄膜相变特性规律需要建立在掌握 VO_2 薄膜制备技术的基础上，VO_2 薄膜材料的制备方法、工艺参数等因素显著地影响薄膜微观晶粒尺寸、薄膜组分等薄膜特性。根据作者课题组前期的研究经验及文献资料，由于薄膜的成膜质量决定了相应的组分、晶型、晶粒尺寸等微观结构，结构特性会影响 VO_2 薄膜的相变阈值。为探索 VO_2 薄膜相变临界性能的调控方法，实现降低 VO_2 过高的相变临界电场强度这一目标，建立能够应用于环境自适应领域智能电磁防护的 VO_2 薄膜制备工艺体系，这里以 Al_2O_3 陶瓷片为基片，采用直流磁控溅射法制备高纯 VO_2 薄膜材料。首先对磁控溅射仪的溅射电流影响机理进行研究，在掌握溅射规律的基础上，通过改变溅射氧分压、溅射温度及溅射气压，研究不同溅射条件对薄膜晶体结构及薄膜组分的影响规律，找到控制薄膜表面形貌及薄膜组分的调控方法，并优化 VO_2 薄膜制备技术。通过不同工艺方法制备出不同形貌、不同组分的 VO_2 薄膜，以期为 VO_2 薄膜的相变临界电场强度调控技术奠定基础。

5.2.1　溅射气压对薄膜形貌的影响

磁控溅射法沉积薄膜是一个复杂的过程，影响薄膜生长的因素很多，且各影响因素之间会相互影响，从微观结构上看制备的薄膜也有差异。研究发现，影响薄膜微观结构的主要因素有本底真空度、基片类型、基片温度、靶基距、溅射功率、工作气体流量、反应气体流量、溅射气压等。具体来说，溅射功率影响溅射的速率，溅射功率增大时，工作气的等离子体电流密度和电离率增大，在同一时间内轰击靶材的正离子数目会增多，溅射出来的粒子也就增多，溅射速率提高；反之，溅射功率减小时会降低沉积速率，导致薄膜结构疏松，结合力和结晶度变差。此外，工作气体流量、反应气体流量以及溅射气压也会影响薄膜的结构与性质。这几种因素相互影响，相互制约，若处理得当，则可以优化薄膜性能，改善薄膜结构。在磁控溅射制备研究中，关于溅射比例、溅射功率等的研究较多，但关于仪器溅射电压、溅射电流密度等相关研究较少。此外，在实验过程中发现溅射 O_2/Ar 比对溅射速率也有一定影响。为研究溅射 O_2/Ar 比对溅射速率的影响规律，考虑从腔体电流密度入手，研究 O_2/Ar 比对电流密度的影响，并总结出一定规律。同理，研究气压与电压协同对电流的影响，以揭示溅射工艺对薄膜质量的影响。

为揭示溅射工艺对薄膜的影响规律，本节将重点研究腔体气压、反应气 O_2/Ar 比、溅射电压等工艺参数对薄膜的影响规律，使用直流溅射纯钒靶材，溅射时间为 30min，工艺结束后通过对薄膜的测试分析给出薄膜的性能。

1. O₂/Ar 比对电流密度的影响关系

在溅射过程中阳极与阴极并不会直接接触，依靠轰击靶材的荷能粒子传递电流。荷能粒子的多少决定了靶材被轰击的程度，因此它可以间接地被看成溅射速率快慢的一种标量尺度。为计算平均电流密度，可观察图 5-9，对溅射过程进行简要分析：阴极和阳极之间的电场使腔内的气体电离并产生带电粒子，带电粒子从阳极获能轰击阴极靶材，粒子在电场的约束下以环状路径对靶材进行轰击，由于轰击靶材的位置是一个面积为 S 的圆环，可以认为电流通路的截面积为 S，平均电流密度 J 等于电流 I 与电流通路截面积 S 的比值。

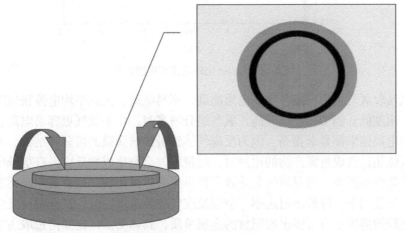

图 5-9　磁控溅射电子轰击靶材示意图

实验研究发现，在不同 O₂/Ar 比条件下，平均电流密度不同。为总结规律，采用溅射电压 320V，调节气压 O₂/Ar 比由 0 至 0.03，调节腔体气压由 0.09Pa 至 1.2Pa，重复多次实验，拟合相同条件下的实验数据，得到结果如图 5-10 所示。

通过分析图 5-10 可知，在纯氩气条件下溅射，即 O₂/Ar 比为 0，也就是不使用氧气，只是使用氩气进行溅射，平均电流密度增长速率最慢，且稳定后达到的平均电流密度最小；O₂/Ar 比为 0.01 时电流密度增长速率较快，但增长幅度较小，于腔体气压为 0.5Pa 时基本停止增长；O₂/Ar 比为 0.02 时电流密度增长速率略大于 O₂/Ar 比为 0.01 时，但增长曲线分为两个阶段，在低于 0.15Pa 时增长速率较快，0.15Pa 至 0.5Pa 增长速率减缓，但仍在增长，0.5Pa 左右平均电流密度开始稳定；O₂/Ar 比为 0.03 时平均电流密度增长速率最快，平均电流密度最大，在腔体气压为 0.2Pa 左右时增长速率开始减小。

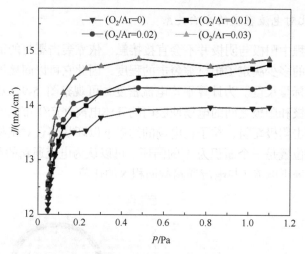

图 5-10　O_2/Ar 比对电流密度的影响

　　氩气较氧气更为稳定，第一电离能高，不易电离，因此平均电流密度增长速率慢、幅度低；当 O_2/Ar 比升高，氧气组分增多时，由于氧气更容易电离，电离幅度与电离速率都显著提高。因为反应气体流量影响薄膜的组分和结构，所以当反应气体超过合成所需产物的比例时，过量氧气会与生成物反应，有更低价态的靶原子化合物产生。过量氧气会导致产物里生成过氧化物，也会氧化靶材表面，影响靶材使用率，降低溅射速率。但当反应气体流量过小时，又会致使反应不充分，沉积的薄膜中有可能出现靶材的金属单质，具体 O_2/Ar 比如何选取还需根据溅射靶材性质以及仪器溅射参数确定。

2. 溅射气压对薄膜溅射速率的影响规律

　　前面研究了 O_2/Ar 比对电流密度的影响，得到了气压与电压协同对电流的影响规律。为研究溅射工艺对薄膜质量的影响，通过改变溅射气压、溅射温度、溅射电压、溅射 O_2/Ar 比，对不同工艺条件下的薄膜进行 XRD、SEM 测试，以便研究不同溅射气压对溅射速率的影响规律、溅射温度对晶粒生长的影响规律、溅射电压对 VO_x 薄膜表面形貌的影响规律，得到的实验结果如下。

　　考虑溅射气压对薄膜溅射速率的影响规律，实验中设定溅射时间为 30min、溅射 O_2/Ar 比为 0.015、溅射温度 400℃，溅射气压调节区间为 0.6~1.2Pa。通过对样品进行表征和分析，观察不同溅射气压对薄膜形貌的影响，图 5-11 给出了不同溅射气压条件下得到的薄膜 SEM 形貌。

　　观察图 5-11 可以得出结论，薄膜表面形貌随溅射气压的增加呈现越来越平整的趋势。当溅射气压为 0.6Pa 时，薄膜表面形貌较差，晶粒大小不均匀，晶粒长势也非常不均匀，薄膜表面出现大量凹陷；当溅射气压提升至 0.8Pa 时，薄膜表面形貌有所好转，晶体长势较为均匀，但晶粒大小依然不均匀；当腔体气压达到 1.0Pa 时，薄膜表面凹陷开始变小，开始生长出较大晶粒，表面形貌进一步变好；继续提升溅射气压，当溅射气压达到 1.2Pa 时，薄膜表面凹陷开始收缩，其晶体长势也较为一致，表面均匀性较好。可见，溅射气压在 1.2Pa 左右薄膜表面形貌最佳；为生成表面微观结构均匀的 VO₂ 薄膜，溅射气压不能低于 0.8Pa，由于继续提升溅射气压会导致溅射速率变慢，溅射气压不能超过 1.2Pa。

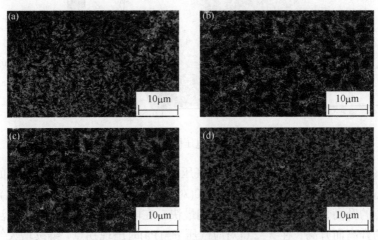

图 5-11　不同溅射压强的 SEM 形貌
(a) 溅射气压 0.6Pa；(b) 溅射气压 0.8Pa；(c) 溅射气压 1.0Pa；(d) 溅射气压 1.2Pa

　　分析认为，在一定气压范围内，随着溅射气压的升高，腔体内游离的气体分子增多，在溅射电压的激励下更多的气体分子被电离产生游离的高能粒子，轰击靶材的获能粒子增多并使得溅射辉光变强，溅射速率变快，薄膜表面形貌越来越好。从微观机理上看，由于工作气体流量会改变溅射室压力，压力过低会导致薄膜生长不均匀，压力过高会因气体浓度过高、溅射腔体气体分子数量太多而使分子平均自由程变小，最终溅射速率降低。

图 5-12　VO₂ 薄膜厚度

　　对溅射薄膜厚度进行测试。在溅射气压 1Pa，溅射温度 400℃，溅射时间 40min 时，对薄膜断面进行 SEM 表征，如图 5-12 所示，在微观层面上可以观察到磁控溅射薄膜表面较为平整，且薄膜厚度较为均匀，约为 200nm。

5.2.2　溅射电压对晶体微观生长形貌的影响

　　研究表明，薄膜微观形貌、晶粒大小对材料的临界性能具有重要影响，本节重点研究溅射工艺参数对薄膜晶粒生长和形貌的影响规律，为研究合适的薄膜制备调控方法提供依据。实验中使用磁控溅射镀膜机进行镀膜，首先研究电压区间 270～320V、溅射气压 0.047～1.8Pa 的电流和电压。为总结规律，对数据进行了必要的数学处理，通过绘图软件拟合实验数据得到图 5-13 所示的曲面。

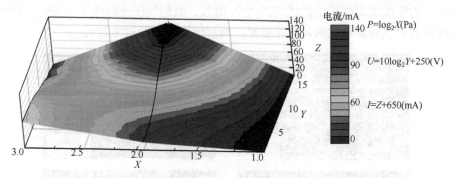

图 5-13　腔体气压与电压协同对电流的影响曲面

观察图 5-13 可得到如下结论：在气压一定的情况下，电流随着电压的升高而增大，电离程度越高，腔体气压在 X=2.0(对应 P=1Pa，在图中以黑线标出)条件下，随着电压的升高，电流的增加速率达到最快；在电压一定的情况下，电流随着腔体气压的升高而升高，在 X=2.0(对应气压 P=1Pa)时出现拐点，继续增大气压溅射电流开始逐渐减小。分析认为，气压低于 1Pa 时，随着气压的升高，气体分子数逐渐变多，电离程度逐渐变高，电流变大，而随着气体分子数变多，分子平均自由程减小，分子运动速率变慢，电离程度逐渐降低；当溅射电压低于 Y=10(对应电压 U=290V)时，由分析图像可知，电压对电流的影响作用不明显，当溅射电压高于 Y=10(对应电压 U=295V)时，电压对电流 I 的调控能力增强，在电压为 320V 时可激励得到最大电流 I。

从图 5-13 还可以总结出气压与电压协同作用对电流的影响，气压为 1Pa 时，电流随电压的增大增长速率最快；当电压小于 290V 时，电压对电流的调控能力较弱，电压高于 290V 时电流对电压的调控能力增强。在 O_2/Ar 比为 0～0.03 时，O_2/Ar 比越高，电流密度增长幅度越大，且电流密度增长速率越快。O_2/Ar 比为 0 时稳定后电流密度最低，增长速率最慢；提高 O_2/Ar 比为 0.01～0.02，电流密度增长速率均变快，稳定后的电流密度更大，溅射速率更快；O_2/Ar 比为 0.03 时，电流密度增长速率最快，稳定后电流密度最大，溅射速率最快。

上述现象可以利用气体理论、流体力学原理和气体放电理论解释。由于工作气体流量会改变溅射室气压，由伯努利定律可知，当气体源头供气压力不变时，增加溅射室里的流量，溅射室压力会降低；根据帕邢定律，溅射室气压降低会影响最小起弧电压，影响气体的电离，对溅射过程造成影响。气压太高时真空腔体内原子数量多，一方面增加了溅射出来的靶材粒子的数量，另一方面加大了粒子间的碰撞，消耗了粒子的动能，反而降低了成膜速率，薄膜的结晶度差。当溅射气压太低时会减少腔体内的工作气体和反应气体的量，从而降低沉积速率。

　　为揭示溅射电流对晶体生长的影响，使用磁控溅射仪，调节溅射气压为 1Pa，溅射温度为 400℃，O$_2$/Ar 比为 0.01，调节溅射电压，分析不同溅射电压对晶体表面生长形貌的影响。图 5-14 是 270V、295V 和 320V 溅射电压下得到的薄膜在原子力显微镜下的微结构图。分析 AFM 表面形貌图可知，溅射电压对薄膜表面形貌具有一定影响。总体来看，以颗粒状态分布，颗粒大小较为均匀，且颗粒间缝隙较为一致，分布比较致密均匀。溅射电压为 270V 时表面颗粒较小，分布密集，主要呈现垂直生长，且表面较为平整，颗粒大小约为 10nm，长度为 20nm；溅射电压为 295V 时颗粒变大，有颗粒出现倾斜生长但总体生长方向依然以垂直生长为主，颗粒大小约为 30nm，长度为 40nm；溅射电压为 320V 时颗粒大小变化幅度较小，但表面颗粒生长方向倾斜度变高且更加无序，颗粒大小约为 30nm，长度为 70nm。

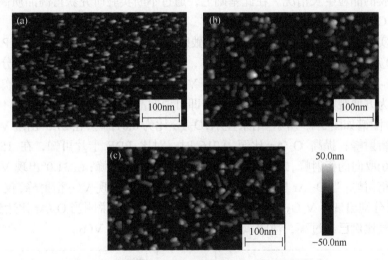

图 5-14　不同溅射电压对晶体表面生长形貌的影响
(a)溅射电压 270V；(b) 溅射电压 295V；(c) 溅射电压 320V

　　上述现象可从反应气体的电离过程来理解，溅射电压的升高，引起溅射功率的提升，溅射电流变大，反应气中被电离的离子变多，单位时间内有更多的离子被溅射出来，容易形成更多的团簇结构，薄膜沉积速率变快，团簇结构不断沉积溅射颗粒，晶体出现垂直向上生长的形貌，升高溅射电压对薄膜生长起到促进作用；随着薄膜沉积速率变快，表面颗粒生长方向发生一定变化，在高沉积速率控制下部分晶体转变为倾斜生长。

5.2.3　O₂/Ar 比对钒价态的影响

在利用溅射方法制备 VO₂ 薄膜的溅射工艺参数中，O₂/Ar 比对薄膜产物的影响至关重要。氧含量过低会导致溅射过程中没有充足的氧同金属钒离子结合，无法充分氧化生成 V^{4+}，溅射过程处于缺氧状态，薄膜组分将主要由 VO₂、V₂O₃ 等较为稳定的低价钒的氧化物组成，由于组分中并未含有 VO₂，薄膜在常温下没有温致相变特性，场致相变特性也较差；如果 O₂/Ar 比过高，反应气中氧含量过剩，因为 O₂ 属于活泼气体，在薄膜的制备中材料处于富氧状态，一般会生成黄色的 V₂O₅ 薄膜，电阻值很高，并无温致相变或场致相变特性。O₂ 的氧化性较强，且 VO₂ 薄膜的反应生成条件较为苛刻，导致 VO₂ 薄膜的制备窗口相比于其他材料较窄，相对而言工艺参数的要求较为苛刻。为研究出高质量 VO₂ 薄膜的制备工艺，探索一个合适的 O₂/Ar 比极其关键。在控制溅射温度、溅射气压、溅射功率等因素不变的条件下，通过改变腔体 O₂/Ar 比，对薄膜进行 XRD 测试了解薄膜组分、晶体取向等信息；对薄膜进行 SEM 测试，通过高倍放大，了解薄膜的微观形貌以及薄膜的晶粒生长情况。在此基础上，通过不断实验研究获得高品质高实验成功率的 O₂/Ar 比制备工艺。

在实验中设定溅射时间为 30min，溅射温度为 450℃，溅射气压为 1Pa，观察不同 O₂/Ar 比对薄膜产物的影响规律，并对样品进行必要的表征及分析。与 PDF#31-1438 卡片相比，样品中只含有 V、O、Al 三种元素，不含有未知晶体衍射峰，为方便观察，截取部分衍射图谱即可说明晶体存在的情况。提取 10°～57° 的 XRD 图谱如图 5-15 所示。结果显示，O₂/Ar 比为 0.012 时，在 27.3° 出现 VO₂(011) 取向的衍射峰；提高 O₂/Ar 比至 0.016 时，对比 PDF 卡片可知，在 15.2° 出现 VO₂(200) 取向的衍射峰，26.1° 出现 VO₂(001) 取向的衍射峰；在 31.0° 出现 VO₂(400) 取向的衍射峰；当 O₂/Ar 比提升至 0.020 时，薄膜不再出现 VO₂ 衍射峰，仅在 17.7° 和 26.8° 分别出现了 V₂O₅ 取向(002)和(003)的强衍射峰，说明当 O₂/Ar 比达到 0.020 时，氧气比例已经过高，薄膜氧化程度过高，无法生成 VO₂。

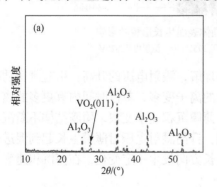
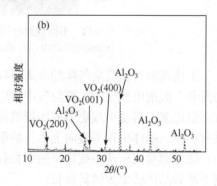

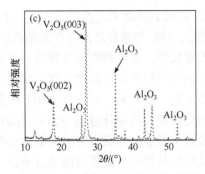

图 5-15　不同 O₂/Ar 比的 XRD 图谱

(a) O₂/Ar 比为 0.012；(b) O₂/Ar 比为 0.016；(c) O₂/Ar 比为 0.020

　　随着调控 O₂/Ar 比从 0.012 增加至 0.016，溅射反应生成了不同晶体取向的 VO₂ 薄膜，当 O₂/Ar 比达到 0.020 时薄膜不再出现 VO₂ 转而全部变成 V₂O₅，说明此时 O₂ 比例过高，已不适宜 VO₂ 薄膜的生成。

5.2.4　溅射温度对晶粒生长的影响

　　为研究溅射温度对晶粒生长性质的影响规律，在 300～500℃的温度范围内进行不同温度下的溅射镀膜。实验中设定溅射时间为 30min，溅射 O₂/Ar 比为 0.015，溅射气压为 1Pa，均保持不变，镀膜完成后对样品进行 SEM 表征和分析，观察不同溅射温度对薄膜形貌的影响，图 5-16 是不同溅射温度下制备的 VO₂ 薄膜的 SEM 形貌。

图 5-16　不同溅射温度 VO₂ 薄膜的 SEM 形貌

(a) 溅射温度 350℃；(b) 溅射温度 400℃；(c) 溅射温度 450℃；(d) 溅射温度 500℃

　　从图 5-16 中可以看出，随着反应溅射温度的升高，VO₂ 薄膜出现颗粒状生长、晶体的表面形貌逐步变平整、结晶程度越来越好、晶粒越变越大的趋势，但持续升温至 500℃时出现开裂。在溅射温度工艺参数为 350℃时晶粒较小，晶粒与晶粒之间无连接，颗粒分布疏松，颗粒与颗粒之间存在密集孔洞，晶粒大小也不均匀，产生的原因是此时溅射温度较低，基片表面能量较低，不利于晶体生长；提高溅射温度到 400℃时，薄膜表面微结构随着温度升高呈现很均匀的生长态势，并出现微观凸起；随着腔体温度进一步升高，薄膜在 450℃时条状凸起增多，晶粒开始变大，但晶体表面均匀性较差；持续升温至 500℃，晶粒大小达到最大，但由于溅射温度过高，晶体表面出现细微开裂，薄膜完整性变差。在提升退火温度的条件下，更高的退火温度给晶粒带来了更多的能量去重新排列生长，由于薄膜晶粒生长遵循表面能量的最小化原则，晶粒会择优生长，重新选择排列方向，朝着更加平坦的方向排布。

由以上实验可以得到以下结论：薄膜在 350℃时由于温度较低，不适宜晶体生长；在 400℃时晶体的成长速率较快，但晶粒生长态势不均匀；随着基片温度的升高，在 400～500℃时晶体的薄膜表面晶粒开始逐渐汇聚，形核速率逐步变快，开始形成大的基团；当温度为 500℃时晶粒之间开始出现孔状缝隙，薄膜表面微观结构开始变差。因此，溅射温度应控制在 400～500℃比较恰当。

5.3 退火处理对 VO$_2$ 薄膜的影响规律研究

从第 4 章的研究可知，磁控溅射直接镀膜制备 VO$_2$ 薄膜方法的制备窗口较窄，工艺可调控性较差，导致反应实验成功率较低。需要对薄膜的组分及形貌进行调整，更精确地进行工艺探索，这就对薄膜制备技术的操控灵活性提出了要求。考虑到磁控溅射镀膜表面均匀性好以及真空退火工艺可操作性强等特点，本章提出一种使用"两步法"制备 VO$_2$ 薄膜的技术，即首先采用磁控溅射法制备纯钒薄膜，然后在管式炉中进行氧化制备 V$_2$O$_5$ 薄膜，最后通过真空退火制备 VO$_2$ 薄膜，探索不同氧化工艺对 V$_2$O$_5$ 薄膜的影响规律，并对退火工艺对 VO$_2$ 薄膜形貌及产物的影响进行研究，为 VO$_2$ 薄膜的智能防护材料性能调控和测试奠定基础。

5.3.1 氧化工艺对 V$_2$O$_5$ 薄膜的生成和表面形貌的影响规律

目前应用较多的 VO$_2$ 制备方法有磁控溅射法和无机溶胶-凝胶法等，磁控溅射法实验工艺参数较多、精度要求较高，使得实验成功率往往较低；无机溶胶-凝胶法胶体本身的均匀性以及镀膜过程涂敷均匀性不足，导致镀膜厚度的均匀性、结晶度等性能偏差，纯度不高，很难适用于高重复性制备。有研究表明，在溶胶-凝胶法制备过程中，退火温度为 480℃。使用 0.01～13.3Pa 的真空度、退火的时间为 10min 这一制备条件，制备出的薄膜相变后的电阻值减小为相变前电阻值的万分之一，但此真空度对管式炉来说还是要求较为苛刻。为了进一步降低实验对真空度的要求，采用一种将磁控溅射法和真空退火工艺结合起来的 VO_2 制备方法，通过两个过程的控制参数优化设计，实现了高重复性 VO_2 薄膜的制备，并采用不同的实验条件，分别总结了不同退火温度下的影响规律，对比不同退火时间下的实验结果，得到了 VO_2 制备调控技术。具体实验流程如图 5-4 所示。

首先使用磁控溅射镀膜机制备纯钒薄膜，然后在管式炉中通过氧化纯钒基片得到表面厚度均匀的 V_2O_5 薄膜，最后取 V_2O_5 薄膜在不同的退火工艺下进行低压退火处理生成 VO_2 薄膜，通过退火温度、退火时间研究不同退火工艺对 VO_2 薄膜晶体微观形貌及组分的影响。前期准备工作同溅射制备 VO_2 薄膜一致，但在溅射气体选择上不使用反应气，只充入氩气进行溅射。实验过程中发现在氧化纯钒薄膜过程中薄膜会出现挥发的现象，V_2O_5 薄膜在退火过程中也会出现挥发现象。为制备大晶粒 VO_2 薄膜，采用磁控溅射镀纯钒薄膜时溅射时间延长至 120min；为制备获得表面厚度均匀、形貌良好的 V_2O_5 薄膜，使用管式炉在纯氧氛围内氧化纯钒薄膜，使用高纯氧对管式炉石英玻璃管洗气 10min，因为加热过程中管式炉内反应气会受热出现膨胀，将排气管接入去离子水进行水封闭，加热至 500℃后关闭排气管，避免管式炉内气体负压出现吸水现象，在纯氧氛围下氧化纯钒薄膜 300min，氧化结束后可以生成黄色的 V_2O_5 薄膜，表面结构和颜色均匀。进一步对薄膜进行退火处理，得到表面形貌良好、晶粒大小均匀的 VO_2 薄膜。

在薄膜制备过程中，VO_2 晶体的生长趋势可分解看作晶胞大小的生长速率和晶胞形核速率共同作用[4]。根据研究可绘制晶体的生长、晶体凝结形核进程与晶体生长环境温度关系图，如图 4-4 所示。

1. 氧化时间对 V_2O_5 薄膜微观形貌的影响

高温氧化过程中的 V_2O_5 薄膜生长情况可以根据原子运动和扩散运输理论预测分析。能斯特-爱因斯坦方程 $\vartheta = DF/(RT)$ (其中 D 为扩散系数，F 为摩尔自由能梯度的一个量度)提出，只要热能是激活能的来源，那么薄膜尺寸和晶粒生长规律就和氧化温度 T 成正相关，由此可以预测晶粒生长趋势。在氧化温度 T 不变的情况下，且激活能的来源就是热能，在一定氧化时间范围内晶粒会持续生长，随着氧化时间的延长晶粒颗粒会变大。

由于 V_2O_5 薄膜为实验制备的中间产物，为保证每组生成的 V_2O_5 薄膜表面形貌、晶粒大小、薄膜厚度等因素不对后期实验产生影响，首先应该研究如何制备表面形貌平滑、晶粒和晶胞结构均匀的 V_2O_5 薄膜。研究中改变退火时间并使用 SEM 对薄膜表面形貌进行表征。

不同氧化时间下得到的 V_2O_5 薄膜微观形貌如图 5-17 所示。可以看出，薄膜晶粒随着氧化时间的延长而变大。氧化时间为 200min 时，薄膜表面趋于平整，表面形貌变好，且晶粒大小趋于一致，但晶粒较小，粒径为 200～300nm；氧化时间延长至 250min 时，薄膜出现大粒度的晶粒，晶粒粒径由 800nm 至 300nm 不等，但以小晶粒居多；氧化时间为 300min 时，V_2O_5 薄膜表面晶粒较大，薄膜晶粒平均粒径为 800nm，晶粒长势良好，实验结果与理论预测符合较好。晶粒的大小对材料的相变临界温度和电场强度都有影响，因此可以利用氧化时间控制晶粒大小，进而可以调控钒氧化物的临界性能。

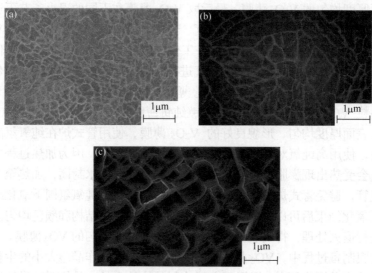

图 5-17　氧化时间对 V_2O_5 薄膜微观形貌的影响

(a) 氧化时间 200min；(b) 氧化时间 250min；(c) 氧化时间 300min

2. 不同氧化温度对 V_2O_5 薄膜组分的影响

为研究不同氧化温度对 V_2O_5 薄膜组分的影响，对薄膜进行 XRD 分析，旨在分析 V_2O_5 薄膜的组分与氧化温度的关系。图 5-18 给出了氧化温度为 400～500℃得到的 V_2O_5 薄膜 XRD 图谱。通过对比 PDF#41-1426 卡片，分析在不同氧化温度下 V_2O_5 薄膜的晶相构成，为观察方便，提取 10°～50° 的 XRD 衍射峰如图 5-18 所示，观察不同氧化温度对薄膜晶体生长的影响。

由于实验设置在纯氧环境下对薄膜进行氧化，且氧化时间为 300min，纯钒薄膜已完全被氧化，可以观察到三种氧化时间下薄膜均已由金属钒转变成 V_2O_5 晶体。观察 XRD 图谱可知，在不同氧化温度下，20.26° 均出现了 V_2O_5(001) 的强衍射峰，氧化温度为 500℃时 XRD 衍射峰最强，说明此时 V_2O_5(001) 相生长情况最好；三种不同退火温度下均可在 40.75° 观察到 V_2O_5(102) 衍射峰，500℃时 (102) 取向的衍射峰最强。经过反复实验对比，决定在 V 薄膜的氧化过程中使用氧化时间为 300min、氧化温度 500℃的实验工艺制备 V_2O_5 薄膜。

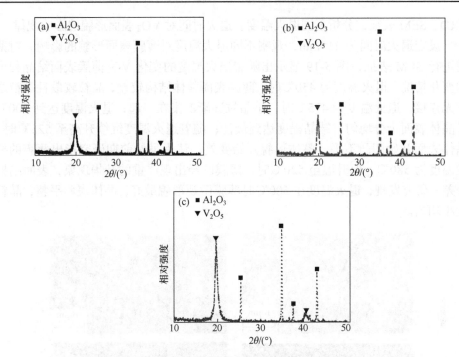

图 5-18　不同氧化温度的 V₂O₅ 薄膜 XRD 表征

(a) 氧化温度 400℃；(b) 氧化温度 450℃；(c) 氧化温度 500℃

5.3.2　退火温度对 VO₂ 薄膜的影响规律

1. 退火温度对 VO₂ 薄膜微观形貌的影响

真空退火工艺是 VO₂ 薄膜制备的重要过程。由于 V 元素价态较多，且 V^{4+} 处于不稳定的价态，制备难度相对较大，并且五价 V 还原成四价 V 的过程中，V 元素经历了高价态至低价态的一系列转变，整个退火过程伴随着还原反应、歧化反应等一系列复杂反应，整个过程对管式炉退火工艺提出了一定要求，管式炉真空度、退火温度、退火时间等制备条件对实验产物都具有很大影响。使用管式炉退火的工艺可按气压分为真空退火和常压退火，也可按气体氛围分为直接退火和添加反应气退火。由于 VO₂ 薄膜自身限制等，实验考虑采用真空退火。管式炉真空退火的工艺主要分两种：一种是管式炉通入氢气或者一氧化碳等具有还原作用的反应气，通过这类反应气体参与退火反应，经过反应气和高温共同作用生成水，通过这一过程还原 V₂O₅ 薄膜；另一种是通过降低反应氧分压，这样 V₂O₅ 薄膜可以在 600℃ 以下自发反应生成 VO₂。

根据以上计算，确定了退火温度以及退火氧分压之间的关系，利用不同退火时间、退火温度对 V₂O₅ 薄膜进行退火处理，并对不同工艺条件下的薄膜进行

XRD、SEM 表征，分析不同退火温度、退火时间对 VO_2 表面形貌的影响规律。

设定退火时间为 110min，观察不同退火温度对薄膜表面形貌的影响。对薄膜进行 SEM 表征，图 5-19 显示出随着退火温度的变化 VO_2 薄膜表面结晶程度的变化情况。退火温度为 450℃时，薄膜表面整体结构较差，晶粒较散且晶粒之间无连接；退火温度为 475℃时，小晶粒逐渐汇集在一起；退火温度达到 500℃时晶体表面十分均匀，结晶程度达到最佳；随着退火温度继续升高至 525℃时，晶体表面开始凹凸不平，整体形貌开始变差，认为虽然前期研究指出薄膜的挥发温度为 580℃，但升温至 520℃时，薄膜已经出现严重的升华现象，表面结构变差。研究发现，退火温度在 500℃时薄膜微观形貌最好，晶体表面平整，晶粒大小均匀。

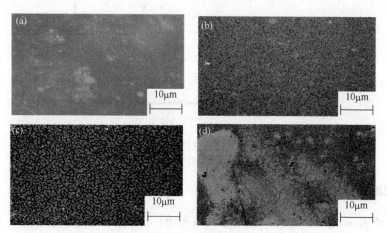

图 5-19　退火温度对薄膜表面微观形貌的影响
(a) 退火温度 450℃；(b) 退火温度 475℃；(c) 退火温度 500℃；(d) 退火温度 525℃

2. 退火温度对 VO_2 薄膜组分的影响

在退火温度对薄膜组分影响规律的研究中，使用 X 射线衍射仪来表征材料的内部组成，图 5-20 给出了不同退火温度下 V_xO_y 薄膜的 XRD 图谱。

为方便与 PDF#31-1438 卡片进行比较，提取 18°～32°的衍射图谱。结果显示，固定退火时间为 70min，在不同的退火温度下，V_2O_5 薄膜退火产生了一系列不同价态的钒氧化物。结果表明，退火温度为 450℃时薄膜中只检测出了 V_2O_5 取向 (001)的强衍射峰；退火温度为 475℃时薄膜在 20.3°依旧出现 V_2O_5 取向为(001)的衍射峰，但衍射强度明显变低，并在 26.1°出现 V_2O_5 取向为(110)的衍射峰，在 26.9°出现 V_6O_{13} 取向为(003)的衍射峰，说明此时薄膜已开始退氧，V_2O_5 薄膜开始分解；随着实验温度的升高，500℃时薄膜在 27.9°出现 VO_2 取向为(011)的衍射峰；退火温度升至 515℃，在 27.9°的衍射峰开始增强，薄膜组分生长较好，但继续升温薄膜的挥发现象会比较明显，且薄膜微观形貌变差，不适宜 VO₂ 生长，此温度达到 VO₂ 生长的临界上限。

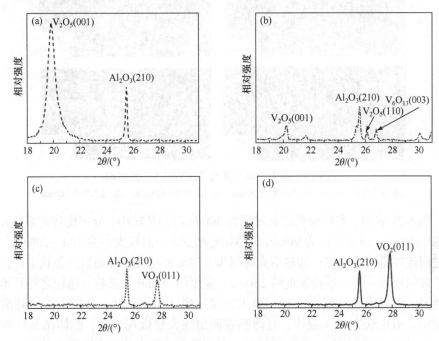

图 5-20　不同退火温度下 VₓOᵧ 薄膜的 XRD 图谱
(a) 退火温度 450℃；(b) 退火温度 475℃；(c) 退火温度 500℃；(d) 退火温度 515℃

结果表明，随着退火温度的升高，V₂O₅ 的晶体取向实现了从 V₂O₅ 取向为(001)到 V₆O₁₃ 取向为(003)再到 VO₂ 取向为(011)的转变，退火温度对薄膜晶体组分有较大影响，并且随着温度的升高，VO₂ 取向为(011)的衍射峰强度逐渐增强，但继续升温会导致薄膜挥发，形貌较差，对 VO₂ 生长产生影响，因此最佳退火温度应为 500～515℃。

5.3.3　退火时间对 VO₂ 薄膜的影响规律

1. 退火时间对薄膜微观形貌的影响

为研究退火时间对薄膜微观形貌的影响规律，设定退火温度为 500℃，并对薄膜进行 SEM 表征，观察不同退火时间对晶粒大小的影响。图 5-21 给出了 VO₂ 薄膜的晶粒大小随退火时间的变化情况。

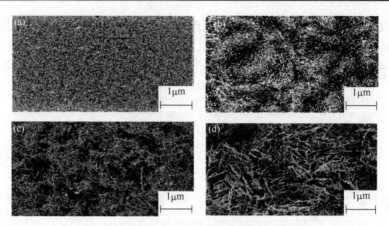

图 5-21　退火时间对薄膜表面晶粒生长的影响

(a) 退火时间 50min；(b) 退火时间 90min；(c) 退火时间 130min；(d) 退火时间 160min

图 5-21 表明，实验加热退火时间为 50min 时晶粒较小，分布比较密集，大小为 30~50nm；退火时间为 90min 时晶粒逐渐变大，晶粒大小为 100~200nm，晶粒之间连接紧密无缝隙；加热退火时间为 130min 时晶粒开始呈长条状生长，且生长方向较为一致，晶粒长度约 550nm，宽度约 200nm，晶粒与晶粒之间开始产生缝隙，但薄膜表面较为平整；退火时间达到 160min 时，晶粒大小达到微米数量级，但生长方向无规律，且薄膜表面出现大量微观突起，整体结晶性能较差。最佳退火时间应为 90~130min，在此退火区间内薄膜表面形貌较好，晶粒大小均匀。

2. 退火时间对薄膜组分的影响

为进一步了解薄膜产物和组分，设定退火温度为 515℃，使用 X 射线衍射仪表征材料的晶体结构，观察不同退火时间下 VO_2 薄膜的 XRD 图谱。为方便与 PDF#31-1438 卡片比较观察，提取了 25°~31°的 XRD 图谱如图 5-22 所示。结果显示，固定退火温度为 515℃，在不同的退火时间下，V_2O_5 薄膜退火产生了一系列不同价态、不同晶体取向的钒氧化物。分析表明，退火时间为 70min 时生成了 VO_2 取向为(011)的强衍射峰；退火时间为 100min 时薄膜在 27.9°依旧出现取向为(011)的衍射峰，但衍射强度变低，并在 26.9°出现 VO_2 取向为 ($\bar{1}$11) 的衍射峰；随着退火时间延长，退火时间至 130min 时薄膜在 26.9°出现 VO_2 取向为 ($\bar{1}$11) 的衍射峰，但衍射强度并不高，在 28.95°出现 V_8O_{15} 取向为 ($1\bar{2}$2) 衍射峰，取向为(011)的 VO_2 已经消失，说明此时薄膜组分开始变得不纯，出现 V 的其他价态；退火时间调整至 160min 时，在 26.9°生成了 VO_2 取向 ($\bar{1}$11) 的强衍射峰，此时 V_8O_{15} ($1\bar{2}$2) 衍射峰略微变强。

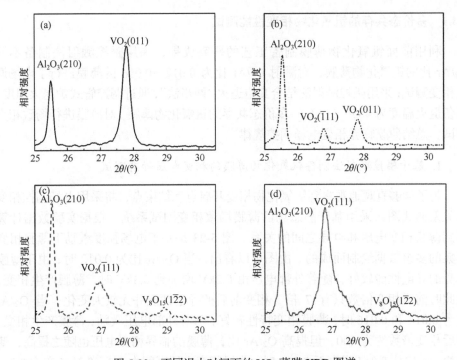

图 5-22　不同退火时间下的 VO$_2$ 薄膜 XRD 图谱

(a) 退火时间 70min；(b) 退火时间 100min；(c) 退火时间 130min；(d) 退火时间 160min

从以上分析可以看出，随着退火时间的延长，VO$_2$ 的晶体取向实现了从 (011) 到 ($\bar{1}$11) 的转变，并且随着时间的逐步延长，退火产物中出现了 V$_8$O$_{15}$，这表明 VO$_2$ 晶体已经开始析出氧，因此 VO$_2$ 退火时间应为 70～130min。

5.4　电场激励下 VO$_2$ 相变性能及其调控技术研究

为研制适应电磁防护要求的自适应电磁防护材料，本章在前期研究了不同晶粒尺寸和薄膜组分的 VO$_2$ 薄膜制备流程的基础上，对 VO$_2$ 薄膜在电场激励下的场致相变变化倍数进行研究。首先介绍静态场环境下的薄膜材料场致相变测试系统，简要介绍静态场测试系统的原理和测试方法；使用静态测试系统，对本征 VO$_2$ 薄膜以及多价态钒氧化物薄膜进行静态场测试，总结相变规律，讨论在 VO$_2$ 薄膜的场致相变过程中，关于焦耳热及电场对薄膜相变的影响规律；在前期实验中发现不同价态比例的钒氧化物对 VO$_2$ 薄膜相变阈值有影响，为调控 VO$_2$ 薄膜相变前后阈值提出了一种基于改变不同价态钒氧化物比例的调控方法，并对不同价态钒氧化物的场致相变临界参数做了大量测试，总结了多价态对钒氧化物相变特性的影响规律。

5.4.1 多价态共存的钒氧化物相变性能测试

利用前面钒氧化物薄膜制备工艺的研究成果，采用磁控溅射法制备不同 O_2/Ar 比的钒氧化物薄膜，对溅射 O_2/Ar 比为 0.012～0.016 的薄膜进行了电场调控相变测试；采用磁控溅射法结合真空退火"两步法"，通过调控管式炉退火温度，制备退火温度为 485～515℃的多价态共存的钒氧化物薄膜，对薄膜进行场致相变测试，总结薄膜临界相变电场调控规律。

1. 基于磁控溅射法制备钒氧化物薄膜的相变电压静态测试

为了能够直观地观察到钒氧化物相变开启点和结束点，将采用电场调控相变的关系曲线图，采用基于静态场的薄膜场致相变测试系统，根据实验数据计算得到薄膜相变电压和电导之间的关系。图 5-23 是基于电场强度激励下薄膜相变采集的多组数据绘制而成的。由图可以看出，当 O_2/Ar 比为 0.012 时，由于薄膜本身的导电性能较好，随着外部电压由 0.2kV 增加到 0.3kV 时，薄膜产生相变，但此时前后相变倍数只有 7 倍，相变前后的导电性能并无较大变化；当 O_2/Ar 比为 0.014 和 0.016 时，薄膜相变特性较好，随着外部电压激励，薄膜产生相变，前后相变倍数约为 400，但提高 O_2/Ar 比，薄膜的临界相变电压也随之提高，薄膜 O_2/Ar 比从 0.014 提高至 0.016 时，临界相变电压区间由 0.2～0.3kV 变为 0.3～0.4kV。实验结果表明，在 VO_2 制备工艺中 O_2/Ar 比的变化能够改变场致相变电导率变化倍数和临界相变电压。在 O_2/Ar 比为 0.012～0.016 时，利用电导数据，可以计算出电导率变化倍数随 O_2/Ar 比升高而变大，临界相变电压区间随 O_2/Ar

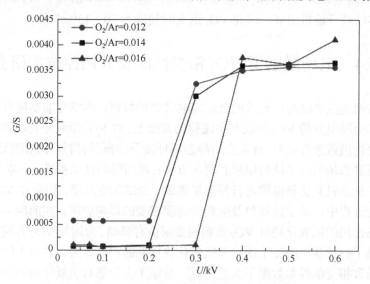

图 5-23　O_2/Ar 比对临界相变电压的影响

比升高而升高。在 O₂/Ar 比为 0.012～0.016 时，可以计算得出薄膜的电导率变化倍数随 O₂/Ar 比升高呈现越来越大的趋势，最佳 O₂/Ar 比应为 0.014～0.016，此时相变前后电导率升高约 400 倍。临界相变电压区间随 O₂/Ar 比升高而升高，结合 5.3.1 节的薄膜制备调控技术，O₂/Ar 比为 0.012 时薄膜处于缺氧溅射，含有 V₆O₁₃ 晶相，导致薄膜的相变电压较低，同理论分析吻合较好。基于磁控溅射法制备的钒氧化物薄膜相变前后电导率变化幅度较小，分析认为磁控溅射制备得到的钒氧化物薄膜结晶程度较差，晶体颗粒较小，影响薄膜的场致相变性能。

2. 磁控溅射法结合真空退火工艺制备的薄膜性质测试

实验对钒氧化物薄膜的场致相变阈值调控技术进行研究，需要制备的材料仅含有 VO₂ 和钒氧比 6：13 的材料，结合前期总结的薄膜制备规律，由于含有 V₆O₁₃ 的薄膜属于未完全退火薄膜，设定退火时间为 65min，调节退火温度为 485～515℃，对不同升降温实验条件下制备的薄膜进行静态的测试。实验表明，薄膜中 V₆O₁₃ 的含量可导致薄膜的临界相变电压发生改变。对薄膜进行 XRD 表征，如图 5-24 所示，为方便与 PDF#44-0253 卡片观察比较，提取 18°～31°的 XRD 图谱。由图可知，在退火温度为 485℃时，薄膜出现了 V₆O₁₃ 取向为(003)的强衍射峰

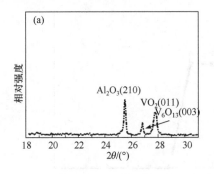
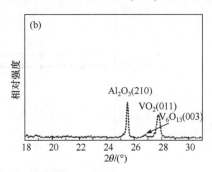

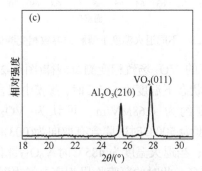

图 5-24　不同退火温度下薄膜的 XRD 图谱
(a) 退火温度 485℃；(b) 退火温度 500℃；(c) 退火温度 515℃

和 VO_2 取向为(011)的衍射峰。提高退火温度至 500℃，V_6O_{13} 衍射峰开始变弱，表明含量开始降低，在退火温度升至 515℃时薄膜已不出现 V_6O_{13} 衍射峰。薄膜产物的组分分布规律与前期工艺的研究规律相符合，对制备出的三组薄膜进行温致及场致相变测试。

　　为对薄膜的场致相变规律进行深入研究，首先初步测试温致相变现象和薄膜电阻变化情况。图 5-25 为不同退火温度下薄膜的温致相变测试。结合薄膜的 XRD 图谱观察可知，在退火温度为 485～500℃时，XRD 图谱出现 VO_2 和 V_6O_{13} 衍射峰，为多价态共存状态，此时薄膜初始阻值较低，约为 4MΩ；当退火温度为 515℃时，薄膜只含有价态为+4 价的 VO_2，阻值较高，约为 7MΩ。上述实验结果表明，V_6O_{13} 氧化物在多价态共存的钒氧化物薄膜中可以提供较高浓度的载流子，因而随着 V_6O_{13} 含量的提高，薄膜的电阻值会随之降低；反之，随着 V_6O_{13} 含量的降低以及 VO_2 含量的提高，薄膜的电阻值会升高。

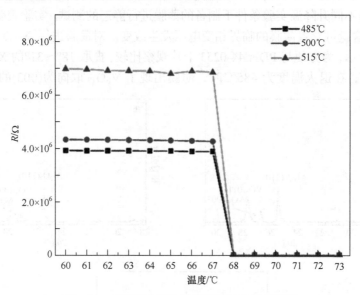

图 5-25　不同退火温度下薄膜的温致相变测试

　　根据不同退火温度下的 VO_2 场致相变测试规律(图 5-26)，结合薄膜的 XRD 图谱分析可知，退火低压状态下温度为 515℃时，薄膜中只含有 VO_2，不含 V_6O_{13}，调节临界相变电场强度约为 0.68MV/m，可认为 VO_2 的相变电场强度为 0.68MV/m；由于退火温度为 500℃时薄膜含有取向为(003)的 V_6O_{13}，薄膜临界相变电压骤变为 0.22MV/m；当退火温度为 485℃时 V_6O_{13} 晶体生长方向(003)较强，说明此时的 V_6O_{13} 组分较多，此时的薄膜临界相变电场也降低为 0.096MV/m。研究认为，由于薄膜成分并不单一，钒的氧化物呈多样化形式存在，且测试距离为 2mm，相对于薄膜的纳米厚度测试距离较宽，VO_2 晶体在薄膜中呈现与 V_6O_{13} 晶体共存的情况，根据表 1-2 给出的不同价态钒氧化物的相变温度情况可知，V_6O_{13} 在常温下已经发生相变，可为 VO₂ 相变提供载流子，场致相变中 VO₂ 与 V_6O_{13} 共存的情况导致了 VO₂ 临界相变电场强度的降低。由此可见，利用退火温度的不同可以调控 VO₂ 及其他价态钒的含量，从而实现对相变临界电场强度的调控。

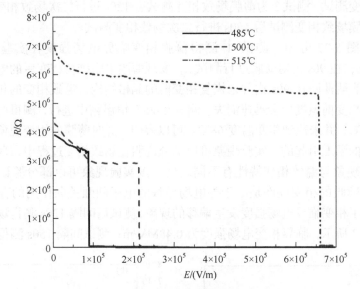

图 5-26　不同退火温度下薄膜的场致相变测试

三组实验均存在薄膜在临界相变电压之前电阻随电压升高缓慢下降的现象，分析认为这是场致相变与温致相变机制不同引起的：温致相变在温度到达相变点时所有晶体全部到达相变条件，引起自由电子跃迁，而在场致相变中可能会因为电场强度不均匀而出现部分区域电场强度较高率先形成通路，引起电阻缓慢变低。

5.4.2　VO₂ 相变驱动机制的探讨分析

本书对 VO₂ 在相的改变过程中的驱动机制进行了深入分析，现有理论以及多类实验结果对 VO₂ 相变的驱动机制有三种假说：第一种认为 VO₂ 相变是一种电子变化，即相的变化是由于电子-电子相互作用而发生的，称为 Mott 相变机制；第二种指出，VO₂ 薄膜是由于电子-声子之间的作用而发生相变，称为 Peierls 相变机制；第三种认为是第一种和第二种驱动机制的协同作用。依托不同研究成果还有多种假说和理论，但以上述三种驱动机制为主流观点。

在实验中对 Mott 相变机制这一假说进行了印证。由于薄膜相变具有可重复性，为总结相变电场强度对薄膜相变特性的影响规律，制备退火温度为 515℃，退火时间为 110min 的薄膜进行多次场致相变测试，总结场致相变规律。实验验证了在场致相变条件下的相变现象与温致相变存在的不同之处。结论表明，场致相变中起主导作用的或许是外电场导致薄膜晶格扭曲，这一现象可以部分验证主张电子-电子相互作用引起薄膜相变的 Mott 相变机制。

测试 1 为薄膜初始场致相变测试数据，测试 2 为薄膜场致相变后 90s 进行二次场致相变测试，测试 3 为薄膜场致相变测试后 120s 进行二次场致相变测试，测试 4 为薄膜场致相变测试后 150s 进行二次场致相变测试。

观察图 5-27 可知，测试 1 测得薄膜相变临界电场强度在实验条件下是 0.70MV/m；在 90s 内对薄膜进行测试 2，发现薄膜电阻维持相变后的电阻并未发生改变，表明薄膜在 90s 内并未恢复相变前的晶格结构，温致相变的相变特性在薄膜恢复相变前温度后会迅速消失。测试在 25℃恒温箱中进行，测得此时薄膜温度为 25.7℃，并未达到相变温度 68℃。可以表明，此时薄膜的相变现象并非是焦耳热产生的温度引起的，实验现象可以部分说明在场致相变过程中，薄膜晶体发生的相变现象与温致相变特性有不同之处，该实验现象可以部分验证场致相变规律中，薄膜的相变或许是由于外电场导致的电子间强关联作用的存在。实验还观测到了相变临界电场强度发生偏移的现象，测试后间隔 120s 测得场致相变特性如测试 3 所示，临界相变电场强度为 0.48MV/m；测试间隔 150s 测得场致相变

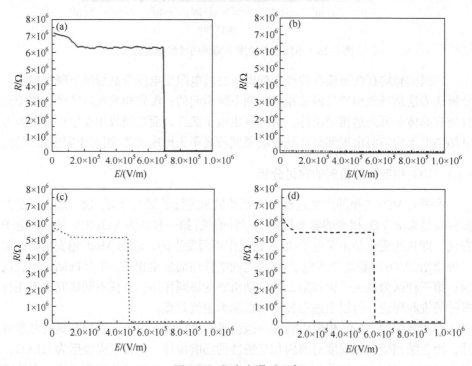

图 5-27　相变点滞后现象

(a) 测试 1；(b) 测试 2；(c) 测试 3；(d) 测试 4

特性如测试 4 所示，相变临界电场强度为 0.57MV/m。分析认为是薄膜晶粒在发生场致相变后的一段时间内，晶格并未完全从 R 相 VO₂ 恢复至 M 相 VO₂，存在缓慢恢复的阶段，在该阶段对薄膜进行场致相变测试即可观察到相变电场强度发生偏移的现象。

参 考 文 献

[1] 杨绍利, 徐楚韶, 陈厚生, 等. 由工业 V₂O₅ 制取 VO₂ 薄膜[J]. 钢铁钒钛, 2002, 23(2): 7-10.

[2] 黎春阳. Al₂O₃ 陶瓷基片的制备与研究[D]. 大连: 大连交通大学, 2008.

[3] 王鹏, 杨珊. 食人鱼溶液对盖玻片亲水性处理方法研究[J]. 应用化工, 2016, 45(7): 1296-1298.

[4] 黄林军, 曹慧玲, 刘悦, 等. 晶体形核理论的研究进展[J]. 材料导报, 2014, 28(15): 17-21, 31.

第6章　水热法 VO_2 复合薄膜制备及性能调控

6.1 引　言

目前，制备 VO_2 薄膜的方法多种多样，如磁控溅射、分子束外延、溶胶-凝胶以及脉冲激光沉积等，这些方法可以在基片上直接成膜，但对设备和工艺条件要求较高。第5章对磁控溅射制备 VO_2 薄膜技术进行了研究，但薄膜成型过程中的高温真空环境对薄膜基片要求较高，不利于大规模应用。近年来，许多研究集中在纳米粉末的制备与应用方面[1]，不同结构的纳米 VO_2 已经被成功制备，如纳米棒[2]、纳米线[3]和纳米带[4]等。Wu(吴兴才)等[5]以偏钒酸铵(NH_4VO_3)为原料，通过两步法合成了 VO_2 纳米线，Sediri 等[4]通过一步水热法，以 V_2O_5 作为钒源，以 $C_6H_5\text{-}(CH_2)_n\text{-}NH_2$ 作为结构指导模板，制备了长 $3\sim10\mu m$、宽 $100\sim375nm$ 和厚 $30\sim60nm$ 的 $VO_2(B)$ 纳米带，Popuri 等[6]通过以 V_2O_5 和柠檬酸为前驱体，在 $180℃$ 温度下持续 2h 和 $220℃$ 温度下持续 1h，成功制备了 $VO_2(B)$。通常，通过水热法制备的 $VO_2(B)$ 由于轴向生长优势而具有一维结构形态[7]，仅改变制备参数可合成一些特殊结构，如空心微球[8]、纳米环[9]、花状[10]等。$VO_2(B)$ 退火后可以转变为 $VO_2(M)$。

不同制备条件对 VO_2 形貌和相变性能都会造成较大影响。Kozo 等[11]认为退火温度可以改变 VO_2 薄膜的形状，Kumar 等[12]则认为退火时间延长可使晶粒尺寸变大，表面粗糙度和相变温度升高，迟滞宽度减小。在薄膜电性能方面，东华大学 Xu 团队[13]认为退火时间延长，可降低 VO_2 薄膜电阻，并降低场致相变阈值。但目前多数研究工作都是关于 VO_2 热诱导相变的应用[14]，VO_2 相变行为也可以由电压触发[15,16]，在信息技术中具有巨大的潜在应用价值，因此有必要系统地研究水热法制备 VO_2 的场致相变调控方法。

本章使用快速水热法和后真空退火工艺制备了 $VO_2(M)$ 纳米粉末，研究了水热反应条件和退火条件对其形貌和性能的影响，得到了 $VO_2(M)$ 微观形貌和相变性能的变化规律，分析水热法制备纳米 VO_2 的生长方向和合成机理，并制备了 $VO_2\text{-PEG}$(聚乙二醇)复合薄膜，通过对其电压响应的重复测试，得到制备条件对 VO_2 复合材料场致相变特性的影响规律。实验结果表明，VO_2 复合薄膜具有非常好的电压非线性响应或开关性能，非线性系数高，一致性好，是电压防护器件优秀的备选方案。

6.2　水热法制备 VO_2 实验方案

6.2.1　主要化学试剂与设备

本章使用的主要化学试剂如表 6-1 所示。其中，V_2O_5 可为水热法制备 VO_2 提供钒源，草酸用作还原剂，聚乙二醇(PEG)作为有机载体用于制备 VO_2-PEG 复合薄膜。VO_2 纳米颗粒及其复合材料制备和表征用到的主要仪器设备如表 6-2 所示。其中，超声波清洗器、电子天平、恒温磁力搅拌器、小型反应釜、电热鼓风干燥箱和真空冷冻干燥机用于水热法制备 $VO_2(B)$，真空管式炉用于真空退火 $VO_2(B)$ 得到 $VO_2(M)$，超声波破碎仪和电子天平用于制备 VO_2-PEG 复合薄膜，方阻电阻率测试仪用于测试并记录复合薄膜温致相变曲线，功率器件分析仪和高功率数字源表用于测试复合薄膜场致相变特性，多晶 X 射线衍射仪、扫描电子显微镜、透射电子显微镜和差示扫描量热仪用于 VO_2 纳米颗粒表征。

表 6-1　水热法制备 VO_2 用到的主要化学试剂

试剂名称	化学式
V_2O_5	V_2O_5
草酸	$H_2C_2O_4 \cdot 2H_2O$
PEG	$HO(CH_2CH_2O)_nH$
去离子水	H_2O

表 6-2　水热法制备和表征 VO_2 用到的主要仪器设备

仪器设备名称	型号
超声波清洗器	KH-50B
电子天平	HZK-FA110
恒温磁力搅拌器	DF-101S
小型反应釜	KY-PTFE 200
电热鼓风干燥箱	WGL-30B
真空冷冻干燥机	FD-1A-50
真空管式炉	TL1200
方阻电阻率测试仪	FT-341
功率器件分析仪	1505A
高功率数字源表	2657A

续表

仪器设备名称	型号
扫描电子显微镜	GeminiSEM 300
透射电子显微镜	JEOL JEM-2100
多晶 X 射线衍射仪	XD-6
变温 X 射线衍射仪	Bruker D8 Advance
差示扫描量热仪	TGA/DSC1 1600

6.2.2　制备方法

利用水热法合成纳米 VO_2。将草酸作为还原剂，溶解在 150mL 去离子水中，然后将 V_2O_5 作为钒源添加到该溶液中。然后立即将生成的黄色水溶液转移到 200mL 小型特氟龙内衬不锈钢高压反应釜中，放入 100~240℃恒温箱中，持续一定时间。冷却至室温后，过滤得到深蓝色沉淀物，并用去离子水洗涤三次，以除去残留反应物。将所制备的粉末在真空冷冻干燥机中干燥 12h，以防纳米颗粒团聚。将最终得到的蓝色粉末在真空管式炉中退火处理，可得到 VO_2 (M)。为获得 VO_2 电阻率特性，取 0.1g VO_2 粉末与 0.4mL 30%PEG 溶液混合，涂于印刷电路板 (printed-circuit board，PCB)上两电极之间(间距 1mm、宽度 2mm)，烘干后涂层厚度约为 0.1mm。实验中使用的所有化学试剂均为分析纯，无须进一步提纯。实验流程示意图如图 6-1 所示。

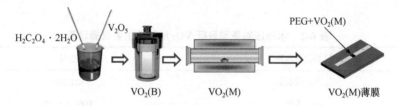

图 6-1　水热法制备纳米 VO_2 流程示意图

6.2.3　表征与测试方法

使用半导体参数分析仪进行薄膜 *V-I* 曲线测试。在 6.4.1 节中将使用 Agilent 1505B 高压源表，电压测试范围为 0~40V，并设定 0.5A 极限电流，以保护器件不被大电流损伤。在 6.4.2 节中，将使用 Keithley 2657A 高压源表进行测试，为了保护样品并得到相变后的材料电阻，在测试电路中串联 2kΩ 电阻，并设置极限电流为 50mA，电压为 0~100V，步长为 0.1V。

6.3　纳米 VO₂ 微观形貌表征与分析

6.3.1　水热温度和时间对纳米 VO₂ (B)的影响

固定反应时间 $t=12h$，以不同反应温度 $T=100℃$、$120℃$、$160℃$、$180℃$、$200℃$ 和 $240℃$ 进行六组实验，样品分别用 S11~S16 标记。反应物 V_2O_5 和草酸的物质的量之比 $R=0.2:0.6$，反应釜中填充百分比 $p=75\%$。水热反应结束后，可得到六组样品，样品 S11 为黄色产物，其他五组实验均得到了深蓝色粉末。

在水热反应釜中，V_2O_5 在高温和高压环境下，进行以下平衡反应：

$$V_2O_5+ H_2C_2O_4 \cdot 2H_2O \longrightarrow 2VO_2+2CO_2+3H_2O \tag{6-1}$$

式(6-1)表明，合成 VO₂ (B)所需的 V_2O_5 与草酸的物质的量之比为 $1:1$。然而，大量研究证实，过量还原剂是必要的[17]，因此本书选择物质的量之比为 $1:3$。

1. VO₂ (B)晶体结构分析

图 6-2 显示了不同温度下，通过水热法制备样品的 XRD 图谱。由图可以看出，水热反应产物中出现了一系列不同的衍射峰。对于 $T=100℃$ 的 S11 样品，在 $2\theta=20.31°$、$26.16°$ 和 $30.99°$ 处的三个最强峰分别可对应于前驱体 V_2O_5(PDF#72-0433)的(010)、(101)和(400)晶面，可以推断出得到的是 V_2O_5。这是因为低温时，反应釜中没有形成高温高压环境，没有足够的活化能使得还原反应式(6-1)发生。当温度升至 $120℃$ 时，$25.24°$ 处出现 VO₂(B)的(110)晶面衍射峰。通过分析 S12 和 S13 样品的 XRD 图谱，可以观察到(110)晶面衍射峰是低温反应条件下 VO₂(B)的主要暴露面。随着温度升高，(110)晶面衍射峰强度相对减弱。温度超过 $180℃$ 时，(001)和(002)相对强度会逐渐增强。此外，出现在 S14、S15 和 S16 曲线中的所有峰均可对应于 VO₂(B)衍射晶面(PDF#81-2392)，并在这些图案中未发现 V_2O_5 衍射峰。结果表明，在本实验系统中，V_2O_5 向 VO₂ (B)转变始于 $120℃$，在 $180℃$ 后可获得理想 VO₂(B)。

为进一步优化制备条件，根据上文结果，将制备温度设定为 $200℃$，调整水热制备时间，分别设置时间为 2h、5h、12h、24h 和 36h，分别用 S21~S25 标记，制备样品的 XRD 图谱如图 6-3 所示。可以看出，与增加制备温度的变化趋势基本相同。随着时间的延长，(110)晶面首先出现，且强度最强，同(002)晶面也有出现，但只有持续时间达到 12h 时，(001)晶面才会出现，此时，VO₂(B)的三强特征峰较明显。因此水热制备时间易设定为大于 12h。

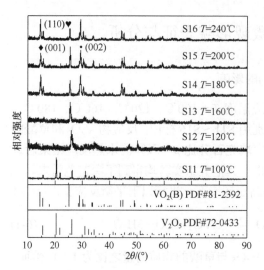

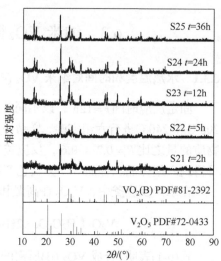

图 6-2　不同水热温度制备的 VO$_2$ (B)纳米颗粒　　图 6-3　不同水热持续时间制备的 VO$_2$ (B)
　　　　　XRD 图谱　　　　　　　　　　　　　　　　　　　　纳米颗粒 XRD 图谱

2. VO$_2$ (B)微观形貌分析

图 6-4 显示了不同温度下 S11～S16 样品的 SEM 图像。图 6-4(a)显示为片状结构，厚度约为 150nm，长度约为 1.5μm。结合前文分析结果，这些纳米片状粉末为前驱体 V$_2$O$_5$。当反应温度达到 120℃时，得到由超薄纳米带组成的絮状多孔产物，如图 6-4(b)所示。随着反应温度升高，制备产物为带状纳米结构，但由于厚度较小(小于 10nm)，颗粒无法形成自支撑，导致图 6-4(c)中纳米带在垂直于平面方向发生了弯曲和折叠。当温度达到 180℃时，基本的纳米带结构已经出现，

图 6-4　不同水热温度制备的 VO$_2$ (B)纳米颗粒 SEM 形貌

(a) 水热温度 T = 100℃；(b) 水热温度 T = 120℃，插图为局部放大图；(c) 水热温度 T = 160℃；
(d) 水热温度 T = 180℃；(e) 水热温度 T = 200℃；(f) 水热温度 T = 240℃

但从图 6-4(d)可以看出，该样品中纳米带末端并未完全成型。当温度达到 200℃时，如图 6-4(e)所示，产物为均匀纳米带结构。根据表 6-3，通过对比样品尺寸，可以得出结论，随着温度升高，纳米带长度和宽度不断减小，而厚度增加。

表 6-3　不同水热温度制备的纳米 VO₂ (B)尺寸表

条件	样品编号	温度/℃	长度/μm	厚度/nm	宽度/nm
$t = 12h$ $R = 0.2 : 0.6$ $p = 75\%$	S13	160	5.62	< 10	410
	S14	180	3.94	24	263
	S15	200	2.82	36	249
	S16	240	1.25	49	193

由不同水热持续时间制备 VO₂(B)的 SEM 形貌(图 6-5)可以看出，当水热持续时间长于 5h 时，产物为规则的带状纳米颗粒，但颗粒长度和宽度结构变化较小，说明 VO₂(B)尺寸结构主要受制备温度的影响。

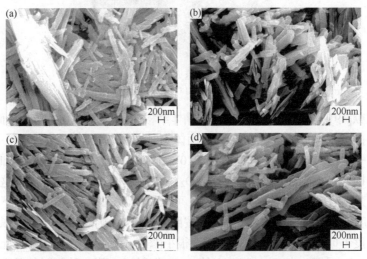

图 6-5　不同水热持续时间制备的 VO₂ (B)纳米颗粒 SEM 图
(a) 持续时间为 5h；(b) 持续时间为 12h；(c) 持续时间为 24h；(d) 持续时间为 36h

3. VO₂ (B)晶粒生长机理分析

为了解纳米 VO₂ 晶体结构随温度的变化情况，有必要研究 VO₂ 晶体生长机理。图 6-6 显示在纳米带同一点拍摄的选区电子衍射(selected area electron diffraction, SAED)图和高分辨率透射电子显微镜(high resolution transmission electron microscope, HRTEM)图。SAED 图(图 6-6(b))显示出清晰的周期性斑点，结合 XRD 测试结果中的高结晶度，表明该材料为 VO₂ 单晶。通过 HRTEM 图进一步分析样品晶体细节。相邻晶格条纹之间的间距 $D = 0.3558$nm，与单斜 VO₂ (B)的(110)晶面非常吻合(PDF#81-2392)。结合 SAED 分析结果,可以确定所制备的单晶纳米带优先生长沿[010]方向,这与文献[18]结果一致。

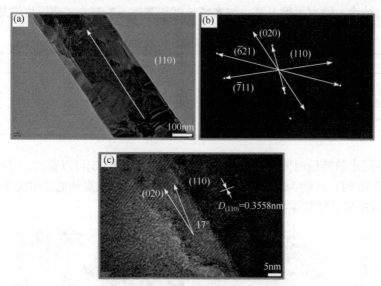

图 6-6　样品 S15 退火前透射电镜表征图
(a) TEM 图; (b) SAED 图; (c) HRTEM 图

如文献[19]所述,优先生长轴与其晶体结构有关。$VO_2(B)$由 VO_6 八面体组成,沿不同方向的生长速率取决于 VO_6 八面体相对堆积率。对于 VO_2 晶胞,平均轴长最短的 V—O 键沿[010]方向,这表明(010)晶面具有最高的晶体表面能和较低的原子密度。因此,根据 Bravais 法则,VO_2 纳米带生长应沿[010]方向,这与实验结果一致。从 VO_2 晶体结构的角度来看,可以解释 XRD 峰在不同温度下的变化情况。当温度低于 160℃时,纳米带严格按照 Bravais 法则沿[010]方向生长,使得纳米带沿长度方向生长,并且纳米带厚度很小(图 6-4(b)和图 6-5(c)),因此暴露的晶体表面为(110)晶面,与 S12 和 S13 的 XRD 衍射峰一致。随着制备温度的升高,反应釜中发生热力学结晶过程,使得沿长 V—O 键方向(即纳米带厚度方向)VO_6 八面体相对堆积率增加,最终造成纳米带厚度增加,且(001)平面被暴露,这与 S14、S15 和 S16 的 XRD 测试结果相一致。

6.3.2　水热温度和时间对纳米 VO_2 (M)的影响

1. VO_2 (M)晶体结构分析

为了获得具有相变特性的最终产物 VO_2 (M),将制得的 VO_2 (B)纳米带在真空条件下于 550℃退火 60min。图 6-7 和图 6-8 显示了退火后样品的 XRD 图谱。由图中可以看出，除 S11 之外，样品的所有衍射峰均与 VO$_2$(M)的 PDF 标准卡片(PDF#81-2392)相一致，表明水热样品全部转化为单斜 VO$_2$(M)。并且位于 $2\theta = 27.795°$、$37.088°$、$42.268°$和 $55.450°$四个主要衍射峰分别对应于(011)、(200)、(210)和(220)晶面。对于第一个样品 S11，XRD 衍射峰表明它仍然是 V$_2$O$_5$，这是因为在水热反应中未成功合成 VO$_2$(B)。

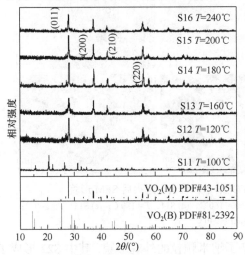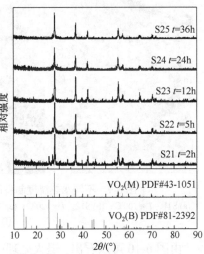

图 6-7　不同水热温度制备的 VO$_2$ 纳米颗粒退火后 XRD 图谱

图 6-8　不同水热持续时间制备的 VO$_2$ 纳米颗粒退火后 XRD 图谱

S13 样品最高谱带的半高宽(full width at half maximum, FWHM)比其他样品宽，表明 S13 样品具有较低结晶度和较高粗糙度，这将对相变性能产生负面影响。比较 S12 和 S13 退火前后的 XRD 图谱可以看出，虽然退火前 VO$_2$ 只有一个峰与 PDF 标准卡片一致，但是退火后出现了所有主晶面的衍射峰。这是因为 VO$_2$(B) 纳米带厚度太小而无法使某些晶面充分暴露。通过对 S12 样品退火处理后的 XRD 图谱分析可以得出，退火温度为 550℃、持续时间为 60min 时，样品的衍射峰可以与标准 VO$_2$(M)衍射峰相对应。研究结果进一步证实，单斜相 VO$_2$(B)(C2/m)可以通过水热法在 120℃和 12h 条件下得到，从而可以较大程度地降低 VO$_2$ 制备成本。

2. VO$_2$ (M)微观形貌分析

不同水热温度制备样品的 SEM 形貌如图 6-9 所示。可以看出，550℃退火 60min 后纳米 VO$_2$ 微观结构发生了巨大变化。S11 样品微观结构变化不大，因为它仍然是 V$_2$O$_5$，退火处理没有改变其形貌结构。与退火前结构相比，S12 样品多孔结构孔隙率降低。S13～S16 样品退火后仍保持纳米带基本形态，但 VO$_2$ 纳米带在退火过程中，部分断裂熔化，并且在纳米带轮廓上出现了锯齿状缺口。因此，可以得到两个主要结论：一是退火处理降低了纳米带长度；二是在高温退火中，部分因断裂生成的长度较短的纳米带碎片，会熔化成更小尺寸的纳米颗粒。特别地，由于厚度小，S13 纳米带中存在许多通孔缺陷(在图 6-9(c)中用圆圈标记)。

图 6-9　不同水热温度制备的 VO₂ 纳米颗粒真空退火后 SEM 形貌

(a) S11，$T=100\,℃$；(b) S12，$T=120\,℃$；(c) S13，$T=160\,℃$；(d) S14，$T=180\,℃$；(e) S15，$T=200\,℃$；
(f) S16，$T=240\,℃$

由图 6-10 可以看出，退火处理改变了纳米颗粒的外观形貌，其中 S22 形成了较多碎片，其他三个样品的纳米颗粒边缘部位出现部分溶解现象，这是因为水热制备时间越短，纳米颗粒厚度越小，在高温处理中越容易出现断裂现象。说明在水热制备时间较短或制备温度较低时，虽然可以成功制备 VO₂ 样品，但样品厚度较低，在高温退火处理中容易破坏。

图 6-10　不同水热持续时间制备的 VO₂ 纳米颗粒真空退火后 SEM 形貌

(a) S22，$t=5\text{h}$；(b) S23，$t=12\text{h}$；(c) S24，$t=24\text{h}$；(d) S25，$t=36\text{h}$

3. VO₂(M)晶粒生长机理分析

图 6-11 展示了退火后样品 S15 的 TEM 图像,可以进一步确认样品在退火后具有不规则边缘。根据 SAED 图(图 6-11(b))和 HRTEM 图(图 6-11(c)),独立的明亮衍射点和明显的晶格条纹,说明纳米带具有良好的结晶度。根据布拉格定律,图 6-11(b)中的衍射点可对应于 VO₂(M)的晶面(PDF#81-2392),并且图 6-11(b)中最靠近中心点的三个亮斑可分别对应(100)、(022)和(122)晶面。图 6-11(c)中的晶格间距 $D = 0.4662$nm,与 PDF 标准卡中(100)晶面间距一致。

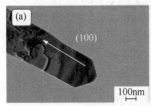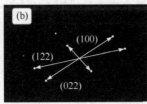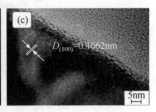

图 6-11　样品 S15 退火后透射电镜表征图
(a) TEM 图; (b) SAED 图; (c) HRTEM 图

6.3.3　退火处理对纳米 VO₂ (M)的影响

迄今为止,已发现的 VO₂ 包括 VO₂ (R)[20]、VO₂ (M)[21]、VO₂ (B)[22]、VO₂ (D)[23] 和 VO₂ (A)[24]等多个晶相,复杂相体系增加了纯 VO₂ (M)的制备难度,同时使得 VO₂ 相变行为对元素掺杂[25,26]、化学计量比[27]以及制备工艺条件[28]都很敏感,而在多数制备工艺中,退火处理是一个必要过程,对 VO₂ 薄膜的性能有很大影响。为具体研究退火条件对 VO₂(M)的影响,根据前文研究结果,设定水热制备条件为:$T = 200℃$, $t = 12$h 时,可得到 VO₂ (B)。

图 6-12 为制备纳米粉末的 XRD 图谱。由图可以看出,制备产物的三个最强峰分别为 $2\theta = 14.38°$、$25.24°$和 $29.00°$,通过与 VO₂ (B)标准卡片(PDF#81-2392) 进行对比,其分别对应于(001)、(110)和(002)晶面,并且图中没有其他物质峰出现,可以说明制备产物为高纯 VO₂ (B)。纳米粉末的 SEM 形貌如图 6-13 所示。可以看出,产物为规则纳米带结构,平均长度约为 2μm,宽度约为 300nm,厚度为 30nm。图 6-13(c)为 X 射线能谱分析图,其中 C 元素为测试用导电胶带,这可以进一步说明所制备的样品中只含 V、O 两种元素,没有杂质存在。

1. 退火处理对 M 相 VO₂ 晶体结构的影响

为研究热处理时间对 VO₂ 纳米颗粒的影响,对制备的 VO₂ (B)纳米颗粒进行真空热处理,分别设置两组实验:第一组,选择退火温度 500℃,升温速率 10℃/min,恒温时间分别为 5min、20min、30min、60min、90min 和 300min,命名为 S31~

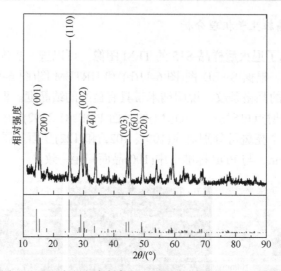

图 6-12　退火研究中制备的 VO_2 (B)纳米颗粒 XRD 曲线

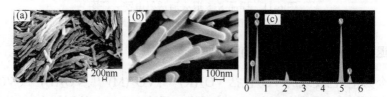

图 6-13　退火研究中制备的 VO_2(B)纳米颗粒 SEM 图

(a) 放大倍率为 2 万倍；(b) 放大倍率为 10 万倍；(c) X 射线能谱分析图

S36；第二组，设置退火时间为 60min，退火温度分别为 400℃、450℃、500℃、550℃、600℃和 650℃，并分别命名为 S41~S46。

　　图 6-14 为退火后样品的 XRD 图谱。可以看出，在前三个样品 S31、S32 和 S33 中，B 相 VO_2 和 M 相 VO_2 同时存在，根据文献[29]，这是因为在退火过程中，首先 M 相 VO_2 纳米点出现在 B 相 VO_2 纳米带的缺陷周围，随着时间的延长，M 相 VO_2 不断增多，样品中的 B 相 VO_2 含量减少，根据样品 S34、S35、S36 的结果，退火时间 $t \geqslant 60min$ 时，全部转化为 M 相 VO_2。实际上，在高温退火过程中，B 相 VO_2 首先直接生成 R 相 VO_2，此过程不可逆，温度降低后，R 相 VO_2 在 68℃ 附近发生可逆相变，最终生成 M 相 VO_2。

　　图 6-15 显示了制备样品在温度变化过程中的 XRD 图谱变化情况。常温 M 相 VO_2 与高温 R 相 VO_2 结构十分相近，其在变化过程中，晶相变化不明显，但通过放大曲线可以看到，在升温过程中，M 相 VO_2(011)衍射峰向低角度偏移形成 R 相 VO_2(110)衍射峰(图 6-15 左)，M 相 VO_2(130)衍射峰发生分裂，形成 R 相 VO_2(310)和(002)晶面衍射峰(图 6-15 右)，这两点可直接证明 VO_2 样品发生了由低温 M 相 VO_2 向高温 R 相 VO_2 的转变[30]。

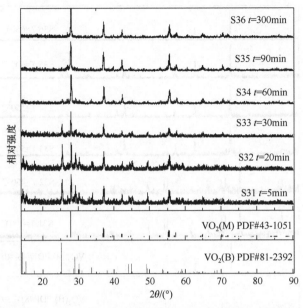

图 6-14　不同退火时间制备的 VO₂ (M)纳米颗粒 XRD 图谱

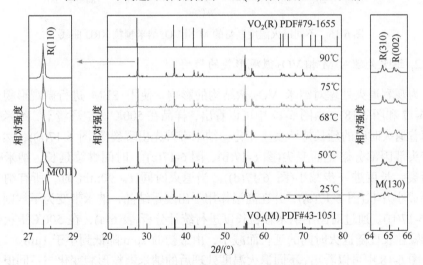

图 6-15　样品 S34 的变温 XRD 图谱

图 6-16 显示了不同退火温度处理后样品的 XRD 图谱。可以看出，退火温度在 400℃和 450℃时，样品中仍然有 B 相 VO₂ 存在；当温度高于 500℃时，样品中的 B 相 VO₂ 衍射峰消失，出现 M 相 VO₂ 衍射峰；进一步延长退火时间，衍射峰变化不明显。故在真空退火处理中，B 相 VO₂ 成功转化为 M 相 VO₂ 的最低温度为 500℃。

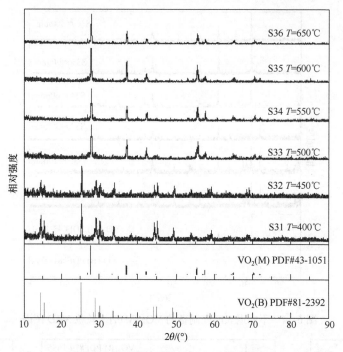

图 6-16　不同退火温度制备的 M 相 VO$_2$ 纳米颗粒 XRD 曲线

2. 退火处理对 M 相 VO$_2$ 微观形貌的影响

为观察退火处理对纳米 VO$_2$ 微结构的影响，使用 SEM 进行微观形貌观察 (图 6-17 和图 6-18)。由图 6-17 中可以看出，样品在 500℃真空环境下，纳米带形状随着退火时间的延长持续发生变化：纳米带首先出现裂缝(图 6-17(a))，然后纳米带头部因部分熔化而变尖(图 6-17(b)、图 6-17(c))，时间继续延长，纳米带发生断裂，长度进一步减小(图 6-17(d))。当退火时间 t ⩾ 90min 时，所有纳米带断裂成小片状(图 6-17(e))，并在高温作用下出现重结晶，纳米带变为不规则片状 (图 6-17(f))。通过对图中纳米颗粒长度进行统计分析(表 6-4)，在 500℃退火时，纳米颗粒长度随退火时间的延长而减小，由最初的 2μm 降低到小于 1μm。

图 6-18 中可以看出，不同退火温度处理后的纳米颗粒形貌变化与不同退火时间处理样品变化趋势基本相同，但温度对纳米颗粒形貌的影响更为严重。当温度低于 500℃时，纳米颗粒形貌基本不变；当温度为 550℃时，纳米颗粒破碎严重，形成了平均长度小于 500nm 的纳米片；温度继续升高，纳米颗粒会发生融合现象，粒径变大；温度达到 650℃时，样品中形成了块状或棒状颗粒，已经完全改变了原始纳米带结构。故根据 SEM 形貌分析和 XRD 分析结果可以确定，最佳退火温度和退火时间为 500℃和 60min。

图 6-17　不同退火时间制备的 VO$_2$ (M)纳米颗粒 SEM 形貌

(a) 退火时间为 5min；(b) 退火时间为 20min；(c) 退火时间为 30min；(d) 退火时间为 60min；
(e) 退火时间为 90min；(f) 退火时间为 300min

图 6-18　不同退火温度制备的 VO$_2$ (M)纳米颗粒 SEM 形貌

(a) 退火温度为 400℃；(b) 退火温度为 450℃；(c) 退火温度为 500℃；(d) 退火温度为 550℃；
(e) 退火温度为 600℃；(f) 退火温度为 650℃

6.4　水热法制备纳米 VO$_2$ 相变特性调控方法研究

6.4.1　水热条件对 VO$_2$ 相变特性的调控规律

　　M 相 VO$_2$ 最令人兴奋的性能是 MIT，受到外部刺激(包括热量、电压和压力)时，它会经历一阶相变。根据以上分析结果，样品 S11 没有成功制备 M 相 VO$_2$，其不会发生相变，因此下面将不再对其进行讨论。图 6-19 显示了环境温度在 30℃和 110℃之间变化时的样品差示扫描量热分析(differential scanning calorimetry，DSC)曲线。可以看出，所有 DSC 曲线在 68℃附近都有一个明显吸热峰，表明所有制备粉末都经历了热诱导相变。

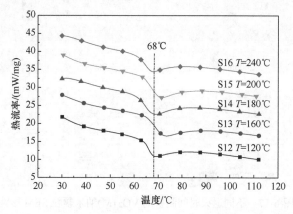

图 6-19　不同水热温度制备的 VO$_2$(M)纳米颗粒 DSC 曲线

作为相变材料，电导率的变化会对潜在应用产生巨大影响。为研究纳米颗粒场致相变性能，将制备的 VO$_2$ 粉末与 PEG 水溶液混合，制备成 VO$_2$/PEG 涂料，涂于测试电极之间。图 6-20 为样品受热后，M 相 VO$_2$ 涂层电阻的快速变化曲线。所有样品都经历了相变，电阻变化很大。显然，不同样品在相变前后，电阻存在较大差异。从图 6-21(a)可以看出，样品初始电阻会随着制备温度升高而增加。相变后涂层电阻小于 100 Ω。可以计算出相变前后电阻变化的倍数(30.00、20.80、33.30、90.48 和 202.40)。可以看出，所制备样品的最高电阻变化大于 200 倍。

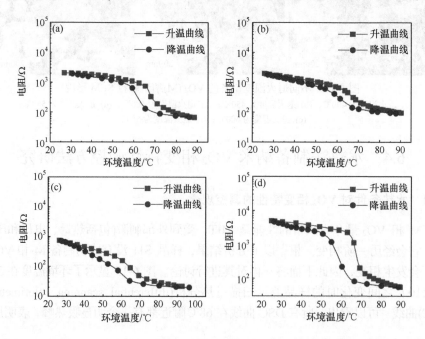

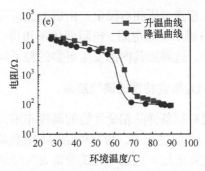

图 6-20　不同水热温度制备的 VO₂ (M)复合薄膜温致相变曲线
(a) S12；(b) S13；(c) S14；(d) S15；(e) S16

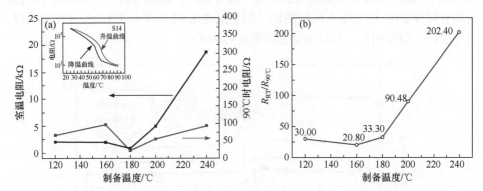

图 6-21　相变前后 VO₂ 复合薄膜的电阻值(a)和电阻变化率(b)随水热制备温度变化图(图(a)中插
图为 S14 的温致相变曲线)

　　图 6-22 证明，样品在电压下经历了更明显的 MIT 过程，由于设备电流限制，电流达到 500mA 后将不再增加。与温致相变特性类似，相变电压随着制备温度的升高而升高。由图 6-23 可以看出，第一次测试的相变电压明显高于随后的测试

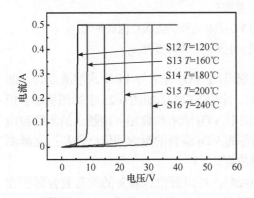

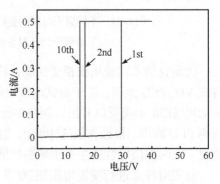

图 6-22　VO₂ 复合薄膜伏安特性曲线　　　　图 6-23　样品 S14 重复伏安测试曲线

结果,第二次之后,相变电压相对稳定。由以上分析可以看出,较高的水热制备温度有助于提高 VO$_2$ 膜层初始电阻、电阻变化率和相变电压,而 S16 制备温度最高,纳米带长度最小,这导致其内部发生更多的粒子间接触。

6.4.2 退火条件对 VO$_2$ 相变特性的调控规律

为确定退火时间对制备样品相变性能的调控作用,对样品进行了 DSC 测试。由图 6-24 可以看出,升温过程中,所有样品均有吸热峰出现;退火时间延长,吸热峰面积增大,熔变能增加。这是因为随着退火时间的延长,样品中 M 相 VO$_2$含量增加,但所有样品的相变温度均在 67.5℃附近,非常接近块状 VO$_2$ 相变温度(68℃)。这说明样品相变温度与退火时间没有关系。降温 DSC 曲线表明,所有样品均有相变发生,随着退火时间的延长相变温度由 61℃向 62℃移动,变化不明显,与升温相变温度相比,材料相变迟滞宽度约为 6℃。

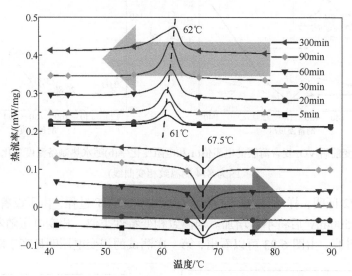

图 6-24   不同退火时间制备的 VO$_2$ (M)纳米颗粒 DSC 测试曲线

(下半部分为升温曲线,上半部分为降温曲线)

为研究纳米颗粒场致相变性能,将制备的 VO$_2$ 粉末与 PEG 水溶液混合,制备成 VO$_2$/PEG 涂料,涂于测试电极之间,涂层 SEM 图如图 6-25 上插图所示。根据涂层 SEM 形貌可以看出,制备的涂层中 VO$_2$ 纳米颗粒相互接触,纳米颗粒由超薄 PEG 修饰。根据文献[31]可知,制备的 VO$_2$ 涂料的逾渗阈值已经超过文献测定值,此时涂层电性能主要由填料性能决定。

首先对样品进行变温电阻测试(图 6-26)。可以看出,制备的所有复合薄膜在温度变化下,电阻发生突变,升温相变温度在 68℃附近。其中,S36 样品相变前后电阻变化的倍数最大，近 3 个数量级，虽然较报道的纯 VO$_2$ 电阻变化率小，但已经证明了制备的 VO$_2$ 复合薄膜能够发生可逆温度相变，且随着退火时间的延长，制备样品的电阻变化率增加。

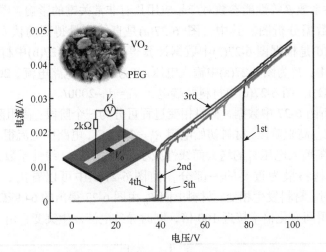

图 6-25　VO$_2$/PEG 复合薄膜伏安特性曲线(插图下为测试连接示意图，插图上为薄膜 SEM 图)

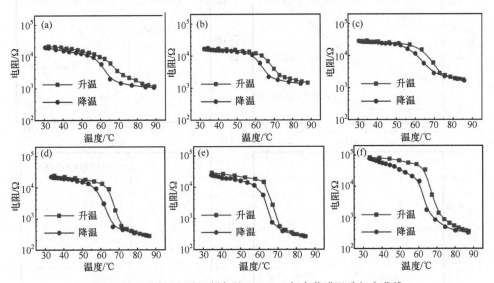

图 6-26　不同退火时间制备的 VO$_2$ (M)复合薄膜温致相变曲线
(a) S31；(b) S32；(c) S33；(d) S34；(e) S35；(f) S36

对不同退火时间制备的样品进行伏安特性测试，为防止过电流损伤 VO$_2$ 涂层，并得到相变后的电阻参数，在测试电路中串联 2kΩ 定值电阻，并限定电流小于0.05A，测试曲线如图 6-25 所示。从图中可以看出，多次重复测试所制备样品均出现电流突变现象。其中，第一次测试的材料相变电压较高(约 79V)，之后相变电压约为 40V，重复性较好。作为防护器件、可调电阻涂层的潜在应用材料，在实际应用过程中，VO_2复合材料相变电压 V_M、钳位电压 V_L、相变前后电阻(R_0' 和 R_0'')及非线性系数 β 等性能参数对产品应用具有非常关键的影响。图 6-27 为一典型样品测试数据分析图。其中，图 6-27(a)是直接测量得到的伏安特性曲线，图 6-27(b)~(d)是根据图 6-27(a)中数据计算得到的，图 6-27(b)中材料电阻 $R_0 = V_i/I$–2000(其中，V_i 为图 6-27(a)中输入电压，I 为测试中电路电流，2000 即电路中保护电阻值(Ω))，图 6-27(c)中材料两端电压 $V_0 = V_i$–2000I。

综合分析图 6-27 中数据，材料相变过程可分为三个阶段：高阻阶段、相变阶段和低阻阶段。高阻阶段，材料初始电阻 $R_0' = 241\,k\Omega$，电路中电流很小(约 20μA)，材料电阻 R_0 随输入电压 V_i 的增大而线性减小(图 6-27(b))，线性系数为 5.08kΩ/V；相变阶段是材料最为重要的一部分，由图 6-27(a)中可以看出，当输入电压 $V_i = 39.73V$ 时，材料发生相变，材料电阻 R_0 由图 6-27 得出的 64.9kΩ 急剧减小为 758Ω，电阻瞬间变化倍率接近 100 倍，同时导致电流发生突变，由 0.0563mA 变

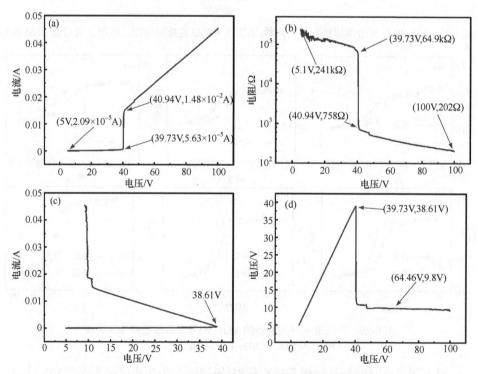

图 6-27   VO₂/PEG 复合薄膜场致相变测试曲线分析图
(a) 输入电压 V_i 与电流 I 曲线；(b) 输入电压 V_i 与材料电阻 R_0 曲线；(c) 材料两端电压 V_0 与电流 I 曲线；(d) 输入电压 V_i 与材料两端电压 V_0 曲线

为 14.8mA，此时加载在材料两端的电压为 $V_0 = 38.61V$（图 6-27(c)），则材料相变电压为 $V_M = 38.61V$，相变阶段电压与电流的非线性系数[32] $\beta = \log(I_2/I_1)/\log(V_2/V_1) = 109$（$I_1$ 和 V_1 为相变前的电流和电压；I_2 和 V_2 为相变后的电流和电压）；在低阻阶段，材料电阻线性减小，在 $V_i = 100V$ 时，材料电阻为 $R_0'' = 202\Omega$，线性系数为 $9.41\Omega/V$。由图 6-27(d)可以看出，在低阻阶段，材料两端电压基本不变，即在测试过程中，材料具有类似于二极管钳位电压特性（$V_L \approx 10V$）。

为进一步分析退火处理对材料 MIT 的影响，为材料应用提供理论支撑，对不同退火时间得到的样品分别进行伏安特性测试，每个样品测试 5 次，对材料相变电压 V_M、非线性系数 β、电阻 R_0 变化及钳位电压 V_L 等参数进行分析。图 6-28 显示了不同退火时间样品的相变电压变化趋势。

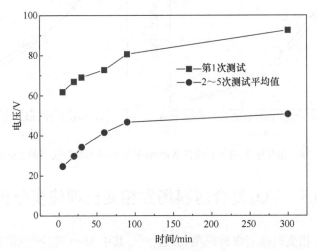

图 6-28　VO_2 纳米颗粒的相变电压随退火时间的变化曲线

从图 6-28 可以看出，所有材料第 1 次相变电压均高于之后的测试数据，说明 VO_2/PEG 复合薄膜在电压作用下需要"激活"，相变电场强度随着退火时间的延长而增加。为具体说明退火时间对材料性能的影响，表 6-4 展示了材料相变参数，材料初始电阻 R_0' 集中在 $100k\Omega$，高压电阻 R_0'' 集中在 250Ω 附近，钳位电压则集中在 10V 附近。从图 6-29 中可以看出，材料相变电压与非线性系数均随纳米带长度 L 呈指数衰减，S36 有最大非线性系数 β，将近 250。

表 6-4　不同退火时间制备的 VO_2 复合薄膜电压响应数据表

样品	退火时间/min	纳米带长度/nm	非线性系数	R_0' (V_i=5V)/kΩ	R_0'' (V_i=100V)/Ω	钳位电压/V
S31	5	2026	79.97	80.33	362.66	12.71
S32	20	1324	150.50	119.99	208.63	8.88

样品	退火时间 /min	纳米带长度 /nm	非线性系数	R_0' $(V_i=5\mathrm{V})$/kΩ	R_0'' $(V_i=100\mathrm{V})$ /Ω	钳位电压/V
S33	30	1274	154.11	105.66	225.65	9.16
S34	60	1023	189.19	114.80	224.00	11.30
S35	90	802	240.64	77.60	236.93	10.23
S36	300	783	245.79	94.33	231.48	10.56

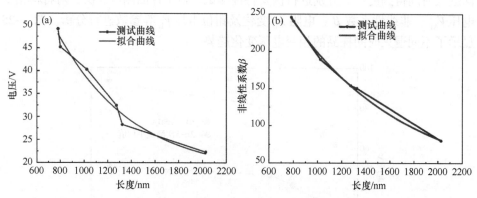

图 6-29　相变电压(a)及非线性系数(b)随 VO_2 纳米颗粒长度的变化曲线

6.5　VO_2 复合薄膜场致相变机理建模分析

　　关于 VO_2 相变机理有多种模型与理论[33]，其中 Mott 理论[34]或 Peierls 理论[35]均得到不同研究者的支持，而对 VO_2 场致相变的研究则相对较少。根据第 1 章内容，总体来说，有三种理论较为流行：第一种是 VO_2 在纯电场作用下即可发生相变[36]；第二种是直接导致 VO_2 发生相变的因素是电流引起的焦耳热作用[37]；第三种观点认为在电压作用下，VO_2 发生相变，但材料发生相变后依赖大电流引起的焦耳热来维持 VO_2 晶体的 R 相[38]。而对于 VO_2 复合薄膜相变理论研究，集中在热致变色[39]领域。研究结果认为，在无掺杂 VO_2 复合薄膜中，填料尺寸对复合薄膜相变温度有很大影响[12]，甚至有学者通过改变纳米颗粒尺寸将相变温度降至室温附近[40]，但对 VO_2 复合薄膜场致相变研究较少。通过前文实验结果分析可以看出，纳米 VO_2 长度同样对复合薄膜场致相变有重要影响。根据复合薄膜丝状传导机制[41]和等电位模型，将 VO_2 复合薄膜中载流子运动简化为如图 6-30 所示的模型。

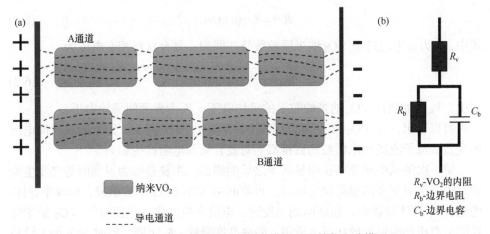

图 6-30　VO₂ 复合薄膜的导电通道模型(a)及简化电路模型(b)

　　VO₂ 薄膜主要由 VO₂ 纳米颗粒和 PEG 基质组成，非线性电压电流特性行为的机理可以由图 6-31 解释。这里认为造成 VO₂ 复合薄膜发生相变的原因，不仅包括 VO₂ 纳米粒子的相变，还有粒子之间复合材料的影响。在载流子穿过 VO₂/PEG 复合薄膜过程中，材料电阻由两部分组成：一部分是 VO₂ 纳米颗粒内部电阻 R_b，根据本征 VO₂ 相变特性，其在高电场强度作用下，电阻会急剧减小。另一部分是纳米颗粒之间有机物电阻 R_v，而载流子穿过界面间势垒主要有两种方式，高能量电子以跃迁的方式穿过，形成跃迁电流，低能量电子以量子隧穿方式越过势垒，形成隧穿电流[42]，如图 6-31 所示。根据文献[43]，颗粒间总电流在低电压下线性增加，但在高电压下，电流会迅速增加，形成非线性响应。因此，导电通道两端总电阻为

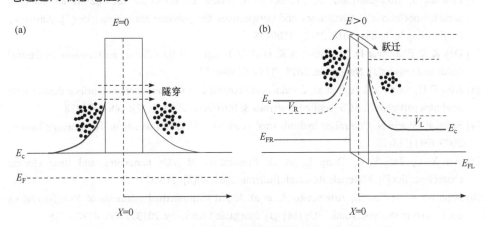

图 6-31　电场作用下颗粒间势垒变化示意图

(a) 没有外加电场($E=0$)时的势垒分布；(b) 施加外加电场($E>0$)时的势垒分布

$$R = nR_b+(n+1)R_v \tag{6-2}$$

式中，n 为导电通道中 VO_2 纳米颗粒数量。同理，复合材料相变电压为

$$V_M = nV_b+(n+1)V_v \tag{6-3}$$

式中，V_v 为加载在 VO_2 纳米颗粒上的平均电压；V_b 为界面间平均电压。

可以看出，在 VO_2/PEG 复合薄膜中，VO_2 的 MIT 行为、纳米颗粒之间电流突变及载流子流经纳米颗粒的数量都会对复合薄膜电阻产生影响。

第一次测试中相变电压明显高于之后的测试，主要是因为界面间势垒发生变化。第一次对复合薄膜施加电压时，界面间由 VO_2-PEG-VO_2 组成，形成半导体-绝缘体-半导体接触面。在高电场强度时，电流产生的焦耳热使相邻 VO_2 纳米颗粒间的有机物中形成丝状导电通道，势垒高度降低，R_b 下降，同时 VO_2 纳米颗粒分压增大，VO_2 纳米颗粒发生场致相变，最终导致材料电阻突变。在之后的测试中，部分导电通道被保留，界面两侧分压下降，使复合薄膜发生相变的总电压下降。比较电极间两条导电通道(图 6-30，A 通道和 B 通道)，因制备样品中 VO_2 掺杂浓度已经超过其在有机物中的逾渗阈值[31]，可以认为在复合体系中，VO_2 纳米颗粒几乎完全接触(颗粒之间只有几纳米厚度的有机物进行间隔)，颗粒之间间距与纳米颗粒长度相比可以忽略，所以在电极间距 L 一定的情况下，导电通道中纳米颗粒平均长度 l 越小，载流子所需克服的界面间势垒数量 $n = L/l$ 越多，根据式(6-2)和式(6-3)可以得出，纳米颗粒越小，材料初始电阻和相变电压越大。

参 考 文 献

[1] Faucheu J, Bourgeat-Lami E, Prevot V. A review of vanadium dioxide as an actor of nanothermochromism: Challenges and perspectives for polymer nanocomposites[J]. Advanced Engineering Materials, 2018, 21(2): 1800438.

[2] Dey K K, Bhatnagar D, Srivastava A K, et al. VO_2 nanorods for efficient performance in thermal fluids and sensors[J]. Nanoscale, 2015, 7(14): 6159-6172.

[3] Kim G H, Kwak Y, Lee I, et al. Conductance control in VO_2 nanowires by surface doping with gold nanoparticles[J]. ACS Applied Materials & Interfaces, 2014, 6(17): 14812-14818.

[4] Sediri F, Gharbi N. Controlled hydrothermal synthesis of VO_2(B) nanobelts[J]. Materials Letters, 2009, 63(1): 15-18.

[5] Wu X C, Tao Y R, Dong L, et al. Preparation of VO_2 nanowires and their electric characterization[J]. Materials Research Bulletin, 2005, 40(2): 315-321.

[6] Popuri S R, Miclau M, Artemenko A, et al. Rapid hydrothermal synthesis of VO_2(B) and its conversion to thermochromic VO_2 (M1)[J]. Inorganic Chemistry, 2013, 52(9): 4780-4785.

[7] Li M, Magdassi S, Gao Y L, et al. Hydrothermal synthesis of VO_2 polymorphs: Advantages, challenges and prospects for the application of energy efficient smart windows[J]. Small, 2017,

(36): 1701147.

[8] Liu H M, Wang Y G, Wang K X, et al. Design and synthesis of a novel nanothorn VO₂(B) hollow microsphere and their application in lithium-ion batteries[J]. Journal of Materials Chemistry, 2009, 19(18): 2835.

[9] Li M, Kong F, Zhang Y, et al. Hydrothermal synthesis of VO₂(B) nanorings with inorganic V₂O₅ sol[J]. CrystEngComm, 2011, (7): 2204-2207.

[10] Yin H, Yu K, Zhang Z, et al. Humidity sensing properties of flower-like VO₂(B) and VO₂(M) nanostructures[J]. Electroanalysis, 2011, (7): 1752-1758.

[11] Kozo T, Li Z, Wang Y, et al. Oxidation phase growth diagram of vanadium oxides film fabricated by rapid thermal annealing[J]. Frontiers of Materials Science in China, 2009, 3(1): 48-52.

[12] Kumar M, Singh J P, Chae K H, et al. Annealing effect on phase transition and thermochromic properties of VO₂ thin films[J]. Superlattices and Microstructures, 2020, 137: 106335.

[13] Meng Y F, Sang J X, Liu Z, et al. Micro-nano scale imaging and the effect of annealing on the perpendicular structure of electrical-induced VO₂ phase transition[J]. Applied Surface Science, 2019, 470: 168-176.

[14] Ji H N, Liu D Q, Cheng H F, et al. Inkjet printing of vanadium dioxide nanoparticles for smart windows[J]. Journal of Materials Chemistry C, 2018, 6(10): 2424-2429.

[15] Yoon J, Lee G, Park C, et al. Investigation of length-dependent characteristics of the voltage-induced metal insulator transition in VO₂ film devices[J]. Applied Physics Letters, 2014, 105(8): 083503.

[16] Costa C, Pinheiro C, Henriques I, et al. Electrochromic properties of inkjet printed vanadium oxide gel on flexible polyethylene terephthalate/indium tin oxide electrodes[J]. ACS Applied Materials & Interfaces, 2012, 4(10): 5266-5275.

[17] Vostakola M F, Yekta B E, Mirkazemi S M. The effects of vanadium pentoxide to oxalic acid ratio and different atmospheres on the formation of VO₂ nanopowders synthesized via sol-gel method[J]. Journal of Electronic Materials, 2017, (11): 6689-6697.

[18] Zhao Q Q, Jiao L F, Peng W X, et al. Facile synthesis of VO₂(B)/carbon nanobelts with high capacity and good cyclability[J]. Journal of Power Sources, 2012, 199: 350-354.

[19] Liu J F, Li Q H, Wang T H, et al. Metastable vanadium dioxide nanobelts: Hydrothermal synthesis, electrical transport, and magnetic properties[J]. Angwandte Chemie International Edition, 2004, 43(38): 5048-5052.

[20] Ji S D, Zhao Y G, Zhang F, et al. Direct formation of single crystal VO₂(R) nanorods by one-step hydrothermal treatment[J]. Journal of Crystal Growth, 2010, 312(2): 282-286.

[21] Zhang Y, Zhang J, Zhang X, et al. Direct preparation and formation mechanism of belt-like doped VO₂(M) with rectangular cross sections by one-step hydrothermal route and their phase transition and optical switching properties[J]. Journal of Alloys and Compounds, 2013, 570: 104-113.

[22] Zhang K F, Bao S J, Liu X, et al. Hydrothermal synthesis of single-crystal VO₂(B) nanobelts[J]. Materials Research Bulletin, 2006, 41(11): 1985-1989.

[23] Song Z D, Zhang L M, Xia F, et al. Controllable synthesis of VO₂(D) and their conversion to

VO₂ (M) nanostructures with thermochromic phase transition properties[J]. Inorganic Chemistry Frontiers, 2016, 3(8): 1035-1042.

[24] Ji S D, Zhang F, Jin P. Selective formation of VO₂ (A) or VO₂ (R) polymorph by controlling the hydrothermal pressure[J]. Journal of Solid State Chemistry, 2011, 184(8): 2285-2292.

[25] 张娇, 李毅, 刘志敏, 等. 掺钨 VO₂ 薄膜的电致相变特性[J]. 物理学报, 2017, 66(23): 238101.

[26] 覃源, 李毅, 方宝英, 等. 钨钒共溅掺杂二氧化钒薄膜的制备及其光学特性[J]. 光学学报, 2013, 33(12): 1231002-1-1231002-6.

[27] Chen L D, Wang X F, Wan D Y, et al. Tuning the phase transition temperature, electrical and optical properties of VO₂ by oxygen nonstoichiometry: Insights from first-principles calculations[J]. RSC Advances, 2016, 6(77): 73070-73082.

[28] Ji S D, Zhang F, Jin P. Preparation of high performance pure single phase VO₂ nanopowder by hydrothermally reducing the V₂O₅ gel[J]. Solar Energy Materials and Solar Cells, 2011, (12): 3520-3526.

[29] Dai L, Cao C X, Gao Y F, et al. Synthesis and phase transition behavior of undoped VO₂ with a strong nano-size effect[J]. Solar Energy Materials and Solar Cells, 2011, 95(2): 712-715.

[30] Wu C Z, Zhang X D, Dai J, et al. Direct hydrothermal synthesis of monoclinic VO₂ (M) single-domain nanorods on large scale displaying magnetocaloric effect[J]. Journal of Materials Chemistry, 2011, 21(12): 4509-4517.

[31] Antonova K V, Kolbunov V R, Tonkoshkur A S. Structure and properties of polymer composites based on vanadium dioxide[J]. Journal of Polymer Research, 2014, 21(5): 422.

[32] Pillai S C, Kelly J M, Ramesh R, et al. Advances in the synthesis of ZnO nanomaterials for varistor devices[J]. Journal of Materials Chemistry C, 2013, 1(20): 3268-3281.

[33] Qazilbash M M, Brehm M, Chae B G, et al. Mott transition in VO₂ revealed by infrared spectroscopy and nano-imaging[J]. Science, 2007, 318(5857): 1750-1753.

[34] Zylbersztejn A, Mott N F. Metal-insulator transition in vanadium dioxide[J]. Physical Review B: Condensed Matter and Materials Physics, 1975, 11(11): 4383-4395.

[35] Gervais F, Kress W. Lattice dynamics of oxides with rutile structure and instabilities at the metal-semiconductor phase transitions of NbO₂ and VO₂[J]. Physical Review B: Condensed Matter and Materials Physics, 1985, 31(8): 4809.

[36] Rozen J, Lopez R, Haglund R F, et al. Two-dimensional current percolation in nanocrystalline vanadiumdioxide films[J]. Applied Physics Letters, 2006, 88(8): 081902.

[37] Kumar S, Pickett M D, Strachan J P, et al. Local temperature redistribution and structural transition during joule-heating-driven conductance switching in VO₂[J]. Advanced Materials, 2013, 25(42): 6128-6132.

[38] Joushaghani A, Jeong J, Paradis S, et al. Electronic and thermal effects in the insulator-metal phase transition in VO₂ nano-gap junctions[J]. Applied Physics Letters, 2014, 105(23): 231904.

[39] Zeng W, Chen N, Xie W. Research progress on the preparation methods for VO₂ nanoparticles and their application in smart windows[J]. CrystEngComm, 2020, 22(5): 851-869.

[40] Whittaker L, Jaye C, Fu Z G, et al. Depressed phase transition in solution-grown VO₂

nanostructures[J]. Journal of the American Chemical Society, 2009, 131(25): 8884-8894.

[41] Wang Z S, Zeng F, Yang J, et al. Resistive switching induced by metallic filaments formation through poly(3, 4-ethylene-dioxythiophene): Poly(styrenesulfonate)[J]. ACS Applied Materials & Interfaces, 2012, 4(1): 447-453.

[42] Mamunya E P, Davidenk V V, Lebedev E V. Effect of polymer-filler interface interactions on percolation conductivity of thermoplastics filled with carbon black[J]. Composite Interfaces, 1996, 4(4): 169-176.

[43] Yang W H, Wang J, Luo S B, et al. ZnO-decorated carbon nanotube hybrids as fillers leading to reversible nonlinear I-V behavior of polymer composites for device protection[J]. ACS Applied Materials & Interfaces, 2016, 8(51): 35545-35551.

第7章 包覆改性 VO_2 纳米颗粒的制备及其相变特性调控方法研究

7.1 引　言

利用水热法制备纳米结构 VO_2[1]，具有纯度高、形貌可调、成型灵活等优点，是大规模应用 VO_2 的理想选择。但在第 6 章研究过程中发现，纳米 VO_2 粉体颗粒小、比表面积大和表面自由能高，造成其热力学稳定性差，在长期存储过程中[2]或者在高于 300℃的空气中[3]，容易被氧化为 V_2O_5，而 V_2O_5 能够溶解在酸性环境中，形成 V^{3+} 或者 V^{5+} 等离子化合物，大大降低了 VO_2 粉体使用寿命。另外，VO_2 作为典型无机金属氧化物，颗粒表面缺少与无机水溶液相融合的羟基以及与有机物相结合的羧基，使之分散性较差，稳定性不高，特别是分散在水凝胶基质中[4]。不均匀分散会进一步加剧材料的性能弱化，在应用中受到很大限制。所以对纳米 VO_2 粉体进行表面改性处理是必需的。

许多文献已经证实，通过表面包覆处理后 VO_2 的抗氧化性能可以得到明显提高，透光性得到增强，表面包覆是改性处理纳米 VO_2 颗粒的有效途径[5,6]。表面包覆就是通过在纳米颗粒表面包覆一层或多层抗氧化性物质，如二氧化钛[7]、二氧化硅[8]和氧化锌[9]等，阻断钒元素与氧离子接触，大大减缓氧化速度，提高使用寿命[10]。包覆层同时可为颗粒提供更多羟基键[11]，提高在水溶液中的分散性[8]，并可提高硅烷偶联剂的作用效果，改善与其他有机物之间的相容性。华东理工大学 Wang 等[8]基于改进 Stober 法，使用聚乙烯吡咯烷酮(polyvinylpyrrolidone，PVP)预处理，改善了 SiO_2 成壳质量，SiO_2 厚度为 4~25nm 可调。中国科学院上海硅酸盐研究所 Jin 团队[10]基于微乳液方法合成了 $VO_2(M)@SiO_2$ 纳米粒子，改善了 VO_2 太阳能调节效率。上海大学 Wang 等[12]基于 Stober 法制备了 $VO_2@SiO_2$ 核壳纳米粒子，SiO_2 层光滑均匀，厚度约为 5nm，抗氧化性温度提高了 25℃。可以看出，通过表面 SiO_2 包覆技术处理后的 VO_2，抗氧化性能和分散性都得到了明显提高[11]，且透光率得到改善。但包覆处理对于 VO_2 场致相变性能的作用规律仍然是未知的，因此有必要对包覆改性 VO_2 场致相变调控效果进行专门研究。

本章利用 Stober 法对 VO_2 纳米颗粒(VO_2 nanometer particles，VO_2 NPs)表面进行 SiO_2 包覆改性处理，成功制备了 $VO_2@SiO_2$ 核壳结构纳米颗粒($VO_2@SiO_2$ NPs)，SiO_2 包覆层一致性较高，纳米颗粒抗氧化性得到了明显提高。通过将样品材料与 PVP 有机体混合，制备了复合材料。测试发现 SiO_2 包覆层厚度小于 3nm 时，复合材料能够在温度和电压作用下发生电阻突变现象，且场致相变非线性系数随着包覆层厚度的增加而增加，说明可以通过改变包覆层 SiO_2 厚度来调控 VO_2 复合材料的相变性能。

7.2 VO₂ 包覆改性实验方案

7.2.1 主要化学试剂与设备

本章用的主要化学试剂如表 7-1 所示。其中，VO_2 为实验室自制得到，正硅酸乙酯(tetraethoxysilane，TEOS)和氨水用于合成 SiO_2，PVP 用于制备 VO_2 填充型复合薄膜。本章使用的主要仪器设备如表 7-2 所示。

表 7-1 VO₂@SiO₂ 制备用到主要化学试剂

试剂名称	化学式
VO₂ 纳米颗粒	VO_2
正硅酸乙酯(TEOS)	$Si(C_2H_5O)_4$
氨水	$NH_3 \cdot H_2O$
去离子水	H_2O
无水乙醇	C_2H_6O
聚乙烯吡咯烷酮(PVP)	$(C_6H_9NO)_n$

表 7-2 VO₂@SiO₂ 制备用到的主要仪器设备

仪器设备名称	型号
恒温磁力搅拌器	DF-101S
真空冷冻干燥箱	FD-1A-50
超声波清洗器	KH-100E
酸性滴定管	—
手持式 pH 计	PH-100A
电子天平	HZK-FA110
高功率数字源表	2657A
方阻电阻率测试仪	FT-341
扫描电子显微镜	GeminiSEM 300
透射电子显微镜	JEOL JEM-2100
多晶 X 射线衍射仪	XD-6
X 射线光电子能谱分析仪	ESCALAB 250Xi

7.2.2   VO₂@SiO₂制备方法

VO₂(M)合成方案如第 6 章内容所述,即采用水热法合成 VO₂。典型制备方法如下:将 15.12g 草酸和 7.28g V₂O₅ 分散在 150mL 去离子水中,然后将黄色水溶液转移到 200mL 聚四氟乙烯内衬的小型反应釜中,然后将反应釜置于 200℃恒温箱中,保温 12h,所得样品经真空冷冻干燥后,在管式炉中 600℃真空退火 60min,即可得到具有相变性能的 VO₂ (M)。

使用 Stober 方法制备 SiO₂ 包覆 VO₂ 颗粒。首先将制备的 VO₂(M)纳米颗粒 1g 加入 400mL 去离子水和无水乙醇混合溶液中(水和乙醇体积比为 1∶3),超声分散 30min,加入 2mL 28%氨水溶液,搅拌均匀后,溶液 pH 为 10.17。然后在高速搅拌状态下,10min 内滴入一定量含 1%TEOS 的乙醇,继续反应 12h。抽滤、清洗、真空干燥后,得到 SiO₂ 包覆 VO₂ 颗粒。TEOS 水解生成 SiO₂ 的化学反应方程式为

$$Si(C_2H_5O)_4 + 2H_2O \Longrightarrow 4C_2H_5OH + SiO_2 \tag{7-1}$$

通过加入不同量的 TEOS 来调节 SiO₂ 包覆层厚度,分别将 TEOS 添加量为 0μL、20μL、50μL、100μL、150μL、300μL 的样品定为 1#~6#样品。为了获得 VO₂ 电阻率特性,将 VO₂ 与 PVP-K360 混合制备复合材料,并将其涂覆于 FR-4 板上两个电极之间。实验中使用的所有化学试剂均为分析纯,没有进一步提纯。

7.2.3   表征方法

本章使用 SEM、TEM、XPS 和 TG-DSC 等多种手段对制备的 VO₂@SiO₂ 进行表征,重点对 XPS 和 TG-DSC 进行介绍。

1. XPS

XPS 工作原理是用 X 射线辐射样品,来激发原子或分子内层电子,辐射出的电子就是光电子。以光电子动能/束缚能为纵坐标可做出光电子能谱图,从而获得待测物组成情况。XPS 可以进行元素的定性分析、半定量分析、固体表面分析及化合物结构表征等材料性能分析。实验中,分析室真空度为 8×10^{-10}Pa,激发源采用 AlKα 射线($h_v = 1486.6$eV),工作电压 12.5kV,灯丝电流 16mA,并进行 10 次循环信号累加。测试通能(passing-energy)全谱为 100eV,窄谱为 30eV,步长 0.05eV,停留时间 40~50ms,选择 V、O、Si 和 C 四种元素进行精细谱分析,并以 C_{1s} 结合能 284.80eV 为能量标准进行荷电校正。

2. 同步热分析仪(TG-DSC)

热重分析(thermogravimetric analysis,TG)是在程序控制温度下,测量物质质量与温度或时间关系的方法。热重分析主要应用在金属合金、地质、高分子药物

研究等方面，通过分析热重曲线，获得样品及中间产物的组成、热稳定性、热分解等情况。TG-DSC 则是在加温过程中同时对样品质量和吸放热情况进行同步分析记录，可分析出相变与质量变化之间的关系。实验中，将样品放在敞开的铝制坩埚中，以空气为反应氛围，加热范围为常温～600℃，升温速率为 10℃/min。

在恒温箱中测试复合薄膜电阻率随温度的变化特性，并利用方阻电阻率测试仪记录温度和材料电阻。使用高功率数字源表 2657A 测试材料直流相变特性，为防止电流过大，根据材料初始电阻选择 2kΩ 或 8kΩ 电阻，串联于测试电路中，并设置最大电流为 50mA 或 20mA。

7.3　VO₂@SiO₂ 纳米颗粒表征与分析

7.3.1　微观结构分析

图 7-1 展示了没有添加 TEOS 的 VO₂ NPs 1#样品(图 7-1(a))和添加 150μL TEOS 包覆处理后的 VO₂@SiO₂ NPs 5#样品(图 7-1(c))的 SEM 图。由图中可以看出，包

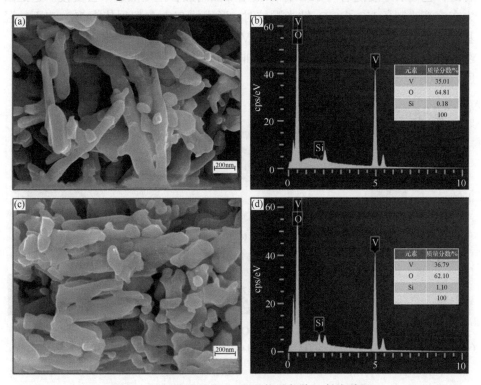

图 7-1　VO₂ NPs 的 SEM 图和能量色散 X 射线谱图

(a) 1#VO₂ 样品 SEM 图；(b) 1#样品能量色散 X 射线谱图；(c) 5#样品 SEM 图；(d) 5#样品能量色散 X 射线谱图

覆处理后的 VO₂@SiO₂ NPs 与原始 VO₂ NPs 形貌基本相同,包覆处理没有改变颗粒外观形貌,并且在材料中没有形成新的杂质粒子,如 SiO₂ 粒子等。图 7-1(b) 和(d)为样品能量色散 X 射线谱图,可以看出,两组样品主要由 V 和 O 元素组成,且元素比例约为 1∶2,与 VO₂ 中的钒氧比例相同。1#样品中的 Si 元素含量非常低,可以认为是设备误差引起的。当 TEOS 添加量为 150μL 时,EDS 谱图中出现了 Si 元素峰位,含量为 1.1%。这是因为包覆处理后在 VO₂ NPs 表面形成了 Si 或 Si 的氧化物。

　　为进一步观察制备的 VO₂@SiO₂ NPs,对样品进行 TEM 测试,如图 7-2 所示。在没有添加 TEOS 的情况下(图 7-2(a)),颗粒表面比较光滑,没有明显色差出现。而添加少量 TEOS 后,VO₂ 颗粒表面即出现明显包覆层。当 n_{TEOS} = 20μL 时(图 7-2(b)),包覆层厚度约为 1.1nm;当 n_{TEOS} = 50μL 时,包覆层厚度为 1.4～2.9nm,但包覆层厚度不均匀,个别部位没有完全包覆(如图 7-2(c)圆圈所示位置)。包覆层不完整性有利于氧离子与内部 VO₂ 接触,对颗粒抗氧化性不利。而当 TEOS 加入量大于 100μL 时,颗粒表面可以形成光滑且均匀的包覆层。由图 7-3 可以看出,包覆层厚度随着 TEOS 添加量增加而增加,但增加速率会变慢。这是因为在溶液法制备 VO₂@SiO₂ 纳米颗粒时,形成的 SiO₂ 包覆层依靠 VO₂ 表面的羟基进行吸附,本章中使用的核心物质 VO₂ 是通过水热和真空退火方法合成的,经过高温处理后,VO₂ 周围的羟基量非常少,包覆层厚度增加,吸附力减弱,所以 SiO₂ 包覆层厚度较小。

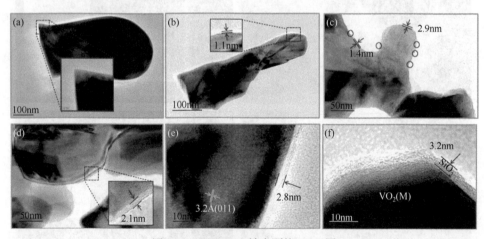

图 7-2　VO₂@SiO₂ 纳米颗粒 TEM 图

(a) 对比样品,没有添加 TEOS(1#); (b) TEOS 量为 20μL(2#); (c) TEOS 量为 50μL(3#); (d) TEOS 量为 100μL(4#); (e) TEOS 量为 150μL(5#); (f) TEOS 量为 300μL(6#)

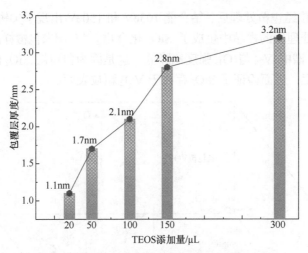

图 7-3　包覆层厚度与 TEOS 添加量的关系曲线

7.3.2　晶型结构分析

图 7-4 为 SiO₂ 包覆后纳米颗粒的 XRD 图谱。结果表明，样品的所有衍射峰均与 VO₂ (M)标准卡片(PDF#81-2392)相对应。位于 $2\theta = 27.79°$、$37.08°$、$42.26°$ 和 $55.45°$ 处的四个主衍射峰分别归属于(011)、(200)、(210)和(220)晶面。包覆处理没有改变 VO₂ 纳米颗粒晶体结构。从图中没有发现 SiO₂ 衍射峰，可以推断，在水溶液中生成的 SiO₂ 包覆层为非晶态。

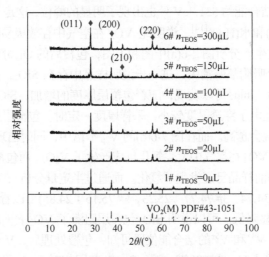

图 7-4　VO₂@SiO₂ 颗粒 XRD 图谱

VO₂ 纳米颗粒表面包覆情况可以进一步通过 XPS 测试确定。1#、3#和 5#样品 XPS 谱图如图 7-5 所示。本章中 XPS 数据通过 C₁ₛ结合能 284.8eV 进行校正[13]。图 7-5

中 VO_2 纳米颗粒经包覆处理后，结合能 103eV 和 150eV 出现了尖锐的 Si_{2p} 和 Si_{2s} 峰，说明包覆处理后的样品中生成了 SiO_2 化合物。与 1#未包覆样品相比，3#和 5#样品的 XPS 谱中 V_{2p} 与 O_{1s} 强度比降低，这是因为包覆层 SiO_2 降低了核结构 VO_2 的衍射强度，进而验证了 SiO_2 存在于 VO_2 颗粒表面。

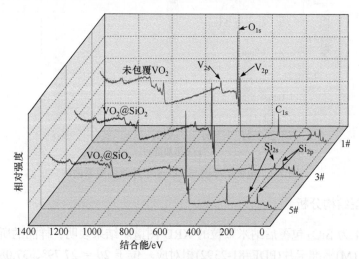

图 7-5　$VO_2@SiO_2$ 纳米颗粒 XPS 谱线

　　VO_2 和 $VO_2@SiO_2$ 的 O_{1s}、V_{2p}、Si_{2p} 高分辨率 XPS 图谱如图 7-6 所示。由图 7-6(a) 可知，三组样品均出现了 V—O 键(约 529.88eV)，说明样品中含有钒的氧化物。而 图 7-6(a)下图中，结合能约 531.8eV 处也出现了明显的峰位，这是 VO_2 表面吸附的氧 如自由羟基(—OH)和水(H_2O)[14]。说明纯 VO_2 在空气中存放极易吸附空气中的氧，而促进氧化反应发生。分析图 7-6(a)中图和上图，包覆后的 O_{1s} 分化出了 Si—O 峰，并且约 531.8eV 处吸附氧峰消失。进一步说明样品中存在 SiO_2，并且包覆层降低了样品吸附氧的能力。同时可以发现，随着包覆层厚度的增加，SiO_2 含量升高。这是 因为 XPS 测试中光电子穿透厚度较小，采样厚度一定时，包覆层厚度越大，XPS 采 样中的 SiO_2 含量就会越高。而在图 7-6(b)的 V_{2p} 窄谱中，同时出现了 V^{4+} 和 V^{5+} 电子 衍射峰。这是因为 VO_2 在空气中发生氧化反应产生了 V_2O_5。而包覆样品中出现 V_2O_5 可能是在包覆处理前样品已经发生了氧化。而通过半定量分析三个样品中 V^{4+} 和 V^{5+} 的比例(1# 65.26∶34.74，3# 74.77∶25.23，5# 75.15∶24.85)可以看出，包覆处理后样 品中 V_2O_5 含量明显降低。可以说明 SiO_2 包覆层阻滞了 VO_2 表面的氧化反应。对比 图 7-6(b)三个样品 V^{4+} 和 V^{5+} 的结合能位置可知，包覆处理后，V 结合能降低，这是 因为在 V 表面形成了 V—O—Si 键，而—O—Si 基团相对于 V^{4+} 具有推电子性质，使 V 原子核周围电子云密度增加，屏蔽效应增强，电子结合能降低。而由图 7-6(c)三个 图可更加明显地得出，处理后的样品中出现了 SiO_2。综上分析，处理后的 VO_2 纳米颗粒表面成功包覆了非晶态 SiO_2，降低了 VO_2 吸附氧的能力，提高了原始 VO_2 抗氧化能力。

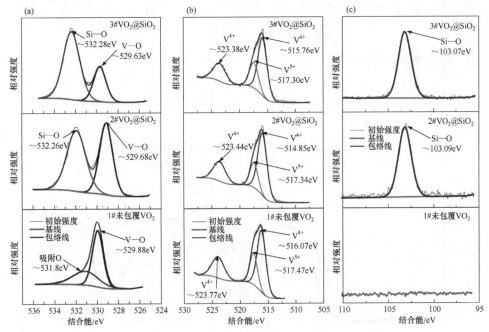

图 7-6　$VO_2@SiO_2$ 纳米颗粒高分辨率 XPS 图谱

(a) O_{1s}；(b) V_{2p}；(c) Si_{2p}

7.4　包覆改性对 VO₂ 纳米颗粒抗氧化性能的影响

为了验证包覆处理后样品抗氧化能力，在 600℃ 范围内对制备样品进行了 TG-DSC 测试(图 7-7 和图 7-8)。由图 7-7(a)可以看出，DSC 测试曲线中存在两个峰(低于 50℃ 的吸热峰由系统误差造成)。所有样品的低温峰均集中在 M 相 VO₂ 相变温度 68℃ 附近(图 7-7(b))，包覆处理没有影响 VO₂ 由低温 M 相向高温 R 相的转变，而高温放热峰集中在 350~500℃。通过 TG 曲线可以看出(图 7-8)，在高温放热峰之前，样品质量基本不变。在高温放热峰处，样品质量增加约 9%。VO₂ 在空气中的氧化反应方程式为

$$2VO_2+0.5O_2 \Longrightarrow V_2O_5 \tag{7-2}$$

假设 VO₂ 全部被氧化为 V₂O₅，计算可知样品质量增加为 9.6%，与 TG 曲线中的高温放热峰处的质量增加完全相符。可以说明，图 7-7 中的高温放热峰为 VO₂ 在空气氛围中的氧化反应，且由图 7-7(b)和图 7-8(b)中可以看出，随着 SiO₂ 包覆层厚度的增加，放热峰向高温方向移动。

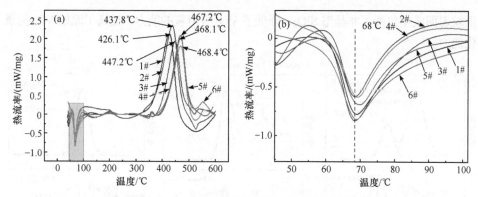

图 7-7　VO$_2$@SiO$_2$ 纳米颗粒 DSC 测试曲线

(a) 40～600℃测试曲线；(b) 50～100℃测试曲线

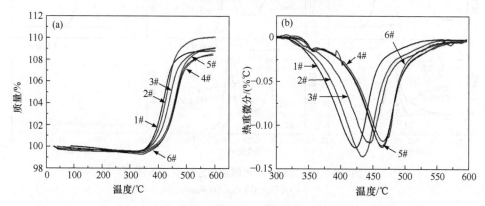

图 7-8　VO$_2$@SiO$_2$ 纳米颗粒 TG 曲线(a)及热重微分曲线(b)

图 7-9 显示了氧化温度与包覆层厚度之间的关系。由图可以说明，SiO$_2$ 包覆

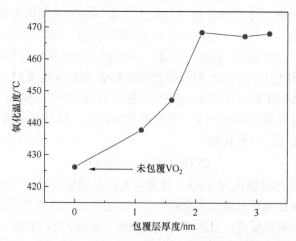

图 7-9　VO$_2$@SiO$_2$ 纳米颗粒氧化温度与包覆层厚度关系曲线

可以明显提高 VO₂ 抗氧化能力，且包覆层越厚，抗氧化能力越强，但包覆层厚度大于 2nm 后样品抗氧化能力不再提高，最高氧化温度约为 470℃。SiO₂ 包覆层提高 VO₂ 抗氧化能力的原理是：包覆层降低了 VO₂ 与空气中 O₂ 的接触概率，VO₂ 与空气接触面积越小，抗氧化能力越强。根据图 7-2 中的 TEM 图像，当 SiO₂ 厚度小于 2nm 时，VO₂ 表面还没有形成完整的包覆层。随着厚度的增加，包覆层致密性增加，颗粒抗氧化能力增强。4#～6#样品表面已被 SiO₂ 完全覆盖，实现了 100%表面隔离。包覆层厚度继续增加，纳米颗粒的抗氧化能力不再提升。

7.5　包覆改性对 VO₂ 复合薄膜相变特性的调控规律研究

7.5.1　温致相变性能

将制备样品与 PVP 混合，制备了 VO₂@SiO₂ 复合材料。图 7-10 展示了复合薄膜在升温和降温过程中的电阻变化曲线。制备样品在升温和降温过程中均可发生温致相变行为，说明 SiO₂ 包覆处理没有改变 VO₂ 相变特性。图 7-11 显示了复合材料在高温和低温情况下的电阻及变化率随包覆层厚度的变化趋势。可以看出，复合材料电阻随包覆层厚度的增加而线性增加，而相变前后的电阻变化率基本保持不变，约为 210 倍。当包覆层厚度大于 3nm 时，材料电阻增加明显，且电阻变化率明显降低。

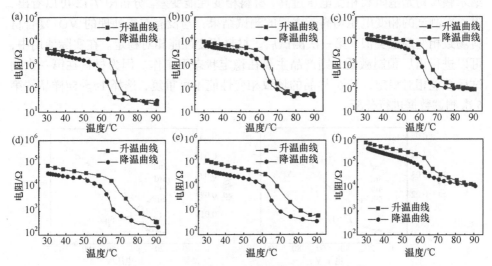

图 7-10　VO₂@SiO₂/PVP 复合薄膜的温致相变曲线

(a)～(f) TEOS 加入量分别为 0μL、20μL、50μL、100μL、150μL、300μL 制备的样品

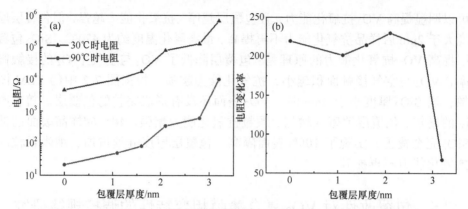

图 7-11　VO₂@SiO₂复合薄膜的电阻(a)和电阻变化率(b)与包覆层厚度关系

7.5.2　场致相变性能

为进一步分析复合材料在电压作用下的电阻响应特性，分别对 6 个样品进行 5 次伏安特性测试，测试曲线如图 7-12 所示。为保证测试中不因电流突变对材料造成损伤，在测试电路中增加保护电阻。根据材料相变特性，1#~4#样品测试中串联 2kΩ 电阻，5#和 6#样品测试中串联 8kΩ 电阻。可以看出，除 6#样品外，所有样品在电压升高过程中都发生了电阻突变，即场致相变。而 6#样品因初始电阻较高，相变电压较高，在第一次测试中因高压击穿发生了损伤。结合温致相变曲线，当 VO₂ 表面的 SiO₂ 包覆层大于 3nm 时，因绝缘层厚度太大，导致 VO₂ 纳米颗粒初始电阻和相变电压过高，材料相变性能变差。分析图 7-12 可以看出，第一次测试的相变电压均高于之后的测试结果，与没有包覆处理的 VO₂ 复合材料场致相变现象类似。第一次测试后，材料相变性能相对稳定。在实际使用中，可以进行出厂预制激活，则产品主要在稳定状态下工作。因为材料在第一次测试后性能相对稳定，且 6#样品的场致相变性能不可重复，选择 1#~5#样品的第 5 次测试数据进行分析。

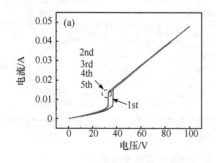
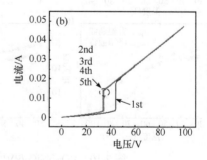

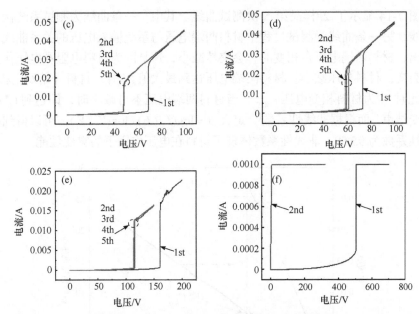

图 7-12　VO₂@SiO₂/PVP 复合薄膜场致相变曲线

(a) 1#样品；(b) 2#样品；(c) 3#样品；(d) 4#样品；(e) 5#样品；(f) 6#样品

选择样品 1#和 4#进行循环电压测试，以获得薄膜的可逆电场诱导 MIT 性能，测试曲线如图 7-13 所示。正向转换电压和反向转换电压定义为 V_{M-R} 和 V_{R-M}。从图中可以看出，VO₂/PVP 复合材料在循环电压下会发生可逆 MIT。没有包覆处理的 1#样品正向转换电压和反向转换电压分别为 $V_{M-R} \approx 28V$ 和 $V_{R-M} \approx 12V$，包覆处理 4#样品分别为 $V_{M-R} \approx 57V$ 和 $V_{R-M} \approx 11V$。材料发生场致相变时 VO₂ 中局部温度会达到相变温度。在电压升高过程中，材料呈现高阻态，导致电路中电流较小，VO₂ 中产生的焦耳热很小，因此需要高电压来触发 MIT。相反，在降压过程中，VO₂ 处于低阻状态，电路中电流较大，使得 VO₂ 材料温度较高，逆向相变电压降低。

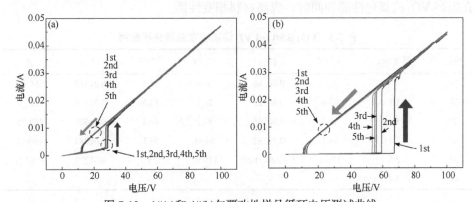

图 7-13　1#(a)和 4#(b)包覆改性样品循环电压测试曲线

　　图 7-14 显示了 2#样品第 5 次测试曲线。其中，一条曲线为测试系统伏安特性曲线，另一条曲线为测试过程中材料两端电压与系统输入电压的关系曲线。可以看出，材料两端电压在相变时，会突然减小，这是因为材料电阻在电压作用下发生突变，材料分压减小。材料两端电压达到最大值 V_0' 时，材料开始发生相变，定义此时 V_0' 为材料相变电压 V_{MIT}。当材料两端电压不再减小时，即达到 V_0'' 时材料相变结束。而根据非线性系数[15]定义 $\beta = \log(I_2/I_1)/\log(V_2/V_1)$，可以得到材料非线性系数为 95.58。非线性系数体现了材料在电压作用下的突变性能。

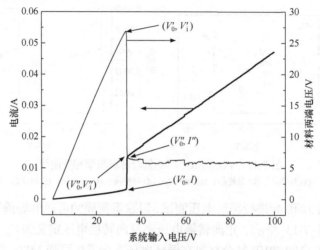

图 7-14　2# VO$_2$@SiO$_2$样品第 5 次场致相变测试曲线分析

　　表 7-3 展示了场致相变过程中相变电压及非线性系数。结合图 7-15 中变化曲线图可以看出，SiO$_2$ 包覆层厚度可以提高材料相变电压，增加材料非线性系数。并且由图 7-15(b)可以看出，当包覆层厚度高于 2nm 时，材料场致相变非线性系数突增，材料相变电压高于 100V。结合前文分析，包覆层厚度为 2~3nm，可以在提高 VO$_2$ 抗氧化性能的同时，提高材料相变性能。

表 7-3　VO$_2$@SiO$_2$/PVP 场致相变曲线分析数据

样品	厚度/nm	V_i' /V	I' /A	V_M /V	V_i'' /V	I'' /A	β
1#	0	32.4	0.00586	20.68	33.5	0.01325	24.43
2#	1.1	33.4	0.00325	26.9	33.9	0.01345	95.58
3#	1.6	47.5	0.00165	44.2	48.4	0.01628	121.95
4#	2.1	58.3	0.00192	54.46	59.3	0.02083	140.17
5#	2.8	115.6	5.85604×10^{-4}	110.91	115.9	0.01272	1187.71
6#	3.2						

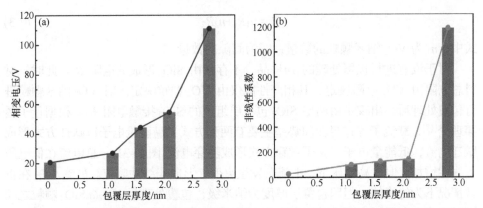

图 7-15　VO₂@SiO₂/PVP 复合薄膜的相变电压(a)及非线性系数(b)与包覆层厚度的关系曲线

7.6　VO₂@SiO₂ 复合薄膜相变机理建模分析

为分析包覆处理对 VO₂ 场致相变的影响机理，建立了 VO₂@SiO₂ 复合材料导电模型(图 7-16)。根据文献[16]，复合材料中的 VO₂ 质量分数已经超过逾渗阈值，则在复合材料中 VO₂ 纳米颗粒是相互接触的。由图 7-16 可以看出，在复合材料中存在由 VO₂@SiO₂ 导电填料搭接形成的导电通道，而导电填料搭接处的截面如图 7-16 左侧插图所示。在纳米颗粒接触点处可形成 VO₂-SiO₂-VO₂ 势垒，势垒高度由包覆材料 SiO₂ 决定，则可将导电材料电阻分为 VO₂ 纳米颗粒形成的电阻 R_1 和由 SiO₂ 形成的接触电阻 R_2，总电阻为

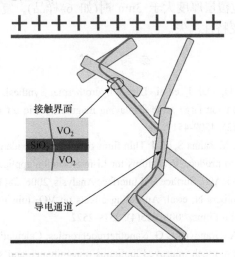

图 7-16　VO₂@SiO₂ 复合材料导电模型

$$R = n_1R_1 + n_2R_2 \tag{7-3}$$

式中，n_1 为 VO_2 纳米颗粒的数量；n_2 为间隙的数量。

对于没有进行包覆处理的 1#样品，不存在由 SiO_2 形成的电阻 R_2。此时，材料总电阻由 VO_2 电阻决定，其相变性能仅由 VO_2 颗粒决定。对 VO_2 纳米颗粒进行包覆处理后，出现了由两层 SiO_2 包覆层组成的 SiO_2 接触电阻 R_2。根据量子隧穿理论[17]，载流子穿过界面间势垒主要有两种方式：高能量电子以跃迁方式形成跃迁电流，低能量电子以量子隧穿方式形成隧穿电流(图 6-31)，总电流在低电压下线性增加，但在高电压下，电流会发生突变，形成非线性响应。虽然 SiO_2 在正常情况下为绝缘体，但因包覆层厚度为纳米级，包覆处理后 $VO_2@SiO_2$ 颗粒之间可以形成由电子隧穿形成的隧穿电流，形成接触电阻 R_2。但量子隧穿效应只能发生在厚度非常小的界面之间(通常为纳米级)。2#～6#复合材料总电阻由 VO_2 电阻 R_1 和接触电阻 R_2 组成。在包覆处理样品中，使用同一批次 VO_2 纳米颗粒，所以在所有样品中由 VO_2 形成的电阻 R_1 相同。而电阻 R_2 随包覆层 SiO_2 厚度增加而增加。根据式(7-3)，复合材料总电阻 R 随厚度增加而增加，与图 7-15(a)实验结果一致。

而当外电场达到复合材料相变电压 V_{MIT} 时，VO_2 纳米颗粒在 Mott 机理驱动作用下发生相变，电阻 R_1 发生突变。同时在高压作用下，SiO_2 接触面中的隧穿电子数急剧增加，电阻 R_2 同时发生突变。此时 VO_2 相变性能和 SiO_2 电阻突变同时决定了复合材料的相变性能。随着包覆层厚度的增加，VO_2 相变性能不变，但 SiO_2 接触面相变电压提高，使得复合材料相变电压和非线性系数提高，与图 7-15 实验结果相一致。但量子隧穿效应仅发生在小厚度情况下，厚度增加后，量子隧穿效应消失。因此，当包覆层厚度大于 3nm 时(如 6#样品)，复合材料初始电阻接近 1MΩ，材料场致相变特性消失。

参 考 文 献

[1] Wu C Z, Zhang X D, Dai J, et al. Direct hydrothermal synthesis of monoclinic VO₂ (M) single-domain nanorods on large scale displaying magnetocaloric effect[J]. Journal of Materials Chemistry, 2011, 21(12): 4509-4517.

[2] Lindström R, Maurice V, Zanna S, et al. Thin films of vanadium oxide grown on vanadium metal: Oxidation conditions to produce V₂O₅ films for Li-intercalation applications and characterisation by XPS, AFM, RBS/NRA[J]. Surface and Interface Analysis, 2006, 38(1): 6-18.

[3] Fu G H, Polity A, Volbers N, et al. Annealing effects on VO₂ thin films deposited by reactive sputtering[J]. Thin Solid Films, 2006, 515(4): 2519-2522.

[4] Li S Y, Niklasson G A, Granqvist C G. Nanothermochromics: Calculations for VO₂ nanoparticles in dielectric hosts show much improved luminous transmittance and solar energy transmittance modulation[J]. Journal of Applied Physics, 2010, 108(6): 063525.

[5] Qu Z, Yao L, Li J, et al. Bifunctional template-induced VO₂@SiO₂ dual-shelled hollow

nanosphere-based coatings for smart windows[J]. ACS Applied Materials & Interfaces, 2019, 11(17): 15960-15968.

[6] Li R, Ji S D, Li Y M, et al. Synthesis and characterization of plate-like VO₂(M)@SiO₂ nanoparticles and their application to smart window[J]. Materials Letters, 2013, 110: 241-244.

[7] Li Y M, Ji S D, Gao Y F, et al. Core-shell VO₂@TiO₂ nanorods that combine thermochromic and photocatalytic properties for application as energy-saving smart coatings[J]. Scientific Reports, 2013, 3: 1370.

[8] Wang Y, Zhao F, Wang J, et al. VO₂@SiO₂/poly(N-isopropylacrylamide) hybrid nanothermochromic microgels for smart window[J]. Industrial & Engineering Chemistry Research, 2018, 57(38): 12801-12808.

[9] Chen Y X, Zeng X Z, Zhu J T, et al. High performance and enhanced durability of thermochromic films using VO₂@ZnO core-shell nanoparticles[J]. ACS Applied Materials & Interfaces, 2017, 9(33): 27784-27791.

[10] Zhou Y, Huang A, Li Y, et al. Surface plasmon resonance induced excellent solar control for VO₂@SiO₂ nanorods-based thermochromic foils[J]. Nanoscale, 2013, 5(19): 9208-9213.

[11] Lu X, Xiao X, Cao Z, et al. A novel method to modify the color of VO₂-based thermochromic smart films by solution-processed VO₂@SiO₂@Au core-shell nanoparticles[J]. RSC Advances, 2016, 6(53): 47249-47257.

[12] Wang M, Tian J J, Zhang H, et al. Novel synthesis of pure VO₂@SiO₂ core@shell nanoparticles to improve the optical and anti-oxidant properties of a VO₂ film[J]. RSC Advances, 2016, 6(110): 108286-108289.

[13] Fan L L, Zhu Y Y, Zhao S H, et al. Modulation of VO₂ metal-insulator transition by co-doping of hydrogen and oxygen vacancy[J]. Solar Energy Materials and Solar Cells, 2020, 212: 110562.

[14] Tahir M. Hierarchical 3D VO₂/ZnV₂O₄ microspheres as an excellent visible light photocatalyst for CO₂ reduction to solar fuels[J]. Applied Surface Science, 2019, 467-468: 1170-1180.

[15] Pillai S C, Kelly J M, Ramesh R, et al. Advances in the synthesis of ZnO nanomaterials for varistor devices[J]. Journal of Materials Chemistry C, 2013, 1(20): 3268-3281.

[16] Antonova K V, Kolbunov V R, Tonkoshkur A S. Structure and properties of polymer composites based on vanadium dioxide[J]. Journal of Polymer Research, 2014, 21(5): 422.

[17] Mamunya E P, Davidenk V V, Lebedev E V. Effect of polymer-filler interface interactions on percolation conductivity of thermoplastics filled with carbon black[J]. Composite Interfaces, 1996, 4(4): 169-176.

第8章 VO₂复合薄膜场致相变机理的仿真模拟和数学建模研究

8.1 引　言

作为一种典型强关联电子材料，VO₂能够在 68℃左右经历可逆 MIT，从低温单斜结构到高温对称金红石型结构。前几章研究内容和大量文献已经证实，MIT可以由电压触发[1]，相比热激励和光照激励，电场诱导 VO₂ MIT 具有反应速率快、加载成本低、便于集成化、小型化和寿命长等优点。然而，与温度诱导 MIT 研究相比[2]，目前对电场诱导 MIT 的理解还不够。目前，针对 VO₂电场诱导 MIT 过程中的晶体结构变化已经有了统一的认识，但对于相变机理还存在较大争议[3]：有认为是电场作用直接导致的[4]，即电子相关的 Mott-Hubbard 跃迁[5]；也有认为是电流焦耳热效应引起的[6]。也有实验证明，场致相变是在电场和焦耳热共同作用下发生的[7]，在相变阶段，电场起主要作用，但相变后，焦耳热起主要作用。

根据前文研究内容，在 VO₂复合薄膜场致相变过程中，焦耳热的作用不可忽视。近年来，焦耳热在相变过程中的作用被广泛讨论[8]，但没有得到统一结论。Gopalakrishnan 等[9]从反面证明了相变特性与焦耳热的弱相关性[10]，通过研究漏电流引起的焦耳热效应，发现漏电流导致的温度升高小于 10K，因而认为焦耳热不足以单独触发相变。也有文献通过理论计算得到了焦耳热引起的最小相变时间为1μs[11]，但在一些实验中观测到了更短或者纳秒数量级的响应时间[12]，其认为场致相变不是由非金属态的漏电流焦耳热导致。另外，有些人则通过电热模拟[13]、傅里叶传热方程[14]计算和不同的实验方法[15]，验证了 VO₂开关效应与焦耳热和热量耗散密切相关，根据计算得到的直流伏安特性均与测量值显示出良好的一致性，认为焦耳热效应是导致电场诱导 MIT 发生的主要原因。另外，在研究焦耳热效应过程中，发现导电通道对场致相变有较大影响[16,17]，1969 年，Berglund 基于热传导方程论证了 VO₂中导电丝的形成[18]，Duchene 等[14]和 Lange 等[19]观察到了 VO₂薄膜中导电通道的形成过程，导电通道的形成和破裂可以影响材料电阻[20]，而散热效率影响导电通道的热稳定性[21]。

本章首先根据前文实验方案，通过水热法制备 VO₂纳米颗粒，对 VO₂纳米颗粒填充型聚合物场致相变特性进行实验测试，并基于唯象理论建立场致相变有限元仿真和理论计算模型，通过分析 VO₂复合材料相变电压与电极间距的关系，分析相变过程中的热分布变化，验证焦耳热在 VO₂ 复合薄膜场致相变过程中的重要作用。

8.2　VO₂ 复合薄膜场致相变仿真模型

8.2.1　VO₂ 复合薄膜实验制备与测试

1. VO₂ 纳米颗粒制备与表征

使用第 6 章的水热法方案合成 VO₂。以 0.03mol 草酸为还原剂，溶于 150mL 去离子水中，向溶液中添加 0.01mol V₂O₅ 作为钒源。将得到的黄色溶液立即转移到 200mL 聚四氟乙烯内衬不锈钢反应釜中，置于 200℃ 烘箱中 12h，冷却至室温 12h 后，过滤得到深蓝色沉淀，用去离子水冲洗三次，除去剩余原料。制备的粉末在真空冷冻干燥机中干燥，以避免聚集现象。将样品置于管式炉中，在 550℃ 条件下真空退火 60min，可得到 M 相 VO₂ 纳米颗粒。

图 8-1 展示了制备样品的 B 相和 M 相 XRD 图谱。制备的 B 相 VO₂ 三个最强峰分别为 $2\theta = 14.38°$、$25.24°$ 和 $29.00°$，通过与标准卡片(PDF#81-2392)进行对比，其分别对应于(001)、(110)和(002)晶面，并且图中没有其他杂质峰出现，可以说明样品为高纯 B 相 VO₂。退火后样品的 XRD 图谱(图 8-1(b))表明，样品衍射峰均能够与 M 相 VO₂ 标准卡片(PDF#81-2392)相对应，表明样品转化为单斜 M 相 VO₂。

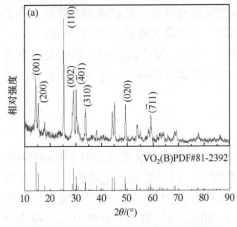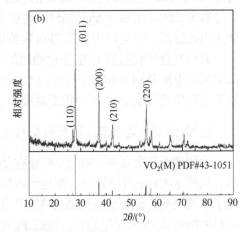

图 8-1　典型 VO₂ 纳米颗粒 XRD 图谱

(a) B 相 VO₂；(b) M 相 VO₂

为确定制备纳米的颗粒的相变性能，对 M 相 VO₂ 样品进行 DSC 测试，得到的曲线如图 8-2 所示。制备样品在升温和降温过程中均有相变过程发生，其中升温相变温度为 65.6℃，降温相变温度为 62.1℃，迟滞宽度为 3.5℃。通过上述分析结果可以说明，本章成功制备了典型的具有相变特性的 M 相 VO₂ 纳米颗粒。

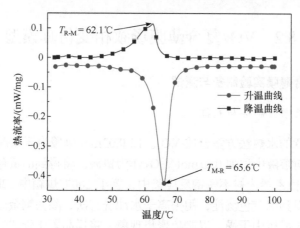

图 8-2　M 相 VO₂ 纳米颗粒的 DSC 曲线

2. M 相 VO₂ 复合薄膜温致相变测试

本章使用 XRD、SEM 和 TEM 对制备的典型 VO₂ 进行表征，具体参数设置与第 3 章相同。复合薄膜温致相变性能使用四探针电阻仪和恒温箱进行测试。将 0.1g VO₂ 纳米颗粒与 30%PEG 溶液混合，后沉积在 PCB 板上两个电极之间，干燥后得到 VO₂/PEG 复合薄膜。可以算出，复合薄膜中 PEG 质量分数为 48%，VO₂ 质量分数为 52%。用 Keythley 2657A 高功率数字源表研究了其直流相变特性。为了防止电流过高，在电路中加载 2kΩ 定值电阻，并将最大电流设置为 50mA。

典型复合薄膜温度-电阻变化曲线如图 8-3 所示，复合薄膜的升温相变温度和降温相变温度分别为 65.6℃ 与 62.1℃，与 DSC 测试数据相同，这说明在复合薄膜制备过程中没有改变 VO₂ 的相变温度。

3. M 相 VO₂ 复合薄膜场致相变测试

为测试样品电压响应特性，构建样品 V-I 测试系统，示意图如图 8-4(a)插图所示。从图 8-4(a)中可以看出，在连续电压作用下，器件在输入电压 77.1V 时出现了电流突变，说明制备的器件在电压作用下能够发生明显的电阻突变。为分析材料两端电压 V_0 的变化趋势，通过 $V_0 = V_i - 2000I$ 可计算得到加载电压过程中材料两端电压，则材料两端电压与输入电压关系如图 8-4(b)所示。可以看出，在输入电压 V_i 增加的过程中，材料两端电压 V_0 突降，这是因为在材料发生相变时，电阻突然变小，材料两端分压骤降，定义此时的材料两端电压为复合薄膜相变电压 V_M。

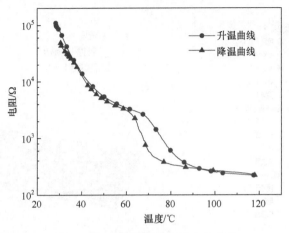

图 8-3　复合薄膜温度-电阻变化曲线

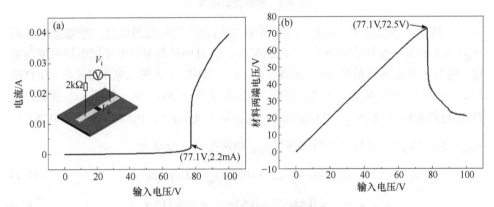

图 8-4　复合薄膜 V-I 测试曲线

(a) 输入电压 V_i 与电流 I 曲线，插图为测试连接示意图；(b) 输入电压 V_i 与材料两端电压 V_0 曲线

8.2.2　复合薄膜仿真模型

根据 VO₂ 场致相变物理过程，利用数值仿真软件的电路、电流和固体传热模块(图 8-5(a))构建仿真环境，三个模块的作用分别是：电路模块用以模拟电压产生电流的过程，电流模块模拟电压作用下的焦耳热生热过程，固体传热模型模拟热量在 VO₂ 复合薄膜及基片中的热传导和物体的升温过程，并利用电磁热和温度模块进行多物理场耦合分析(图 8-5(b))，得到电压作用产生的温度分布，进而分析出焦耳热在 VO₂ 场致相变中的作用。仿真模型 3D 结构(图 8-5(c))及材料属性(测试电极、基板及 VO₂ 复合薄膜等)与实体样品相同。为充分体现实验测试条件，仿真电路中同样加载 2kΩ 电阻，仿真采用瞬态求解器进行计算，复合薄膜材料属性(电导率、比热容、密度等)根据 8.2.1 小节中的实验条件计算得到。仿真分析流程如图 8-6所示。

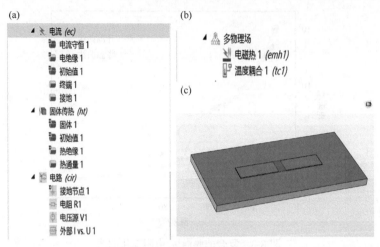

图 8-5　数值仿真设置图

在模型中薄膜电导率根据图 8-3 中相变前后的测试数据设置，绝缘态电导率 $\sigma_{\mathrm{M}} = 0.15\mathrm{S/m}$，金属态电导率 $\sigma_{\mathrm{R}} = 150\mathrm{S/m}$，仿真中材料电导率不随电场强度而变化，电源输出电压 V_{i} 是时间 t 的函数，$V_{\mathrm{i}} = \tau t$。其中，τ 为输入电压增长率，仿真中设 $\tau = 10\mathrm{V/s}$，环境温度 $T_{\mathrm{e}} = 293.15\mathrm{K}$，相变温度 $T_0 = 341.15\mathrm{K}$。根据 $\mathrm{VO_2}$ 及聚合物 PEG 材料参数(密度 $\rho_{\mathrm{PEG}} = 0.92\mathrm{g/cm^3}$，$\rho_{\mathrm{VO_2}} = 4.34\mathrm{g/cm^3}$，比热容 $c_{\mathrm{VO_2}} = 690\mathrm{J/kg}$，$c_{\mathrm{PEG}} = 55.3\mathrm{J/kg}$)，则复合材料比热容 c_{com} 和密度 ρ_{com} 分别为

$$\rho_{\mathrm{com}} = 0.48\rho_{\mathrm{PEG}} + 0.52\rho_{\mathrm{VO_2}} \approx 2.7\mathrm{g/cm^3} \tag{8-1}$$

$$c_{\mathrm{com}} = 0.48c_{\mathrm{PEG}} + 0.52c_{\mathrm{VO_2}} \approx 385.3\mathrm{J/kg} \tag{8-2}$$

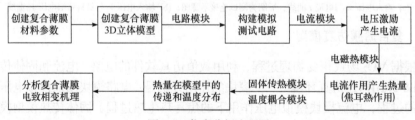

图 8-6　仿真分析流程图

由图 8-7 中电压变化曲线可以看出，在仿真中，$\mathrm{VO_2}$ 复合薄膜同样发生了电流突变，说明仿真模型在电压作用下发生了场致相变，在电极间距 $l = 2\mathrm{mm}$ 时，相变电压为 72.7V，与实验测试数据非常相符，进一步证明了仿真模型的正确性。

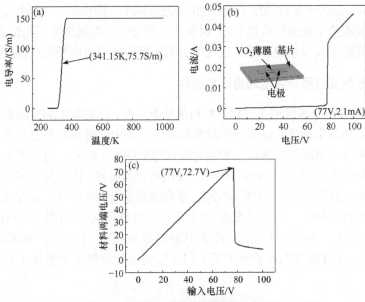

图 8-7　复合薄膜场致相变仿真曲线图

(a) 材料电导率曲线；(b) 输入电压 V_i 与电流 I 关系曲线；(c) 材料两端电压 V_0 与输入电压 V_i 之间的关系曲线
电极间距 $l = 2\text{mm}$，电极宽度 $d = 2\text{mm}$

8.3　基于有限元法的 VO₂ 复合薄膜场致相变机理仿真研究

8.3.1　电极间距对相变电压的影响

因仿真手段参数设置灵活、分析功能全面、重复性高等优势，能够得到实验中无法获得的分析数据，可以更加直观深入地了解相变过程中热分布及电场分布的情况，对于分析焦耳热在相变中的作用非常重要。通过调整仿真中电极间距 l，得到图 8-8 所示薄膜两端相变电压 V_M 与电极间距 l 的关系曲线。可以看出，VO₂

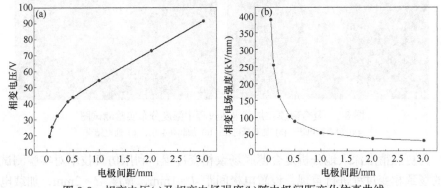

图 8-8　相变电压(a)及相变电场强度(b)随电极间距变化仿真曲线

相变电压 V_M 正比于电极间距 l，且变化率逐渐减小，而由图 8-8(b)中相变电场强度与电极间距的变化曲线可以看出，材料发生相变时的电场强度不是恒定不变的，而是随着间距增大呈指数衰减，这说明材料相变不是仅由电场强度决定的。

8.3.2 场致相变过程中导电通道形成过程

通过研究 VO_2 场致相变过程中材料热分布情况，材料发生相变时并非所有材料都会被加热发生相变，而是会形成高温通道。利用热像仪对复合材料场致相变过程中的热分布情况进行测试，相变过程图像如图 8-9 所示。可以看出，复合薄膜在没有加载电压时(图 8-9(a))，两侧金属电极较为明显，而电极之间的复合薄膜为低温状态；加载低电压时(图 8-9(b))，复合薄膜没有发生相变，表现为纯电阻状态而被整体均匀加热，最高温度在 31℃ 附近；加载高电压后(图 8-9(c))，复合薄膜中瞬间产生一条高温通道，通道中最高温度超过 100℃；而通电结束后(图 8-9(d))，复合薄膜温度逐渐下降，但导电通道处的温度仍然高于其他位置的温度。

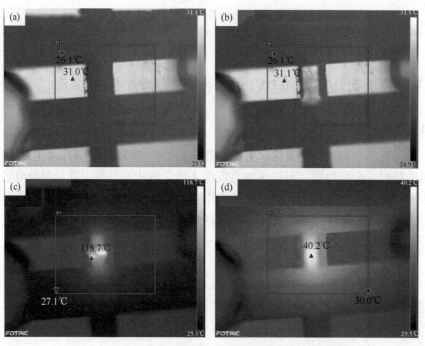

图 8-9 复合薄膜在加载电压过程中温度分布实验测试图
(a) 没有加电压；(b) 加载低电压；(c) 加载高电压；(d) 通电结束

为更加精准深入地分析复合薄膜场致相变过程，利用仿真技术对实验测试得到的场致相变过程进行重现，设置电极间距 $l=1\text{mm}$，宽度 $d=2\text{mm}$，加载电压过程中的热分布仿真情况如图 8-10 所示。可以看出，材料在加载电压过程中，材料首先整体升温，$t = 5.9s$ 时电压达到相变电压 $V_M = 54.5V$，即材料发生了相变，发生相变后($t = 6s$)，在 VO₂ 中瞬间出现了线性高温区域，随着时间的延长，高温区域由通道向两侧扩展。仿真结果与实验测试结果较为一致。说明在场致相变过程中，高温导电通道的形成，可直接导致相变的发生，进一步说明焦耳热在场致相变中的重要作用。

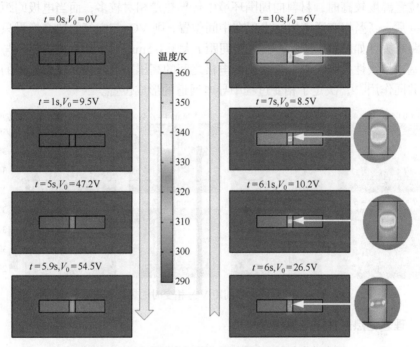

图 8-10　复合薄膜在加载电压过程中温度分布仿真图

8.3.3　真实传热模型下场致相变机理

上文分析说明，导电通道在场致相变过程中具有重要作用，为进一步分析导电通道对相变的影响，图 8-11 记录了不同电极间距的材料发生相变时的温度分布情况。可以看出，当 VO₂ 发生场致相变，电极间距不同时，均会有高温通道形成，且高温金属区域由导电通道向两侧扩展。同时发现金属通道位置并不是固定的，随着电极间距的增加，由边缘位置向中间位置移动，间距 l 大于 0.5mm 后，则相对固定在中间位置。在平行板电容器之间，高压情况下会出现边缘效应，导致两端电场强度高于中间电场强度，并且随着电极间距的增加，边缘效应逐渐减弱，这与图 8-11 中的导电通道形成位置完全相符。虽然实际中边缘效应差距不是非常明显，但任何相变的物理本质都是："小扰动会导致实质性的变化"[22]。同时，复合材料边缘与周围环境会因热交换而发生散热现象。综合分析散热效应和边缘效应，当电极间距较小时，边缘效应占主导地位，导致在电极两端形成高温通道，而间距较大时，边缘效应不明显，因热传导效应[22]，靠近电极中间的 VO_2 区域升温较快，首先达到 VO_2 相变温度，形成导电通道。而导电通道位置的不同也可以解释图 8-8 中相变电压斜率逐渐减小的现象。

根据傅里叶定律，温度越高，与周围环境的热交换越多，而在电极间距较小、边缘位置温度较高时，材料向周围环境中传导热量相对较多；而当电极间距大于 0.5mm 后，高温相变通道始终出现在中间位置，则 VO_2 与空气的热交换量只与电极间距有关。如图 8-8 所示，当电极间距 l 大于 0.5mm 时，VO_2 相变电压与电极间距基本呈线性关系。综合分析，两电极之间的高压边缘效应和材料边缘的散热效应共同作用[23]，决定了相变过程中导电通道的形成位置。

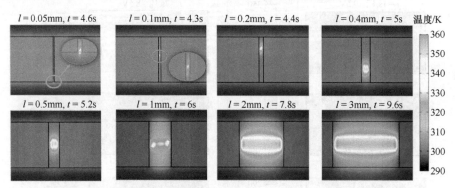

图 8-11　不同电极间距 VO_2 相变时的热分布图

8.3.4　理想绝热条件下场致相变机理

为进一步验证热传导对导电通道形成的影响，研究了无热交换和空气传导条件下的理想场致相变过程，如图 8-12 所示。可以看出，在理想情况下，VO_2 仍能够发生场致相变过程，但与图 8-8 数据相比，VO_2 相变电压明显减小(图 8-12(a) 和(c))。这是因为在理想情况下，没有热量散失，焦耳热产生的能量全部用来加热 VO_2，而材料发生相变后，电阻急剧减小，功率增大，材料无法达成热平衡，温度迅速上升(图 8-12(b))。

由图 8-12(d)中可以看出，发生相变时，材料温度明显低于典型相变温度 341.15K。而由图 8-7 可知，VO_2 在温度作用下，在相变温度前，电导率即开始增加，说明温度没有达到典型相变温度 341.15K 时，VO_2 也可以发生场致相变。分析结果可以说明，部分文献[9]以材料温度没有达到相变温度来判定 VO_2 场致相变不是由焦耳热引起的，这个结论不是非常准确。分析其场致相变过程，文献中的研究对象多为纳米级器件[12]，其发生相变的时间极短(纳秒级)，响应电压较小，

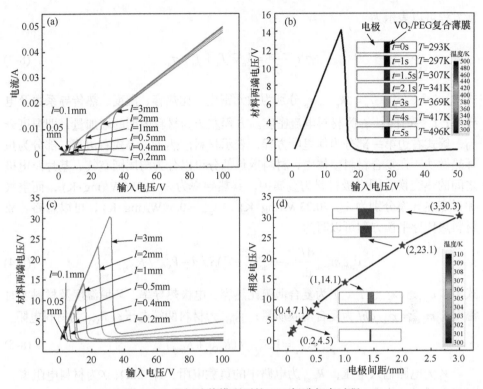

图 8-12 理想绝热模型下的 VO₂ 场致相变过程

(a) 电源电压 V_i 与电流 I 的关系；(b) $l=1$mm 时的输入电压 V_i 与材料两端电压 V_0 之间的关系，其中插图为不同时刻的热分布图；(c) 不同电极间距的输入电压 V_i 与材料两端电压 V_0 曲线；(d) 相变电压与电极间距关系曲线，其中插图为不同间距 VO₂ 发生相变时的热分布图

可以认为材料在电压加载过程中是绝热过程，类似于本书中的理想情况。综合分析相变时 VO₂ 热分布情况，在不考虑散热和传导的情况下，材料中没有形成高温通道，这可以进一步说明，在 VO₂/PEG 复合薄膜场致相变过程中导电通道的形成与材料热传导有关。

8.4 基于热平衡方程的 VO₂ 复合薄膜场致相变机理数学计算研究

8.4.1 数学计算模型

由前文仿真分析发现，VO₂ 场致相变过程与热传导过程密切相关，在 VO₂ 中电流产生的焦耳热及与空气、电极及基片之间的热交换共同作用下，形成了导电通道，发生相变。根据热传导平衡方程，在加载电压过程中，复合材料微元热平

衡方程可以表示为

$$\rho^n c_p^n \frac{\partial T_n}{\partial t} = k_n \nabla^2 T_n + j_n^2 / \sigma_n \tag{8-3}$$

式中，ρ^n、c_p^n、T_n、k_n、σ_n 分别为微元密度、比热容、温度、热传导系数及电导率；t 为时间；j_n 为材料电流密度。方程左边为材料内能的增加量，即温度升高，等式右边第一部分为傅里叶方程，表示材料散热量，等式右边第二部分为焦耳热做功。在复合材料整体中，材料散热部分可以分为与周围空气、基片及电极之间的热交换，因电极材料为金属铜，其热导率为 $\lambda_{ele} = 390 W/(mg \cdot K)$，而空气和衬底热导率分别为 $\lambda_{air} = 0.23 W/(mg \cdot K)$，$\lambda_{abs} = 0.59 W/(mg \cdot K)$，可以忽略。故材料热传导平衡方程可以写为

$$c_{com} m_{com} \frac{dT}{dt} = -\lambda_{ele}(T - T_e)S / d + V_{VO_2}^2 / R_{VO_2} \tag{8-4}$$

式中，c_{com}、λ_{ele}、T_e、T 为复合薄膜比热容、电极热导率、环境温度及材料实时温度；$m_{com} = \rho_{com} dhl$ 为复合薄膜质量；V_{VO_2} 为材料两端电压；R_{VO_2} 为材料电阻。

$$V_{VO_2} = V_i R_{VO_2} / (R_{VO_2} + R_{load}) \tag{8-5}$$

V_i 为电路输入电压；R_{load} 为电路中的负载电阻，即 $2k\Omega$；ρ 为材料电阻率，材料在低温绝缘态时为 ρ_M，在高温金属态时为 ρ_R；l 为电极间距，即 VO₂ 长度；S 为电极截面积。

$$S = dh \tag{8-6}$$

式中，d 为电极宽度，即 VO₂ 宽度；h 为材料厚度。

式(8-4)可以改写为

$$c_{com} \rho_{com} dlh \frac{dT}{dt} = -\lambda_{ele}(T - T_e)S_{ele} / l_{ele} + \frac{(\tau t)^2 \rho l / (dh)}{[R_{load} + \rho l / (dh)]^2} \tag{8-7}$$

8.4.2　理想绝热条件下场致相变阈值预测

首先考虑简单情况，无第二部分散热的情况下，式(8-7)可以简化为

$$c_{com} \rho_{com} dhl \frac{dT}{dt} = \frac{(\tau t)^2 \rho l / (dh)}{[R_{load} + \rho l / (dh)]^2} \tag{8-8}$$

由式(8-8)可以得到相变时间 t 的表达式：

$$t = A^{\frac{1}{3}} B^{\frac{1}{3}} , \quad A = \frac{3 c_{com} \rho_{com}(T_0 - T_e)}{\rho \tau^2} , \quad B = d^2 h^2 [R_{load} + \rho l / (dh)]^2 \tag{8-9}$$

根据前文分析，式(8-9)中 $c_{com} = 385.3\text{J/kg}$，$\rho_{com} = 2700\text{kg/m}^3$，$T_0 = 341\text{K}$，$T_e = 290.15\text{K}$，$\tau = 10\text{V/s}$，$h = 0.1\text{mm}$，$R_{load} = 2000\Omega$，假设相变前 VO₂ 复合薄膜全部为绝缘态，电阻率 $\rho = \rho_M = 1/\sigma_M = 6.67\Omega\cdot\text{m}$，当材料温度达到 VO₂ 相变温度 341.15K 时，VO₂ 即发生相变，即 $T_0 = 341.15\text{K}$，则材料相变电压为

$$V_M = \frac{(\tau t)^2 \rho_M l}{\left[R_{load} + \rho_M l / (dh)\right]^2} \tag{8-10}$$

可以得出材料发生相变的电压与电极间距的关系曲线，如图 8-13 所示。对比仿真结果可以看出，理论计算得到的相变电压比仿真数据要高。分析式(8-10)及仿真模型，根据 8.3 节中 VO₂ 在相变过程中的温度变化过程，在材料发生相变前，温度会有所升高，而根据图 8-3 中电阻的变化趋势可得到，材料在发生相变前电导率会缓慢升高，则在理论模型中完全将材料电导率按常温绝缘态电导率 σ_M 来计算是不准确的。由图 8-12(d)可以看出，在绝热状态下，材料发生相变时的温度不超过 310K。为更加接近材料相变前的电导率，将理论模型电导率修正为温度为 310K 时的材料电导率 0.4S/m，重新计算理论相变电压，得到图 8-13 中修正后的计算曲线，修正后的计算相变电压曲线与仿真得到的结果较为一致。

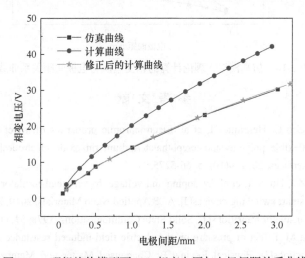

图 8-13　理想绝热模型下 VO₂ 相变电压与电极间距关系曲线

8.4.3　真实传热模式下场致相变阈值预测

当考虑实际情况下的 VO₂ 相变电压理论计算模型时，式(8-7)中的第二项则无法忽略，将 8.4.2 节中修正后的电导率代入式中，利用计算机求解方程，可以得到传热模式的相变电压与电极间距之间的关系曲线，如图 8-14 所示。但即使修正后的理论计算曲线也与仿真数据存在较大差异，根据前文分析，在仿真模型中，VO₂

复合薄膜发生相变时,有导电通道存在且导电通道位置会发生变化,导致其与环境的热交换量不同,所以很难通过简单的理论计算得到与仿真完全一致的数据结果。

分析图 8-14,在电极间距小于 1mm 时,导电通道靠近 VO$_2$ 边缘,散热量高于理论值,造成仿真中场致相变电压高于理论计算值,而当间距大于 1mm 时,导电通道宽度明显小于 VO$_2$ 宽度,使加热材料到相变温度所需的热量较理论值小,造成相变电压仿真值比理论计算值低。综合分析,VO$_2$ 复合薄膜场致相变是在焦耳热效应、热传导现象及导电通道三者共同作用下发生的。

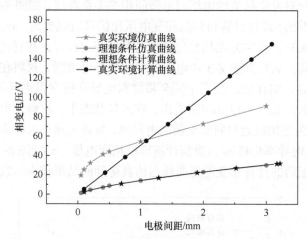

图 8-14　仿真模拟、理论计算的相变电压与电极间距关系曲线

参 考 文 献

[1] Costa C, Pinheiro C, Henriques I, et al. Electrochromic properties of inkjet printed vanadium oxide gel on flexible polyethylene terephthalate/indium tin oxide electrodes[J]. ACS Applied Materials & Interfaces, 2012, 4(10): 5266-5275.

[2] Ling C, Zhao Z J, Hu X Y, et al. W doping and voltage driven metal-insulator transition in VO$_2$ nano-films for smart switching devices[J]. ACS Applied Nano Materials, 2019, 2(10): 6738-6746.

[3] Mott N. Metal-insulator transitions[J]. Solid State Communications, 1978, 31(11): 42-47.

[4] Sakai J, Kurisu M. Effect of pressure on the electric-field-induced resistance switching of VO$_2$ planar-type junctions[J]. Physical Review B: Condensed Matter and Materials Physics, 2008, 78(3): 033106.

[5] Pergament A. Metal-insulator transition: The Mott criterion and coherence length[J]. Journal of Physics: Condensed Matter Physics Letters, 2003, 15(19): 3217-3223.

[6] Sato Y, Kinoshita K, Aoki M, et al. Consideration of switching mechanism of binary metal oxide resistive junctions using a thermal reaction model[J]. Applied Physics Letters, 2007, 90(3): 033503.

[7] Joushaghani A, Jeong J, Paradis S, et al. Voltage-controlled switching and thermal effects in VO$_2$ nano-gap junctions[J]. Applied Physics Letters, 2014, 104(22): 221904.

[8] Zimmers A, Aigouy L, Mortier M, et al. Role of thermal heating on the voltage induced insulator-metal transition in VO₂[J]. Physics Review Letters, 2013, 110(5): 056601.

[9] Gopalakrishnan G, Ruzmetov D, Ramanathan S. On the triggering mechanism for the metal-insulator transition in thin film VO₂ devices: Electric field versus thermal effects[J]. Journal of Materials Science, 2009, 44(19): 5345-5353.

[10] Yang Z, Hart S, Ko C, et al. Studies on electric triggering of the metal-insulator transition in VO₂ thin films between 77 K and 300 K[J]. Journal of Applied Physics, 2011, 110(3): 033725.

[11] Kim H T, Chae B G, Youn D H, et al. Raman study of electric-field-induced first-order metal-insulator transition in VO₂-based devices[J]. Applied Physics Letters, 2005, 86(24): 242101.

[12] Okimura K, Sakai J. Time-dependent characteristics of electric field-induced metal-insulator transition of planer VO₂/c-Al₂O₃ structure[J]. Japanese Journal of Applied Physics, 2007, 46(34): L813-L816.

[13] Radu I P, Govoreanu B, Mertens S, et al. Switching mechanism in two-terminal vanadium dioxide devices[J]. Nanotechnology, 2015, 26(16): 165202.

[14] Duchene J, Terraillon M, Pailly P, et al. Filamentary conduction in VO₂ coplanar thin-film devices[J]. Applied Physics Letters, 1971, 19(4): 115-117.

[15] Lee S B, Kim K, Oh J S, et al. Origin of variation in switching voltages in threshold-switching phenomena of VO₂ thin films[J]. Applied Physics Letters, 2013, 102(6): 063501.

[16] Baek I G, Lee M S, Seo S, et al. Highly scalable nonvolatile resistive memory using simple binary oxide driven by asymmetric unipolar voltage pulses[C]//IEDM Technical Digest. IEEE International Electron Devices Meetings, San Francisco, 2004: 587-590.

[17] Choi B J, Choi S, Kim K M, et al. Study on the resistive switching time of TiO₂ thin films[J]. Applied Physics Letters, 2006, 89(1): 012906.

[18] Berglund C N. Thermal filaments in vanadium dioxide[J]. IEEE Transactions on Electron Devices, 1969, 16(5): 432-437.

[19] Lange M, Guenon S, Kalcheim Y, et al. Direct visualization of electro-thermal filament formation in a Mott system[J]. arXivpreprint arxiv: 2009. 12536, 2020.

[20] Chae S C, Lee J S, Kim S, et al. Random circuit breaker network model for unipolar resistance switching[J]. Advanced Materials, 2008, 20(6): 1154-1159.

[21] Chang S H, Chae S C, Lee S B, et al. Effects of heat dissipation on unipolar resistance switching in Pt/NiO/Pt capacitors[J]. Applied Physics Letters, 2008, 92(18): 183507.

[22] Pergament A L, Boriskov P P, Velichko A A, et al. Switching effect and the metal-insulator transition in electric field[J]. Journal of Physics and Chemistry of Solids, 2010, 71(6): 874-879.

[23] Joushaghani A, Jeong J, Paradis S, et al. Electronic and thermal effects in the insulator-metal phase transition in VO₂ nano-gap junctions[J]. Applied Physics Letters, 2014, 105(23): 231904.

第9章 基于VO₂的可重构极化转换超材料研究

9.1 引　言

随着电子对抗和通信技术的高速发展，对电磁波调控的需求越来越强烈，而极化状态是电磁波重要的矢量特征，平面波的极化是指电场在电磁波传播平面中的振荡方向[1]。对极化状态的调控在光波领域[2,3]、微波通信[4]和雷达抗干扰中都有广泛的应用。传统极化调控手段如双色性晶体和光栅等[5]，存在结构复杂和工作频带窄等缺点，限制了实际工程应用[6]，而由亚波长单元结构组成的超材料为解决这些问题开辟了新途径。超材料(metamaterials，MM)也称为人工材料，具有许多自然界媒质所不具备的奇特性质，可以实现电磁波的灵活调控[7,8]，是一种介电常数或磁导率至少有一个为负的新型人工复合材料，其一般由周期性结构组成。基于这些奇异特性，已经制备了许多具有特殊功能的器件和材料，如完美吸收器、滤波表面[9]及极化转换超材料(polarization conversion metamaterials, PCM)[10]等。

利用超材料进行电磁波的极化调控，主要分为透射型[2]和反射型[11]，透射型极化转换器存在损耗大、频带窄等缺点[12]，而反射型极化转换器则在这两个方面有很大提升[13]，但工作频带窄仍然是限制其工程应用的主要原因。利用多点谐振拓宽其工作频带是一个研究方向[12]。Zhang等[14]设计了微波频带内的宽带和广角反射偏振转换器，在7.6~15.5GHz的垂直入射和7.8~13.0GHz的45°入射下可以获得超过75%的偏振转换，Zhao等[15]提出了一种超宽带和高效反射线性偏振转换器的简单设计，线性偏振波经反射后可转换为正交偏振，在5.1~12.1GHz频率范围内偏振转换率在90%以上，相对带宽高达78.6%。

超材料本身可设计性为可重构极化转换器提供了可能性，可重构超材料克服了传统材料成型后无法改变的特性，可进一步拓宽材料工作频带、减轻设备质量[16]。现有可调超材料实现方式可分为两种：一种是直接使用电磁参数可调介质材料[17]，如石墨烯[18]、液晶[19]、锑化铟[20]等；另一种是主动改变超材料电磁结构[16]，如变容二极管[21]、变电阻器件[22]和微机电系统(micro-electromechanical system，MEMS)元件[23]等。相比于第一种方法，第二种方法具有加工简单、调制深度高、易于仿真设计等优点，但电子元器件限制了超材料整体尺寸，无法将设计结果等比拓展到高频领域甚至光波领域。使用具有相变特性的材料，如VO₂[24,25]，替代可变电子元器件，可以完美解决上述问题。但目前关于VO₂实现可重构极化转换超材料的报道较少。

　　本章基于前文研究成果，根据 VO₂ 相变原理，分别提出了温控可重构超材料 (temperature controlled reconfigurable metamaterial，T-MMs)和电控可重构超材料 (voltage controlled reconfigurable metamaterials，V-MMs)，实现了对入射电磁波交叉极化反射与同极化反射的可控调控，其中温控超材料可以实现宽频带范围温度调控，工作频带覆盖 X 和 Ku 波段，在大于 9.1GHz 范围内调制深度大于 60%，电控超材料可以在 7GHz 窄带附近实现温度和电压两种控制方式。

9.2　VO₂ 相变油墨制备与优化

　　为将前文制备的 VO₂ 纳米粉末涂覆在超材料表面，首先制备 VO₂ 填充型油墨，利用涂布工艺涂覆在超材料表面，待干燥后可以得到具有相变功能的 VO₂ 复合薄膜。首先制备质量分数为 5% 的 PVP 水溶液，后将一定量的 VO₂ 纳米粉末分散于 PVP 基体中，将制备的 VO₂ 油墨利用涂布工艺，涂覆在两电极之间(图 9-1(a))，电极宽度为 2mm，间距为 1mm，干燥后可形成 VO₂ 复合薄膜，如图 9-1(b)所示。图 9-1(c)为 VO₂ 涂层干燥后的 SEM 形貌。由图可知，VO₂ 纳米颗粒相互搭接。由图 9-1 中曲线可以看出，制备的 VO₂ 涂层在升温和降温过程中，在 68℃ 附近，电阻出现了急剧变化，说明制备的 VO₂ 涂层在温度变化下能够发生温致相变。低温 30℃ 时，电阻为 41kΩ；高温 90℃ 时，电阻为 320Ω，电阻变化率高于 2 个数量级。

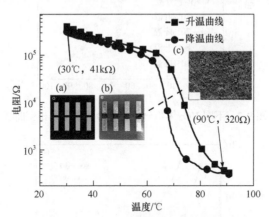

图 9-1　VO₂ 复合薄膜温致相变曲线

插图：(a)测试电极设计图；(b)薄膜测试实物图；(c)复合薄膜 SEM 图

　　为研究 VO₂ 油墨制备方案，通过调整 VO₂ 油墨中纳米颗粒与 PVP 有机体的比例，制备了 VO₂ 体积分数分别为 10%～90% 的复合薄膜。温致相变测试结果如图 9-2 所示。当 VO₂ 体积分数为 10% 时，VO₂ 电阻无限大，设备无法测量，当 VO₂ 体积分数为 20% 时，温度高于 70℃ 后，才能测得电阻，如图 9-2(a)所示。当 VO₂ 体积分数高于 30% 时，所有样品均可发生电阻突变现象，升温相变温度在 70℃

附近，温度高于 80℃时，电阻基本不变。当复合材料中 VO₂ 体积分数高于 40% 时，材料电性能变化较小(图 9-3)，说明 VO₂/PVP 复合材料逾渗阈值为 40%。为

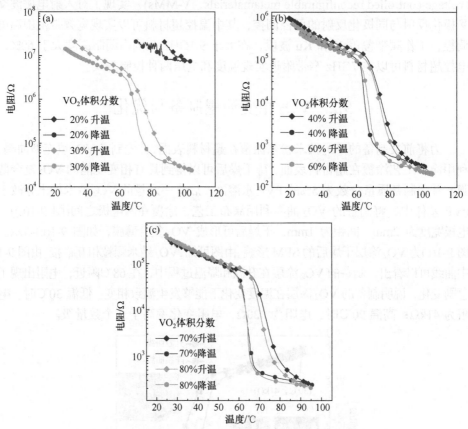

图 9-2　不同 VO₂ 体积分数的复合薄膜温致相变曲线

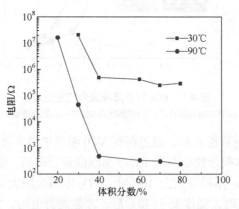

图 9-3　复合薄膜相变前后的电阻随 VO₂ 体积分数的变化曲线

保证制备的 VO₂ 复合材料电性能稳定，综合考虑复合薄膜力学性能以及与基片附着力等，VO₂ 体积分数选择为 60%。

9.3　温控可重构极化转换超材料

9.3.1　单元结构设计与优化

本节提出的温控超材料单元结构示意图如图 9-4 所示。该结构由顶层方形开口金属环、中间介质层以及底层金属反射板组成，并通过在顶层金属环开口处涂覆 VO₂/PVP 复合薄膜实现超材料的可重构性。顶层图案层和底层金属板由金属覆铜组成，其电导率 $\sigma_{\text{copper}} = 5.96 \times 10^7 \text{S/m}$。在入射电磁波大于 1GHz 时，电磁波趋肤深度小于 2.06μm，覆铜厚度为 35μm，在研究频段范围内电磁波无法穿透，则极化转换器透射率为 0，在研究中可以只研究入射端口。中间介质层采用 Rogers4350B 高频 PCB，介电常数为 3.48，损耗角正切为 0.0037。为增加相变薄膜与金属环的接触面积，减小相变后电阻，在金属环缝隙处添加短线，如图 9-4(a)所示。

利用有限元仿真软件优化谐振单元结构参数。仿真中，平面电磁波沿 z 负方向入射到超材料上，电场沿 x 方向极化，x 和 y 方向为周期性边界条件(unit cell)，z 正向为开放性边界条件(open and space)，z 负向为电壁边界条件($E_t = 0$)。利用遗传算法，得到金属谐振结构优化参数：介质厚度 $h_2 = 3.2$mm，周期 $p = 9.2$mm，方环边长 $l_1 = 5.5$mm，方环宽度 $w = 0.1$mm，开口长度 $s = 0.1$mm，接触片长度 $w_1 = 0.5$mm，宽度 $s_1 = 0.1$mm。

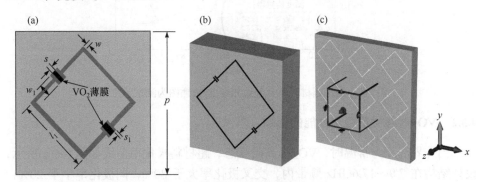

图 9-4　温控超材料单元结构示意图
(a) 单元结构示意图；(b) 单元结构仿真图；(c) 仿真模型

入射和反射电磁波可以表示为 $E_i = xE_{ix}e^{j\varphi_{ix}} + yE_{iy}e^{j\varphi_{iy}}$，$E_r = xE_{rx}e^{j\varphi_{rx}} + yE_{ry}e^{j\varphi_{ry}}$（$E$ 表示电磁波数值；下角 i 表示入射，r 表示反射，x、y、z 表示方向分量）。无论 VO₂ 处于低温状态还是高温状态，单元结构均为角对称结构，则只需要研究一个方向

的入射波旋转情况。以 x 极化为例，r_{xy} 和 r_{xx} 分别表示 x 极化波到 y 极化和 x 极化方向的反射系数(reflection coefficient)，即 $r_{xy}=E_{rx}/E_{iy}$，$r_{xx}=E_{rx}/E_{ix}$；同极化率(co-polarization ratio)和交叉极化率(cross-polarization ratio)分别为 $T_{xx}=r_{xx}\times r_{xx}$ 和 $T_{xy}=r_{xy}\times r_{xy}$。极化转换率(polarization conversion rate，PCR)表示超材料对电磁波的极化转换能力，$\text{PCR}_x=r_{xy}^2/(r_{xy}^2+r_{xx}^2)$。VO$_2$ 对超材料极化转换的调节性能用调制深度(modulation depth，MD)表示，$\text{MD}=1-\text{PCR}_R/\text{PCR}_M$。其中，$\text{PCR}_M$ 表示 VO$_2$ 相变前超材料的极化转换率，PCR_R 表示 VO$_2$ 相变后超材料的极化转换率。

为研究 VO$_2$ 对超材料性能的影响，在仿真中，将 VO$_2$ 简化为分布电阻 R_{es}，通过调整阻值大小，模拟不同温度时的 VO$_2$ 薄膜状态。仿真单元结构如图 9-4(b) 所示。对制备的单元结构 VO$_2$ 进行温致相变测试，测试曲线如图 9-5 所示。因为单元结构中的两个 VO$_2$ 为并联关系，则单个 VO$_2$ 低温电阻为 12kΩ，高温电阻为 94Ω。在实际涂覆过程中，VO$_2$ 电阻会存在一定误差，则仿真中分别将低温 M 相 VO$_2$ 设置为 $R_{es}=12\text{k}\Omega$，将高温 R 相 VO$_2$ 设置为 $R_{es}=100\Omega$。

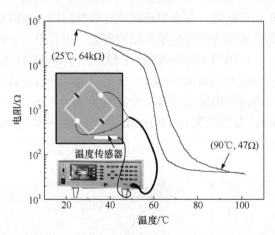

图 9-5　温控超材料单元温致相变曲线(插图为测试示意图)

9.3.2　VO$_2$ 对超材料极化性能的影响

当外界温度为常温时，VO$_2$ 为高阻状态，超材料极化率曲线如图 9-6(a)所示，设计结构在 7.9~17.6GHz 频带内，交叉极化率大于 80%，同极化率小于 20%，说明 VO$_2$ 相变前，x 极化入射波经超材料反射后，大部分转换为 y 极化波。且在 8.7GHz、11GHz、15.4GHz 和 17.6GHz 处交叉极化率存在极大值，同极化率存在极小值，x 极化波全部转换为 y 极化波。

当温度高于 VO$_2$ 相变温度时，VO$_2$ 转化为低阻 R 相，超材料极化率曲线如图 9-6(b)所示。当频率大于 8.9GHz 时交叉极化率小于 20%，同极化率高于 20%。

由图 9-7(a)可知，低温时，设计结构在 8.1~17.9GHz 时 PCR 大于 90%；高温时，在频率高于 10.5GHz 时，PCR 小于 20%。说明 VO₂ 相变后，只有少量电磁波发生了极化偏转，此时超材料为同极化反射表面。

可以说明，在温度作用下，超材料由交叉极化反射表面转变为同极化反射表面，超材料发生了重构。VO₂ 高阻态时，设计超材料交叉极化反射率大于 90% 的带宽为 9.8GHz，工作频带基本覆盖 X 和 Ku 波段，相对带宽为 75.3%。由图 9-7(b) 可以看出，设计的可重构极化转换器在 9.1~19.7GHz 范围内，调制深度大于 60%，具有非常好的 PCR 可调性。

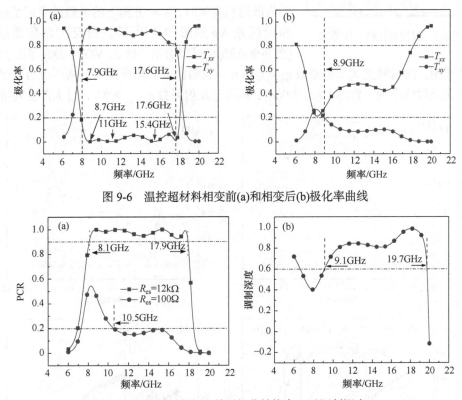

图 9-6　温控超材料相变前(a)和相变后(b)极化率曲线

图 9-7　温控超材料相变前后极化转换率(a)及调制深度(b)

9.3.3　超材料工作机理分析

为分析设计的可重构超材料工作机理，将 x-y 坐标系逆时针旋转 45° 得到 u-v 坐标系。单元结构工作原理如图 9-8 所示，当 x 极化波垂直入射到材料表面时，电磁波可分解为 u 方向和 v 方向的电场分量，则入射波 E_i 可表示为 $E_i = u E_{iu} e^{j\phi} + v E_{iv} e^{j\phi}$，经超材料反射后，反射电磁波 E_r 可表示为 $E_r = (u r_{uu} E_{iu} e^{j(\phi + \varphi_{uu})} +$

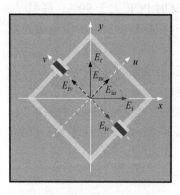

图 9-8　温控超材料工作原理

$vr_{vu}E_{iu}e^{j(\phi+\varphi_{vu})})+(ur_{uv}E_{iv}e^{j(\phi+\varphi_{uv})}+vr_{vv}E_{iv}e^{j(\phi+\varphi_{vv})})$。其中，$r_{uu}$ 和 φ_{uu} 分别表示 u 极化分量到 u 方向的反射系数和反射相位，其他依次类推。由于开口方环结构表面具有各向异性，反射电磁波在 u 和 v 方向将出现相位差 $\Delta\varphi$，且 $\Delta\varphi=\left|\varphi_{uu}-\varphi_{vv}\right|$ [12]。若 $r_{uu}=r_{vv}\approx1$，且 $\Delta\varphi=180°$，沿 v 方向或 u 方向的电场分量将发生反转，最终入射电磁波将会发生 90°极化转换。

通过有限元仿真计算可以得到，当外界温度分别为低温和高温时，u-v 方向上的电磁波反射系数和相位差 $\Delta\varphi$ 如图 9-9 所示。由反射系数曲线（图 9-9(a)和(b)）可以看出，无论 VO₂ 为绝缘相还是金属相，超材料交叉反射系数 $r_{uv}=r_{vu}\approx0$，说明在 u-v 坐标系下，基本没有交叉极化反射波出现。低温时(图 9-9(a))，同极化反射系数 $r_{uu},r_{vv}\geqslant0.8$，且大部分频带

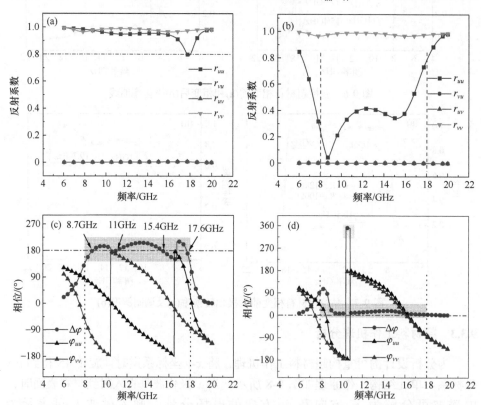

图 9-9　温控超材料 u-v 坐标系下 VO₂ 相变前后的反射系数((a)和(b))、相位和相位差((c)和(d))
(a)(c)低温时；(b)(d)高温时

同极化反射系数接近 1。高温时(图 9-9(b))，r_{vv} 与低温时完全相同，r_{uu} 曲线发生了较大变化，大部分的 $r_{uu} < 0.4$，反射系数较低。这是因为 u 极化电磁波在方环表面耦合形成了 u 方向电流，电流在经过 VO₂ 时被部分消耗，反射能量降低。

图 9-9(c)和(d)分别展示了在 VO₂ 相变前和相变后，u-v 坐标系中超材料的反射相位 φ_{uu}、φ_{vv} 和相位差 $\Delta\varphi$。当外界温度为常温时(图 9-9(c))，u 极化和 v 极化电磁波的相位不同，$\Delta\varphi$ 在工作频段内接近 180°，v 极电磁波分量发生了偏转，造成 x 极化电磁波转化为 y 极化电磁波，并且在 8.7GHz、11GHz、15.4GHz 和 17.6GHz 处，$\Delta\varphi = 180°$，与图 9-6(c)中同极化反射率极小值相对应。升高温度(图 9-9(d))，VO₂ 处于低阻状态时，反射波 u 极化和 v 极化相位几乎相同，u-v 相位差 $\Delta\varphi$ 在大于 8.3GHz 频率范围内接近 0°或 360°，此时，反射电磁波与入射电磁波极化方向相同，超材料实现同极化反射。可以看出，设计温控超材料实现极化转换的原理是，v 方向极化电磁波分量发生了 180°反转，使入射电磁波实现 90°极化转换。但同时，VO₂ 电阻也会因焦耳热效应消耗 u 方向部分能量，反射电磁波能量衰减。

由前文分析可以看出，VO₂ 相变前，极化转换器实现了宽频带工作，这可以归结于工作频带范围内的多点谐振。为进一步探究设计结构工作机理，对相变前后结构中电流分布进行分析。选择 8.7GHz、11GHz、15.4GHz 和 17.6GHz 四个频点观察单元结构中的电流分布情况，如图 9-10 所示。前三个频点处，上下表面电流方向相反，说明形成了磁谐振，最后一个频点上下表面电流方向相同，说明形成了电谐振。在前三个频点处，感应电流沿 u 方向振荡，形成的感应电流要经过 VO₂。相变后，VO₂ 电阻变小，焦耳热增加，谐振结构吸波效应增强，所以图 9-9(b)中，前三个频点处的反射系数减小，第四个频点对电阻变化不敏感。由图 9-10(a)和图 9-11(a)上图对比可以看出，相变前 VO₂ 中电流较小，相变后 VO₂ 中电流与结

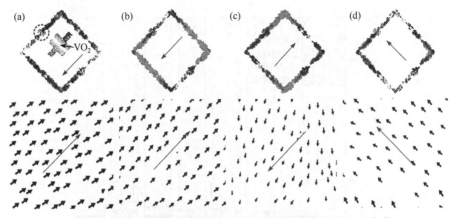

图 9-10　VO₂ 相变前温控超材料上下金属表面谐振点处电流分布

(a)f = 8.7GHz；(b)f = 11GHz；(c)f = 15.4GHz；(d)f = 17.6GHz

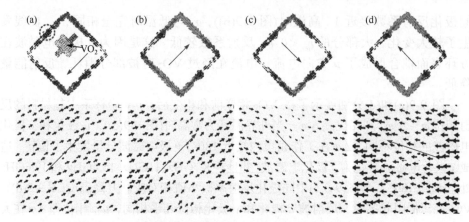

图 9-11　VO₂ 相变后温控超材料上下金属表面谐振点处电流分布

(a) $f = 8.7\text{GHz}$；(b) $f = 11\text{GHz}$；(c) $f = 15.4\text{GHz}$；(d) $f = 17.6\text{GHz}$

构中电流分布相当，说明相变后大部分谐振产生的电流经过 VO₂，使得 VO₂ 中产生焦耳热，消耗了部分入射波能量。

9.3.4　VO₂ 对超材料能量损耗的影响

从前文分析可以看出，VO₂ 中焦耳热作用对电磁波能量造成了部分损耗，图 9-12 显示了在相变前后，入射电磁波在超材料各部分中的能量损耗情况。可以看出，相变前后大部分功率被反射，金属结构和介质层中损耗较小。其中，相变前，反射功率高于入射功率 90%。但相变后，VO₂ 中能量损耗增大，超过了入射功率的 40%。

根据图 9-5，VO₂ 在温度变化下电阻是连续变化的，电阻对于超材料性能有较大影响，下面重点研究电阻变化对超材料极化转换性能的影响。对比图 9-13(a)

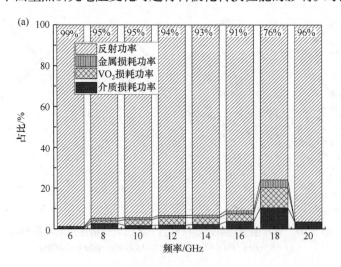

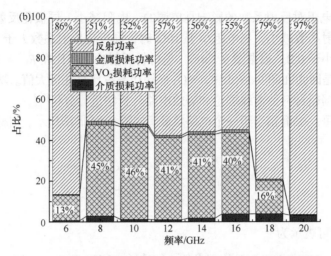

图 9-12　温控超材料相变前(a)和相变后(b)入射电磁波的损耗

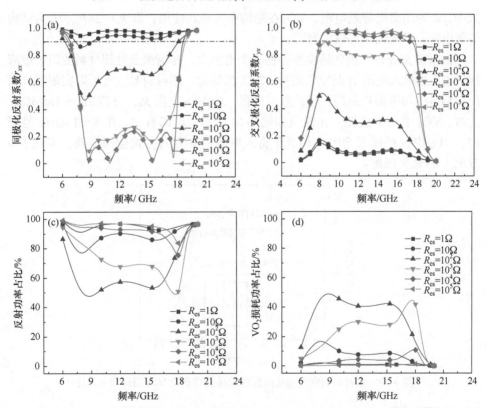

图 9-13　不同 VO₂ 电阻值的温控超材料同极化反射系数(a)、交叉极化反射系数(b)、
反射功率占比(c)和 VO₂ 损耗功率占比(d)

和(b)，VO₂ 电阻对反射系数的影响是单调的，电阻减小，同极化反射系数增大，交叉极化反射系数减小，当电阻小于 10Ω 时，同极化反射系数大于 0.8，交叉极化反射系数小于 0.2。根据图 9-13(c)，超材料反射功率占比在 $R_{es} = 100\Omega$ 时存在极小值，这是因为在图 9-13(d)中，VO₂ 损耗功率占比存在极大值。功率吸收的最大值可以根据超材料传输线理论和等效电路分析法进行分析[26]。

超材料每一层都相当于一个电路负载，如图 9-14 插图所示，则材料输入阻抗 Z_{in} 可表示为

$$Z_{in} = \frac{1}{\frac{1}{Z_p} + \frac{1}{Z_d}} = \frac{Z_p \times Z_d}{Z_p + Z_d} \tag{9-1}$$

阻抗 Z_p 可表示为

$$Z_p = R + j\omega L - 1/(j\omega C) \tag{9-2}$$

式中，R 为图案层等效电阻，VO₂ 在结构中为串联使用，则 $R = 2 \times R_{es}$；L 为结构等效电感；C 为结构等效电容[27]。

根据前文分析，极化转换器存在 4 个谐振点，在谐振点处超材料的阻抗虚部接近 0，则单元电阻 R 与空气阻抗 377Ω 相等时，超材料与空气可以实现阻抗匹配，VO₂ 中功率损耗最高，吸波效应最强，即 VO₂ 电阻 $R_{es} = 377/2\Omega = 188.5\Omega$。此时，VO₂ 中功率损耗占比曲线如图 9-14 所示。可以看出，在 8～18GHz 范围内，VO₂ 中损耗接近 50%，相当于将入射波的 u 方向分量全部损耗，实现了 u 方向上的完美匹配。

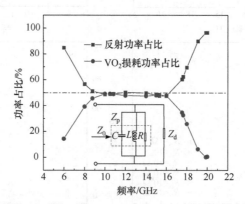

图 9-14　超材料与空气阻抗匹配时的反射功率及 VO₂ 损耗功率占比

9.3.5　实验验证

本节所设计的可重构极化转换器采用 PCB 工艺进行加工，实物如图 9-15(a)

所示，样品尺寸为 180mm×180mm，超材料由 19×19 个单元结构组成，并利用喷涂技术和镂空不干胶膜(图 9-15(b))，将 VO₂/PVP 相变油墨涂覆于方环开口处，涂覆后的电路板如图 9-15(c)所示，在样品背面粘贴聚酰亚胺加热膜(图 9-15(d))对样品加热。

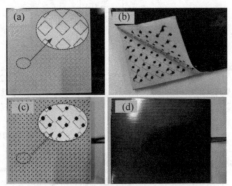

图 9-15　温控超材料样品实物图

(a) 极化转换器样品实物图；(b) 镂空不干胶膜；(c) 涂覆 VO₂ 后的样品正面图；
(d) 粘贴于样品背面的聚酰亚胺加热膜

采用开阔场测试法，使用两个完全一致的标准喇叭天线收发信号，连接矢量网络分析仪，在 6～20GHz 进行测试，将样品放置在两个喇叭天线正前方 3m 处，样品背面放置吸波材料以避免环境干扰，当收发天线方向一致时，可以测得同极化反射系数，调整接收天线至垂直状态，可以测得交叉极化反射系数。连接示意图如图 9-16 所示。

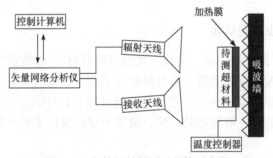

图 9-16　温控超材料测试连接示意图

图 9-17 为 VO₂ 相变前后的实验结果和仿真结果对比曲线。实验结果与仿真结果基本一致，通过升高样品温度实现了极化转换超材料的性能重构。实测结果与仿真结果出现差距的原因可能有以下几点：一是设计单元的线宽和间距均为 0.1mm，加工误差对测试结果影响较大；二是仿真时边界条件为无限拓展，但加工样品尺寸有限；三是涂覆的 VO₂ 电阻不能保证完全一致。

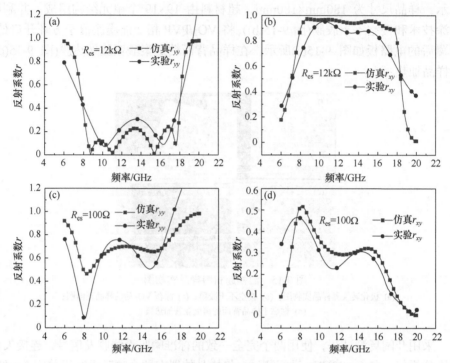

图 9-17　温控超材料相变前后实验与仿真反射系数对比图
(a)(b) 相变前；(c)(d) 相变后

9.4　电控可重构极化转换超材料

9.4.1　单元结构设计与优化

9.3 节设计了温度控制的可重构极化转换超材料,但温度调控需要另外加载加热模块,速度较慢,并对武器装备红外隐身不利。根据前文研究,VO_2 电导率在电压作用下同样能够发生突变,并且 VO_2 场致相变具有响应时间短、控制方式灵活等优点,但需要设计电压加载结构,故本节重新设计了超材料结构,以实现电压控制。

单元结构示意图如图 9-18 所示。与温控超材料组成相同,本结构同样由顶层图案层、中间介质层以及底层金属反射板组成。顶层图案层为倾斜 45° 方形铜片。为实现电压控制 VO_2 相变,在方形铜片基础上添加连接结构,如图 9-18(c)所示,并在上下结构缝隙之间涂覆相变材料 VO_2(图 9-18(c)深色所示)。

利用有限元仿真软件优化谐振结构形状参数。仿真设置与 9.3 节相同。优化后的结构参数为:介质厚度 $h_2 = 0.7mm$,周期 $p = 9.4mm$,方形边长 $l_1 = 10.25mm$,

单元间隙 $s_2 = 0.2\text{mm}$，接触片长度 $w_1 = 0.5\text{mm}$，宽度 $s_1 = 0.1\text{mm}$ (图 9-18(c))。为方便加载电压，在样板上下边缘部分分别放置电压馈线，同时为防止相变后电流突变烧毁 VO₂，每一路加载 2kΩ 保护电阻，制作的实物如图 9-19(b)插图所示，由 12×11 个单元组成，整体尺寸为 180mm×180mm。

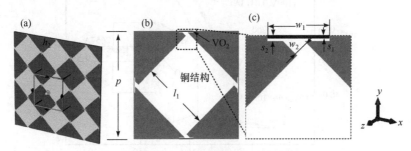

图 9-18 电控超材料单元结构图

(a) 结构示意图；(b) 单元结构示意图；(c) VO₂ 涂层示意图

在仿真中，同样将 VO₂ 简化为分布电阻 R_{es}，通过调整阻值大小，模拟 VO₂ 相变前后的超材料性能。仿真单元结构如图 9-18(a)所示。首先对制备的单元结构 VO₂ 和极化转换器进行温致相变测试，测试曲线如图 9-19 所示。单元结构测试时，相变前电阻为 18462Ω，相变后电阻为 10Ω，整版测试时，相变前单个电阻 $R_{es} = (7231 \times 12 - 2000) / 10 = 8477.2\Omega$，相变后为 $R_{es} = (183 \times 12 - 2000) / 10 = 19.6\Omega$。

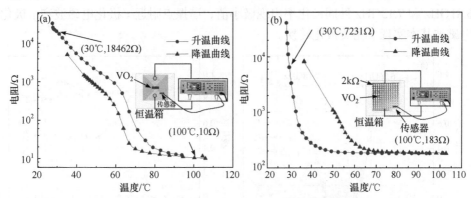

图 9-19 电控超材料中的 VO₂ 温致相变曲线

(a) 单元测试曲线，插图为测试示意图；(b) 整版测试曲线，插图为测试示意图

由图 9-20 可以看出，加载电压前单个电阻 $R_{es} = [5 / (3.44 \times 10^{-5}) - 2000] / 10 \approx 14\text{k}\Omega$，电压为 100V 时，单个 VO₂ 电阻 $R_{es} = (100 / 0.0413 - 2000) / 10 \approx 42\Omega$。可以发现，场致相变后的电阻较温致相变后的单个电阻稍高，这个是因为在场致相变过程中，VO₂ 中会形成导电通道，但 VO₂ 中仍存在没有发生相变的部分，温致相变中，VO₂ 整体温度都会超过相变温度。仿真中将常温常压 M 相 VO₂ 电阻设

置为 $R_{es} = 10k\Omega$，将高温高压 R 相 VO_2 设置为 $R_{es} = 50\Omega$。

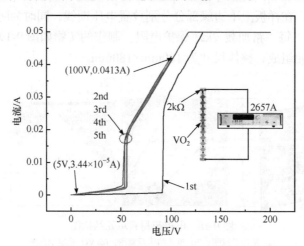

图 9-20　电控超材料的单列 VO_2 场致相变曲线

9.4.2　VO_2 对超材料工作性能的影响

当外界环境为常温常压时，VO_2 为高阻状态，极化率曲线如图 9-21(a)所示，设计结构在 6.76～7.18GHz 频带内，交叉极化率大于 70%，同极化率小于 10%。说明 VO_2 相变前，入射电磁波经过超材料反射后，大部分发生了交叉极化，且在 6.81GHz 和 7.13GHz 处同极化率出现极小值，谐振点附近 x 极化电磁波和 y 极化电磁波基本实现了完美极化转换。

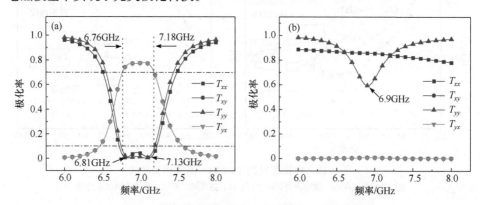

图 9-21　电控超材料相变前(a)和相变后(b)极化率曲线

当温度高于 VO_2 相变温度时，VO_2 转化为低阻 R 相，极化率曲线如图 9-21(b)所示。此时，两个方向的交叉极化率几乎都为 0，说明 VO_2 相变后，超材料失去极化转换性能。但由图中可以看出，同极化率小于 1，并且 y 极化电磁波在 6.9GHz

处，同极化率出现极小值。这是因为 VO₂ 在超材料中相当于电阻，振荡电流经过 VO₂ 时，会出现焦耳热效应，消耗部分能量，降低了反射效率，并且设计中仅在 y 方向有 VO₂，其对 y 极化电磁波的消耗效应更加强烈。

由图 9-22(a) 可知，低温时，设计结构在 6.69～7.11GHz 极化转换率大于 90%；高温时，极化转换率接近 0，说明 VO₂ 相变后，只有少量电磁波发生了极化偏转，此时超材料为同极化反射表面。综合分析可知，在温度或电压作用下，超材料由交叉极化转换反射表面转变为同极化反射表面，超材料发生了重构，由图 9-22(b) 可以看出，设计的可重构极化转换器在 6～8GHz 范围内，调制深度(MD)大于 90%。

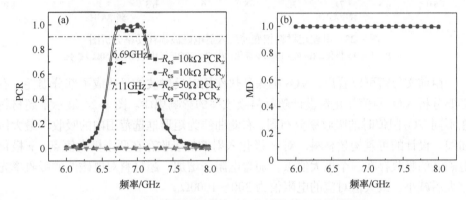

图 9-22　电控超材料相变前后极化转换率(a)及调制深度(b)

9.4.3　可重构超材料能量损耗分析

图 9-23 展示了 VO₂ 相变前后超材料各部分对入射电磁波的损耗情况。相变前后，超材料对 x 极化和 y 极化电磁波的损耗和反射情况不同；同时可以看出，入射电磁波在超材料中的损耗主要来源于 VO₂ 和介质损耗。相变后，VO₂ 引起的功率损耗较大，y 极化电磁波在 6.9GHz 处存在损耗极大值(图 9-23(d))。

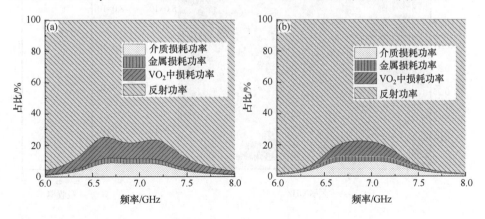

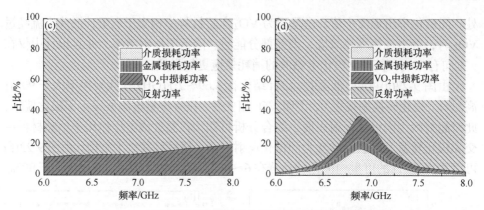

图 9-23　电控超材料相变前后入射电磁波损耗功率分析图

(a) R_{es}=10kΩ x 极化；(b) R_{es}=10kΩ y 极化；(c) R_{es}=50Ω x 极化；(d) R_{es}=50Ω y 极化

由前文分析可以看出，VO$_2$ 中焦耳热作用对反射波能量造成了部分损耗，有必要分析 VO$_2$ 阻值变化对设计超材料吸收率的影响规律。图 9-24 展示了超材料在不同 VO$_2$ 阻值时的吸收率分布图，右侧曲线为矩形框选范围内的吸收率最大值曲线。设计的可重构超材料，对 x 极化入射波的吸收存在两个极大值点，y 极化电磁波的吸收存在一个极大值点。随着电阻的增加，超材料对电磁波的吸收率先增大后减小，最大值对应的电阻值为 300～1000Ω。

与 9.3 节同理，基于超材料传输线理论和等效电路分析法，可以建立设计超材料的等效电路模型[26]。在谐振点处超材料阻抗虚部接近 0，则此时单元电阻 R 与空气阻抗 377Ω 相等，VO$_2$ 中的功率损耗最高，即 VO$_2$ 电阻 R_{es} = 377Ω，与图 9-24 中仿真结果基本一致。

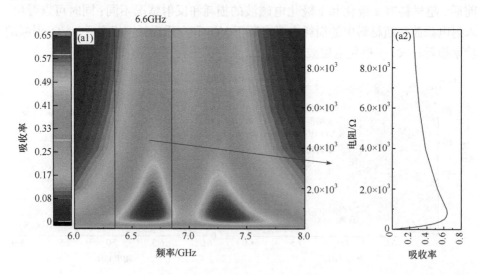

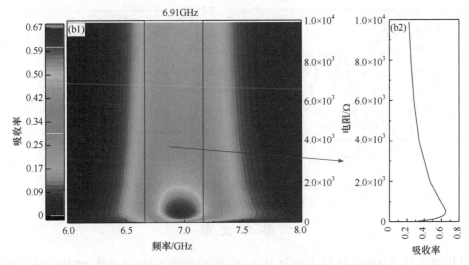

图 9-24　电控超材料吸收率在不同 VO₂ 电阻值时的分布图

(a1)(a2) x 极化；(b1)(b2) y 极化

9.4.4　实验验证

本节超材料制作工艺与 9.3 节相同，温度控制同样采用聚酰亚胺加热膜对超材料进行加热，同时为实现电压控制 VO₂ 相变，利用大电流可编程直流电源为超材料加载电压，测试示意图如图 9-25 所示，图 9-26 为 VO₂ 相变前后极化率的测试结果和仿真结果对比曲线。图 9-26 中曲线表明，测试结果与仿真结果基本一致，通过升高样品温度和升高电压实现了极化转换超材料的性能重构。

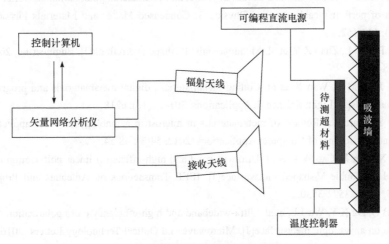

图 9-25　电控超材料测试示意图

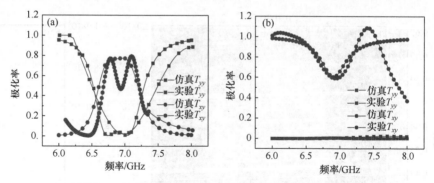

图 9-26　电控超材料相变前后的实验与仿真极化率曲线
(a) 相变前，$R_{es}=10\text{k}\Omega$；(b) 相变后，$R_{es}=50\Omega$

参 考 文 献

[1] Beruete M, Navarro-Cía M, Sorolla M, et al. Polarization selection with stacked hole array metamaterial[J]. Journal of Applied Physics, 2008, 103(5): 053102.

[2] Shi J H, Ma H F, Jiang W X, ct al. Multiband stereometamaterial-based polarization spectral filter[J]. Physical Review B: Condensed Matter and Materials Physics, 2012, 86(3): 035103.

[3] Pu M B, Chen P, Wang Y Q, et al. Anisotropic meta-mirror for achromatic electromagnetic polarization manipulation [J]. Applied Physics Letters, 2013, 102(13): 131906.

[4] Zhu H L, Cheung S W, Liu X H, et al. Design of polarization reconfigurable antenna using metasurface[J]. IEEE Transactions on Antennas and Propagation, 2014, 62(6): 2891-2898.

[5] Xu J, Li T, Lu F F, et al. Manipulating optical polarization by stereo plasmonic structure[J]. Optics Express, 2011, 19(2): 748-756.

[6] Markovich D L, Andryieuski A, Zalkovskij M, et al. Metamaterial polarization converter analysis: Limits of performance[J]. Applied Physics B: Condensed Matter and Materials Physics, 2013, 112(2): 143-152.

[7] Liu R P, Ji C L, Zhao Z Y, et al. Metamaterials: Reshape and rethink[J]. Engineering, 2015, 1(2): 179-184.

[8] Cui T J, Qi M Q, Wan X, et al. Coding metamaterials, digital metamaterials and programmable metamaterials[J]. Light: Science & Applications, 2014, 3(10): e218.

[9] Jindal S, Sharma J. Review of metamaterials in microstrip technology for filter applications[J]. International Journal of Computer Applications, 2012, 54(3): 48-54.

[10] Gao X, Han X, Cao W P, et al. Ultrawideband and high-efficiency linear polarization converter based on double V-shaped metasurface[J]. IEEE Transactions on Antennas and Propagation, 2015, 63(8): 3522-3530.

[11] Lin B Q, Da X Y, Wu J L, et al. Ultra-wideband and high-efficiency cross polarization converter based on anisotropic metasurface[J]. Microwave and Optical Technology Letters, 2016, 58(10): 2402-2405.

[12] 徐进, 李荣强, 蒋小平, 等. 基于方形开口环的超宽带线性极化转换器[J]. 物理学报, 2019,

68(11): 243-249.

[13] Hao J M, Yuan Y, Ran L X, et al. Manipulating electromagnetic wave polarizations by anisotropic metamaterials[J]. Physical Review Letters, 2007, 99(6): 063908.

[14] Zhang L B, Zhou P H, Chen H Y, et al. Broadband and wide-angle reflective polarization converter based on metasurface at microwave frequencies[J]. Applied Physics B: Condensed Matter and Materials Physics, 2015, 120(4): 617-622.

[15] Zhao J C, Cheng Y Z. Ultra-broadband and high-efficiency reflective linear polarization convertor based on planar anisotropic metamaterial in microwave region[J]. Optik, 2017, 136(6): 52-57.

[16] Turpin J P, Bossard J A, Morgan K L, et al. Reconfigurable and tunable metamaterials: A review of the theory and applications[J]. International Journal of Antennas and Propagation, 2014, 2014 (11): 429837.

[17] Lv F, Xiao Z, Lu X, et al. Polarization conversion and absorption of multifunctional all-dielectric metamaterial based on vanadium dioxide[J]. Plasmonics, 2021, 16(2): 567-574.

[18] Zhu Z H, Guo C C, Liu K, et al. Electrically tunable polarizer based on anisotropic absorption of graphene ribbons[J]. Applied Physics A, 2014, 114(4): 1017-1021.

[19] Zhao Q, Kang L, Du B, et al. Electrically tunable negative permeability metamaterials based on nematic liquid crystals[J]. Applied Physics Letters, 2007, 90(1): 011112.

[20] Li W L, Meng Q L, Huang R S, et al. Thermally tunable broadband terahertz metamaterials with negative refractive index[J]. Optics Communications, 2018, 412(22): 85-89.

[21] Ratni B, de Lustrac A, Piau G P, et al. Electronic control of linear-to-circular polarization conversion using a reconfigurable metasurface[J]. Applied Physics Letters, 2017, 111(21): 214101.

[22] Xu W R, Sonkusale S. Microwave diode switchable metamaterial reflector/absorber[J]. Applied Physics Letters, 2013, 103(3): 031902.

[23] 于惠存, 曹祥玉, 高军, 等. 一种超宽带反射型极化转换超表面设计[J]. 空军工程大学学报 (自然科学版), 2018, 19(3): 60-65.

[24] Yang X, Zhang B, Shen J L. An ultra-broadband and highly-efficient tunable terahertz polarization converter based on composite metamaterial[J]. Optical and Quantum Electronics, 2018, 50(8): 101106.

[25] Zheng X X, Xiao Z Y, Ling X Y. A tunable hybrid metamaterial reflective polarization converter based on vanadium oxide film[J]. Plasmonics, 2018, 13(1): 287-291.

[26] Zhang Q, Bai L H, Bai Z Y, et al. Theoretical analysis and design of a near-infrared broadband absorber based on EC model[J]. Optics Express, 2015, 23(7): 8910-8917.

[27] D'Amore M, De Santis V, Feliziani M. Equivalent circuit modeling of frequency-selective surfaces based on nanostructured transparent thin films[J]. IEEE Transactions on Magnetics, 2012, 48(2): 703-706.